# STERNGLAUBE UND STERNDEUTUNG

## DIE GESCHICHTE UND DAS WESEN DER ASTROLOGIE

UNTER MITWIRKUNG VON CARL BEZOLD
DARGESTELLT VON
FRANZ BOLL

DRITTE AUFLAGE
NACH DER VERFASSER TOD
HERAUSGEGEBEN
VON W. GUNDEL

MIT 48 ABBILDUNGEN IM TEXT UND AUF 20 TAFELN SOWIE EINER STERNKARTE

1926

SPRINGER FACHMEDIEN WIESBADEN GMBH

ISBN 978-3-663-15246-0 ISBN 978-3-663-15810-3 (eBook)
DOI 10.1007/978-3-663-15810-3


Ursprünglich erschienen bei B. G. TEUBNER IN LEIPZIG 1926

Daß wir solche Dinge lehren,
Möge man uns nicht bestrafen:
Wie das alles zu erklären,
Dürft ihr euer Tiefstes fragen.

Westöstlicher Diwan.

Man muß nicht nur die Wahrheit sagen,
sondern auch die Ursache des Irrtums.

Aristoteles.
Nikom. Ethik VII 15 p. 1154 a 22.

# VORWORT ZUR ERSTEN AUFLAGE

Wer von der Astrologie erzählt, spricht von einer Wissenschaft und einem Glauben, die der Vergangenheit angehören, wenn auch keiner allzu fernen. Nicht viele wissen heute noch etwas Näheres von ihr. Es fehlt bei der großen Mehrzahl eine der wesentlichsten Voraussetzungen: der Sternhimmel ist in Wahrheit für die meisten unlebendiger geworden, seitdem das Fernrohr unfaßbare Millionen von Weltkörpern entdeckt und die astronomische Wissenschaft noch weniger vorstellbare Weiten in Tausenden und aber Tausenden von Lichtjahren und Orionentfernungen auszudrücken gelernt hat. Das ist alles fern, fremd und stumm geworden. Der moderne Mensch liest die Stunden des Tages und der Nacht von einem mechanischen Abbild, von seiner Uhr ab, nicht mehr, wie der Seefahrer und Landmann des Altertums und der Mönch des Mittelalters, vom Stand der Sonne und der Gestirne; und wenn er auch den Zauber des gestirnten Himmels in der reinen Luft der Berge und auf hoher See nicht minder stark empfinden wird als seine Vorfahren, so wird er sich doch schwerlich mehr gedrängt fühlen, in jenen Sternen wie in dem ungeheuren Buche des Schicksals zu lesen. Im Grenzen- und Gestaltlosen fühlt er nicht mehr die bewegende Kraft ewiger Götter. Und so stehen die im ganzen wenig zahlreichen Menschen, die heute, gewiß zum Teil in gutem Glauben, die alte Weisheit des Orients wieder aufnehmen und die Sterne deuten wollen, doch stark abseits von dem allgemeinen Empfinden ihrer Zeitgenossen und vollends von den Grundlagen der modernen Naturwissenschaft. Auch der Krieg hat daran kaum viel geändert.

Aber die wissenschaftliche Forschung sieht sich dennoch von vielen Seiten zugleich dazu veranlaßt, einem Glaubens- und Ideenkreise wieder nachzugehen, der länger und zäher fortgelebt und mehr Völker und Zeiten sich unterworfen hat als irgendein anderer Glaube der Vorzeit. Erst die Aufklärung scheint mit ihm wirklich aufgeräumt zu haben, auf Grund der neuen reicheren Naturerkenntnis, die Galilei, Kepler und Newton geschaffen hatten. Die geschichtliche Forschung darf die seitdem allgemein gewordene Verachtung gegen die Astrologie nicht teilen. Sie kann nicht darauf verzichten, eine Wissenschaft wieder verstehen zu lernen, auf die nach den Worten eines modernen Philosophen mehr Zeit, Geduld, Scharfsinn und Geld verwendet worden ist als auf irgendeine derer, die wir wahr zu nennen pflegen. Nicht das Vergnügen, einer vermeintlichen Kuriosität nachzusinnen, bestimmt uns hier und hat seit etwa zwei Jahrzehnten das geschichtliche Interesse für die Astrologie so auffallend gesteigert. Vielmehr hat sich immer mehr die Erkenntnis aufgedrängt, daß wir ohne ein Eindringen in ihr Wesen und ihre Entwicklung zahllosen Rätseln, die uns die Weltauffassung und das Leben vergangener Jahrhunderte darbietet, hilflos gegenüberstehen würden. Denn die Astrologie, vor allem die griechische Astrologie und die sich eng an sie anschließende des Mittelalters und der Renaissance war noch etwas anderes, als was man sich zumeist bei diesen Worten denken mag; sie war sehr viel mehr als der vergebliche Versuch, eines Menschen Zukunft mit Hilfe der Sterne zu ergründen. Es verrät Unkenntnis ihres Wesens und ihrer Geschichte, sie mit dem vulgären Aberglauben in einen Topf zu werfen. Sie war einmal der Versuch einer Weltauffassung von großem Stil und imposanter Einheitlichkeit, und sie ist in so viele Einzelgebiete eingedrungen, als es einer universellen Weltanschauung nur immer möglich ist; in nicht weniger als die Scholastik oder die Philosophie Hegels. Und nicht etwa nur der unbelehrten Masse, sondern geistigen Führern der verschiedensten Zeiten galt es als eine Verirrung, an der wie immer bedingten Wahrheit dieser Lehre zu zweifeln.

Die vorliegende Darstellung, deren erster Abschnitt von meinem Freunde Carl Bezold verfaßt ist, kann den Gegenstand weder geschichtlich noch systematisch erschöpfen wollen; sie wird ihren Zweck erfüllen, wenn sie als Vorläufer einer späteren umfassenden Darstellung, aus der manche neue Ergebnisse hier zum ersten Male mitgeteilt sind, bei dem Leser einiges Interesse und Verständnis für dieses weite Gebiet der universellen Geistesgeschichte zu wecken vermag. Zugrunde liegen Vorträge, die von den Verfassern im August 1913 bei Gelegenheit der Akademischen Ferienkurse in Hamburg gehalten wurden, in Verbindung mit A. Warburg, dessen weit ausgreifende Forschungen in die Kultur- und Kunstgeschichte des späten Mittelalters und der Renaissance bald neues Licht bringen werden.

Heidelberg, August 1917. F. BOLL.

# VORWORT ZUR ZWEITEN AUFLAGE

Wenn dieses Büchlein kaum ein Jahr nach seinem ersten Erscheinen eine neue Auflage erlebt, so ist das wohl ein Beweis dafür, daß ein solcher Überblick über die Geschichte und das Wesen des seltsamsten Mischgebildes, das Religion und Wissenschaft je hervorgebracht haben, einem Bedürfnis entsprach. Größere Änderungen erschienen uns nicht erforderlich; doch konnten einige eigene Nachträge eingefügt werden, und manche Hinweise in den Besprechungen von H. Diels, J. Ilberg, G. Keyßner, H. Maas, F. Mauthner, M. P. Nilsson, J. Plaßmann, E. Traumann und in freundlichen Zuschriften von A. v. Arz, O. Bütschli, C. Neumann, Th. Nöldeke, A. Warburg fanden da und dort einen Nachhall in einem kleinen Zusatz oder einer schärferen Fassung. Das von H. Maas gewünschte eigene Kapitel über die Bibel, das wir gerne gegeben hätten, verbot sich leider durch den feststehenden Umfang der Sammlung. Dagegen ist der Wunsch nach Vergrößerung der Sternkarte am Schlusse des Buches von der Verlagsbuchhandlung erfüllt worden.

A. Warburg, dessen Berliner Vortrag über Luther und die Astrologie inzwischen die eigentümliche Geistesart der Reformationszeit von einer neuen Seite beleuchtet hat, sei dieses Büchlein auch in seiner zweiten Auflage zugeeignet.

*Pro captu lectoris habent sua fata libelli*: so mögen einige aufhellende Worte gleich hier vielleicht nicht unnütz sein. Dem geübteren Leser braucht nicht erst gesagt zu werden, daß man etwa ein Buch über den Buddhismus mit Anteil und Wärme schreiben kann, ohne sich deswegen zu Buddhas Weg zu bekennen, und daß eine geschichtliche Betrachtung, die nicht nur Äußerlichkeiten zusammenstellen, sondern in das seelische Leben der Vergangenheit eindringen will, noch keine Verteidigung ihrer phantastischen Irrtümer bedeutet. Wenn einige harmlose Gemüter in diesem Büchlein die einfältige Geschäftigkeit der modernen Horoskopstellerei empfohlen wähnten und das leichte Spiel des Goethehoroskops im 5. Kapitel für feierlichen Ernst nahmen, so ist ihnen das klar geworden, daß die Kritik auch des astrologischen Dogmas eben seine Geschichte ist. Sie zeigt, wie sich hier die verschiedensten Elemente, Babels Gestirnreligion, uralter Glaube an die Bedeutsamkeit des Namens, die spielende Willkür griechischer Sternsage und Sterndichtung und ein längst überwundenes Weltbild antiker Spekulation und Kosmophysik zu einem bizarren Ganzen vereinigt haben, das — als ein in Wahrheit dichterisches Gebilde — seine Wirkung auf die Phantasie kaum je verlieren wird, zu wissenschaftlich haltbaren Ergebnissen aber nicht führen kann. Das soll der aufmerksame Leser den ersten fünf Kapiteln dieses Buches entnehmen, ohne erst durch fortgesetzte fürsorgliche Belehrungen darauf hingestoßen zu werden. Ich wünschte aber auch klarzumachen, was dem Sternglauben in den menschlichen Grundtrieben und Empfindungen Boden schafft und seine systematische Ausprägung in der Astrologie, trotz ihrer bündigen Widerlegung längst vor Christi Geburt, zu so hohen Jahren hat kommen lassen. Wer sich dabei nicht mit einiger Liebe in die Mystik des Altertums und der Renaissance bis in ihre romantischen und byzantinisch-slawischen Ausläufer zu vertiefen vermöchte, dem müßte das große Problem der Religion des Kosmos, das sich nicht in den kindlichen Methoden der Sterndeuterei erschöpft, notwendig verschlossen bleiben. Als ein Beitrag zur Geschichte dieser kosmischen Religion, die noch in Gottfried Kellers letztem Gebet an den himmlischen Heerwagen, das Sternbild der Germanen, lebendige Worte gefunden hat und immer wieder finden wird, will dieses kleine Buch verstanden werden.

Heidelberg, November 1918. F. BOLL.

## VORWORT ZUR DRITTEN AUFLAGE

Bezold und Boll haben die dritte Auflage dieses Büchleins nicht erleben dürfen. Im August 1923 ist Bezold und am 3. Juli 1924 ist Boll jäh uns entrissen worden. Der Tod der beiden großen Forscher bedeutet für unser geschichtliches Verständnis der modernen Himmelskunde und vor allem für die Forschung, welche der Aufklärung der Entwicklung und des Sinnes der Astrologie nachgeht, einen unersetzlichen Verlust.

Für die Gestaltung der dritten Auflage standen mir von zwei Seiten positive Richtlinien zur Verfügung. Einmal hat Boll selbst in seinem Handexemplar der 2. Auflage, das mir in entgegenkommender Weise von seinem Sohne, Herrn G. Boll, überlassen wurde, eine Reihe von Randbemerkungen zugeschrieben. Diese geben in der überwiegenden Mehrzahl literarische Belegstellen und Zusätze für die im Text behandelten Probleme. Sie sind in den Nachträgen aufgenommen und durch das Zeichen *) kenntlich gemacht. Für den Text selbst hat Boll nur ganz wenige Änderungen vorgemerkt. Dementsprechend ist der

Text als der eigentliche Körper des Buches nahezù unversehrt neugedruckt worden. Eine zweite Handhabe boten die in wissenschaftlichen Besprechungen der 1. und 2. Auflage und in einigen Zuschriften an Boll geäußerten Wünsche, die mir ebenfalls von G. Boll zur Einsicht gegeben wurden. Das Büchlein war als ein einführender Vorläufer einer umfassenden Darstellung der Astrologie gedacht; da der Tod die beiden großen Forscher abrief, ehe sie dieses Werk schaffen konnten, zu dem sie wahrhaft berufen waren, wird ein solches Werk wohl in Bälde nicht zu erwarten sein dürfen, ja vielleicht nie geschrieben werden. Mit Rücksicht darauf habe ich mich nach reiflichem Überlegen dazu entschlossen, den Wünschen mehrerer Freunde nachzugeben und in den Nachträgen die Literatur der wichtigsten Fragestellungen, die im Texte auftauchen, eingehender zu formulieren und gelegentlich eine eigene Beantwortung zu versuchen. Sie sollen dem, der zu einzelnen Maximen der Astrologie Stellung nehmen will, die Möglichkeit der Weiterorientierung geben. Auch das Bildmaterial konnte wesentlich vermehrt werden, das in anschaulicher Form einige kosmologischen Probleme zur Darstellung bringt.

Der Initiative der Bibliothek Warburg ist es zu danken, daß das Buch dank dem Entgegenkommen des Verlages auch äußerlich nachdrücklicher auftreten kann, als dies z. T. infolge der Zeitverhältnisse bei den früheren Auflagen der Fall war. Bei der Ausarbeitung der Nachträge habe ich ganz besonders zu danken für die selbstlose Hilfe, die mir A. Warburg und F. Saxl durch ihre Ratschläge und die Hinweise auf bis jetzt unbeachtet gebliebene Dokumente zu Teil werden ließen.

Hamburg, im September 1926. W. GUNDEL.

# INHALTSVERZEICHNIS

# VERZEICHNIS DER ABBILDUNGEN IM TEXT



# VERZEICHNIS DER ABBILDUNGEN IM TAFELWERK

# I. DIE ASTROLOGIE DER BABYLONIER

Von Carl Bezold.

Glaube weit, eng der Gedanke . . . (Westöstlicher Diwan.)

Ihren Ursprung hat die Astrologie im Orient genommen, und zwar, wie wir heute mit Sicherheit sagen dürfen, in der sonnendurchglühten Zweistromebene des Euphrat und Tigris, deren von den Alten und auch von Neueren, zuletzt aus Anlaß der Kämpfe im Iraq, gepriesene unvergleichlich reine Luft die Sterne näher und gewaltiger erscheinen läßt als der trübe nordische Himmel. Nicht nur klassische Zeugnisse wie die Belehrung eines Diodor in seiner Bibliotheca historica (2, 29ff.), sondern vor allem die eigene Literatur der Babylonier-Assyrer, die seit der Mitte des vorigen Jahrhunderts durch Ausgrabungen gewonnen wurde, lassen es zweifellos erscheinen, daß die Anfänge der Sterndeutung und der Ursprung eines mächtigen Sternglaubens im Zweistromlande liegen, wobei freilich der lückenhafte Zustand der Erhaltung dieser babylonischen Selbstzeugnisse es noch keineswegs ermöglicht, ein vollständiges und zu einem Ganzen zusammengeschlossenes Bild jenes Sterndienstes und seiner Ausstrahlung in der Sterndeutung zu zeichnen.

Der Darlegung des Inhalts dieser Zeugnisse muß hier zunächst eine kurze Betrachtung der Quellen vorausgeschickt werden, die mitten hinein in eine eigenartige, auf Tontäfelchen erhaltene Inschriftenliteratur führt. Ein vereinzeltes Bruchstück einer solchen Tafel mit astrologischen Aufzeichnungen kam schon 1851 nach Europa; ihre große Menge aber entstammt den englischen Ausgrabungen großen Stils auf dem Boden des alten Ninive (in den letzten Jahrzehnten des vorigen Jahrhunderts) und bildet einen wesentlichen Bestandteil der heute im Britischen Museum verwahrten Bibliothek König Assurbanipals (668 bis 626 v. Chr.), an Zahl etwa 4000 Keilschrifttafeln und Bruchstücke von Tafeln, von denen heute ungefähr der fünfte Teil, darunter die deutlichsten und besterhaltenen Inschriften, herausgegeben ist. Astrologische Keilschrifttexte sind bisher fast nur aus dieser Bibliothek bekannt, nehmen dafür aber unter ihren etwa 25000 Stücken schon numerisch betrachtet eine hervorragende Stelle ein. Sie lassen sich in drei Klassen scheiden: Grundtexte — Berichte und Briefe — exegetische Inschriften. Da die letzteren nur Auszüge, Phrasen oder einzelne Worte aus den Grundtexten wiedergeben oder erklären, und da ferner die Berichte und Briefe — beide nur im Stil der Abfassung von einander unterschieden — lediglich Zitate aus den Grundtexten enthalten, so genügt hier, so wichtig für den Keilschriftforscher die genannten beiden Klassen sind, eine kurze Erörterung über das Wesen der „Grundtexte". Letztere sind in babylonischer oder assyrischer Schrift und assyrischer Sprache abgefaßt, enthalten in vollständigem Zustand gegen anderthalbhundert Zeilen — meist in einer oder zwei Spalten auf jeder Tafelseite — und sind so angeordnet, daß jede astrologische Vorhersagung, die in der Regel eine neue Zeile beginnt, aus einem Vordersatz mit der Bedingung und einem Nachsatz mit dem Resultat der Prophezeiung besteht. Als ein Beispiel der einfachsten Art (Einzelbedingung und Einzelresultat) mag gelten: „Wenn am 14. Monatstag Mond und Sonne in Opposition sind, wird der Landeskönig ein weites Ohr haben", als ein solches komplexer Art: „Wenn am 14. Sivan (Mai/Juni) eine Mondverdüsterung eintritt und der 4. Wind (d. h. Ostwind) weht, wird . . . Feindschaft herrschen; es wird Tote geben." Dazu kommt noch, daß in vielen Fällen die Tafelschreiber am Schlusse je eines solchen Satzes die Beobachtung seiner Bedingung (nicht etwa seines Resultates) bei einer bestimmten Gelegenheit vermerkten, wie z. B.: „Wenn der Mond beim Neulicht eine weiße Krone (trägt), wird der König die Oberherrlichkeit (über andre Völker) haben; in der Tat wurde er (der Mond) am 1. Tage (so) beobachtet."

Alle bis jetzt gefundenen astrologischen Aufzeichnungen der ninivitischen Bibliothek gehen in letzter Linie auf ein einziges großes Werk zurück, das mindestens 70 Tafeln umfaßte und nach den Anfangsworten seines ersten Satzes: „Als Anu, Enlil und Ea, die großen Götter, nach ihrem Ratschluß die Orakel des Himmels und der Erde niedergelegt hatten . . ." den Gesamttitel „Als Anu-Enlil" führt. Alter und Verfasser dieses Werkes sind unbekannt. Da aber — wie auch sonst bei Werken der Bibliothek — viele seiner Tafeln ausdrücklich als Abschriften bezeichnet werden, und da sich in den jetzt vorhandenen Stücken mindestens zwei Rezensionen unterscheiden lassen, so muß das Werk verschiedenfach überarbeitet worden sein und wird auch als solches wohl über das siebente Jahrhundert ins Altertum hinaufreichen.

Der Inhalt — wenigstens einer der Rezensionen — war offenbar systematisch angeordnet, und zwar enthielten, soweit er trotz der zahlreichen Lücken von bis zu zwölf aufeinanderfolgenden Tafeln erkennbar ist, die ersten 22 Tafeln dieser Rezension Mondbeobachtungen; darauf folgten (Tafel 23ff.) Beobachtungen der Sonne; Vorhersagungen für düstere Tage (mindestens Tafel 37) und dunkle Nächte (Tafel 38); Wind-

und Wetter-Omina (mindestens Tafel 45—50); sodann Beobachtungen der Planeten Mars (mindestens Tafel 56), Venus (Tafel 58—61), Jupiter (mindestens Tafel 65) und Saturn (Tafel 69f.), während Merkur bisher leer ausgeht. Kann somit letzterer noch nicht sicher in die hier gegebene Planetenreihe eingeordnet werden, so hat doch offenbar noch der Redaktor der der Anordnung zugrunde liegenden Rezension Mond und Sonne von den Planeten geschieden, also keine Siebenzahl der Wandelgestirne angenommen. Dagegen findet sich allerdings in einer der obengenannten „exegetischen" Inschriften, einem großen Wörterverzeichnis mit allerlei Erklärungen, die Zusammenstellung der sieben Gestirne: Mond, Sonne, Jupiter, Venus, Saturn, Merkur und Mars, also von Sonne und Mond mit den fünf den Alten bekannten Planeten in einer auch sonst wiederkehrenden, der sogenannten „altbabylonischen" Anordnung.

Die Gegenstände der astrologischen Deutungen dieser Quellen sind im wesentlichen die gleichen wie in den aus Ninive bekannten Tier-Omina, den Prophezeiungen aus ungewöhnlichen Erscheinungen bei Geburten, den Traumdeutungen und sonstigen Weissagungen nach Geschehnissen in der irdischen, belebten wie unbelebten Natur. Sie spiegeln deutlich die Umwelt der Bewohner Mesopotamiens wieder.

Besonders häufig werden Winde und Stürme, Regen und Überschwemmungen vorausgesagt, und mit den Hochwassern wird der Zustand der Meeresbrut, der Fischmenge und ihres Laichs in Verbindung gebracht. Wie das Wachstum oder die Abnahme der menschlichen Geburten, so wird auch der Feldertrag der Länder prophezeit, bei dessen günstigem Ausfall das Getreide in den Speichern strotzt, während sein Ausbleiben nach eingetretener Dürre schreckliche Hungersnot bringen kann, so daß die Leute, um Brot kaufen zu können, ihre Kinder als Sklaven vermieten müssen oder schließlich gar zu Menschenfressern werden. Auch die Tiere, besonders die das Wachstum schädigenden Heuschrecken und die lebensgefährdenden Löwen, Leoparden und Wildschweine spielen eine Rolle in diesen Vorhersagungen. Krankheit und Siechtum als Folgen der Hungersnot leiten über zu den Wechselfällen in der menschlichen Gemeinschaft, unter denen der Krieg im Vordergrund steht: die Erklärung von Fehden seitens der Nachbarvölker, das Nahen der Feinde von allen Richtungen und blutige Schlachten samt dem Schicksal der besiegten Flüchtlinge; aber auch Bürgerkriege, Aufstände und Palastrevolutionen mit nachfolgendem Thronwechsel. Welch unmittelbare Anwendung dabei die Benennung der am Himmel stehenden Bilder auf die irdischen Vorgänge fand — ein astrologischer Grundgedanke, dessen Bedeutung im Schlußkapitel dieses Büchleins deutlicher werden wird —, lehren Voraussagungen wie die folgenden: eine bestimmte Stellung der Wage beeinflußt das (zum Ansetzen des Kaufpreises) abgewogene Getreide; wenn das Sternbild der Fische schwach leuchtet, leidet darunter der Fischlaich; wenn sich Mars dem Skorpion nähert, wird der König an Skorpionenstich sterben, wenn dagegen Venus lange sichtbar ist, ein langes Leben haben. Alle Aufmerksamkeit aber gilt immer dem ganzen Lande oder doch wenigstens dem König oder Kronprinzen; im astrologischen Werk ist kaum eine Spur von Vorherberechnung der Schicksale eines einzelnen gewöhnlichen Menschen zu finden, und doch muß auch diese geübt worden sein, wie die Zeugnisse der griechischen Schriftsteller seit dem 4. Jahrhundert v. Chr. mit voller Sicherheit ergeben.

Endlich erstrecken sich die astrologischen Vorhersagungen auch auf die Landesgötter, vor allem den Himmels-, den Erd- und Wasser- und den Wind- und Wettergott, auf die himmlische Trias von Mond, Sonne und Venus, sowie auf verschiedene Gottheiten der Seuche und Pest: diese Götter beraten unter den aus der Bildschrift der Sterne abzulesenden Bedingungen das Geschick des Landes, um es zum Guten oder Bösen zu wenden; solange sie Liebe zum Lande haben, richten sie ihre Gedanken auf sein Wohl, aber erzürnt „verwirren sie die vier Weltgegenden", setzen Feindschaft mit dem Lande oder dessen König und liefern beide den Feinden aus; ja sie entfernen sich sogar und verlassen das Land, und erst durch wohlgewählte Opfer kehren „die Fernen“ an ihren Ort, ihre Wohnsitze zurück und machen wieder Frieden mit dem Lande: dann werden ihre Tempel, die mittlerweilen zerfallen waren, erneuert, die Häuser der großen Götter Himmels und der Erde kehren an ihren Ort zurück, und ihre Schreine sind fortan wieder hochbedeutend.

Alle diese Vorgänge nun sind geknüpft an die Gestirne; ihre Erscheinungsformen, Bewegungen und wechselseitigen Beziehungen erforschten, wie sich der Prophet Jesaia nach Luther ausdrückt, „jene Meister des Himmelslaufs und die Sterngucker, die nach den Monaten rechnen, was über dich kommen werde“.

Gewiß wurde wie bei allen Völkern so auch bei den Babyloniern der durch seine Größe und seine Phasen auffällige Mond, der überdies von vornherein der bequemste Zeitmesser zu sein schien, unter sämtlichen Himmelskörpern am aufmerksamsten beobachtet.

Das Erscheinen des Neulichts wurde erwartet und sodann untersucht, wann die Hörner der schmalen Sichel parallel standen, wann sie bis zum ersten Viertel spitz oder stumpf, lang oder kurz erschienen, wann endlich ein Horn das andere ausfüllte, d. h. Vollmond eintrat, und dann beim beginnenden Abnehmen des Mondes das eine Horn das andere wieder verließ. Auch die Helligkeit der Hörner und ihr anscheinend unsymmetrisches Aussehen, ihr Leuchten durch die Wolken und ihre Stellung zum Horizont ergaben Vorbedeutungen, und desgleichen wurde der Hoch- oder Tiefstand des Gestirns am Himmel sowie sein schwaches oder stark wechselndes, rotes oder gelbliches oder weißes Licht gewertet. Besonderes Gewicht wurde auf die Beobachtung von Mondhöfen und Mondverdunkelungen gelegt. Einfache oder doppelte Mondhöfe mit oder ohne scheinbare Öffnung im Hofring hatten je nach der Himmelsgegend ihrer Erscheinung oder nach dem Monat oder nach einer der drei „Wachen“, in die die Nacht eingeteilt war, auch nach der Art des dunklen oder schwarzen Gewölkes, das sich dem Mond nähern konnte, oder endlich nach dem Eintritt eines oder mehrerer Planeten oder Fixsterne in den Hof verschiedene Bedeutung. Unter den Verdunkelungen des Gestirns sind atmosphärische Verdüsterungen ebenso wie astronomische Verfinsterungen einbegriffen, die in vielen Fällen nicht unterschieden werden können; auf die erstere Art weisen die Angaben von allerlei Gewölk, das die Mondscheibe verdunkelt, und Zeitbestimmungen, die eine astronomische Finsternis ausschließen, auf die zweite dagegen Beobachtungen über das aschfarbene oder goldglänzende Aussehen des verfinsterten oder belichteten Teiles der Scheibe während des Phänomens, dessen astrologischer Einfluß noch nach Monatsdatum und Nachtwache, nach der Windrichtung und der Nähe von Planeten oder Fixsternen wechseln konnte.

Die Sonne steht bei den babylonischen Astrologen an Bedeutung hinter dem Mond zurück. Doch scheint ihre Bewegung im sogenannten „Weg der Sonne“, d. h. der Ekliptik, und der Wechsel ihres Aufgangsortes im Lauf eines Jahres — ebenso wie die Mondbahn — schon frühzeitig von ihnen vermerkt und für Vorhersagungen aufgezeichnet worden zu sein.

Zahlreich sind die Beobachtungen über das Licht des Gestirns: den weißen oder gelblichen, roten oder schwärzlichen Glanz beim Aufgang; die Bemerkungen, ob der Himmelskörper schwach oder stark, wie eine Fackel oder wie ein Feuer zu brennen scheine, ob etwa zwei Drittel der Oberfläche dunkler aussehen als das letzte Drittel, ob das Sonnenlicht nach ihrem Aufgang zunimmt, und ob mittags einzelne Verdunkelungen (Sonnenflecken?) in dem Gestirn wahrnehmbar sind. Zu astrologischem Gebrauch werden auch diese Erscheinungen mit bestimmten Daten verbunden und Beobachtungen des der Sonne benachbarten Himmelsteiles, von Wolkenbänken und Färbungen der Himmelsfläche beim Auf- und Untergang hinzugefügt. Den Mondhöfen entsprechend, werden ferner auch bei der Sonne Halo-Erscheinungen beschrieben und gewertet, sogenannte Nebensonnen, die angeblich eigenen Glanz haben und bei Sonnenuntergang auch gleichzeitig mit Mondhöfen erscheinen können, wie denn auch sonst Mond und Sonne besonders sorgfältig zusammen gesichtet werden.

Selbstverständlich war auch die Verdunkelung des Tagesgestirns astrologisch bedeutsam und wurde je nach Jahreszeit, Monatstag und der Nähe von Planeten, wie Venus und Jupiter, scharf beobachtet, wobei auch hier wieder zwischen atmosphärischen und astronomischen Verfinsterungen in vielen Fällen die strenge Unterscheidung fehlt.

Als besonders wichtiges Merkmal der astrologischen Praktik tritt uns schon bei den von der Sonne abgeleiteten Vorhersagungen das Prinzip der Gestirnvertretung entgegen, wonach unter bestimmten Umständen für die Prophezeiungen ein Himmelskörper den andern ersetzen kann. In der Regel handelt es sich dabei, wie weiter unten gezeigt werden soll, um Planeten und Fixsterne. Wenn die Sonne untergegangen ist, kann sie, wie es scheint, mehrfach ersetzt werden. Ihr Hauptvertreter ist der Saturn, der in vielen Inschriften geradezu wie dann von den Griechen (s. u. S. 48) als „Sonne" bezeichnet wird, und die Vertauschung beider Gestirne geht soweit, daß sogar die Opposition von Mond und Sonne in zahlreichen Fällen auf die Stellung des ersteren zum Saturn übertragen wurde.

Um welche Zeit die Planeten mit Mond und Sonne zu einer Siebenheit verbunden wurden, ist bis jetzt noch immer nicht ersichtlich; daß die Verbindung aber um 650 v. Chr. bestand, wurde oben S. 3 angedeutet. Folgen wir der altbabylonischen Anordnung dieser Wandelsterne, so nimmt der erste, Jupiter, nach der Angabe einer babylonischen Lehrtafel insofern eine Sonderstellung ein, als er zusammen mit den nördlich vom Himmelsäquator befindlichen Fixsternen (vgl. unten S. 8), die übrigen vier Planeten dagegen mit den Äquatorialgestirnen aufgezählt werden.

Astrologische Bedeutung wurde den Aufgängen des Jupiter in den verschiedenen Monaten, mit besonderer Bedeutung des ersten Monatstages und des Jahresendes, zugeschrieben, ferner seiner Stellung zum Äquator und zur Ekliptik, seinem Verschwinden am West- und Wiedererscheinen am Osthimmel und seinem Unsichtbarbleiben während eines ganzen Monats. Ferner wurde seine Leuchtkraft gewertet, je nachdem sein Licht gelblich oder weißlich flimmert, wie eine Fackel flammt, „herrscht", d. h. wohl: wie die Sonne leuchtet, und im Laufe eines Jahres zu- oder abnimmt. Bedeutsam erschien auch seine Stellung zu einer Reihe anderer Himmelskörper, sein Eintritt in einen Mondhof oder seine Annäherung an ein Sternbild, wie z. B. den Schützen oder den Adler. So wurde auch seine Konjunktion mit Venus beobachtet, und mit Saturn zusammen bildet er in analoger Stellung die sogenannten „zwei großen Sterne", offenbar im Gegensatz zu den „zwei Sternen" ohne Beiwort, womit, wenn von Planeten die Rede ist, wohl Mars und Merkur gemeint sind. Auch Jupiter kann, wie es scheint, in gewissen Fällen die Sonne vertreten, er selbst aber kann durch eine ganze Reihe von Fixsternen und Sternbildern vertreten werden: durch Regulus, den Skorpion, den Schützen, Orion und manche andere. Das Rätsel dieser sonderbaren Ersetzung von Wandel- durch Fixsterne, die sich durch die ganze babylonische Astrologie hindurchzieht und in der Theorie, weniger in der Praxis, auch von der griechischen übernommen wurde, ist erst jüngst gelöst worden: die Farben der Planeten in vier Abstufungen von Rot zu Weiß wurden mit denen der hellsten Fixsterne verglichen und letztere nach entsprechendem Befund mit ersteren als astrologisch gleichbedeutend und daher als ihre Vertreter angesehen. Nun fand endlich auch eine Reihe bis dahin dunkler babylonischer Sternlisten ihre Erklärung: sie enthalten Aufzählungen von Gestirnen, deren Farbe der eines und desselben Planeten gleichkommt.

Am umfangreichsten unter allen bis jetzt bekannt gewordenen astrologischen Planetenbeobachtungen sind die Aufzeichnungen über Venus. Die Erkenntnis, daß Morgen- und Abendstern eins sind, reicht in Babylon bis um 2000 zurück.

Aufgänge des Planeten am 1. oder 15. Monatstag wurden besonders gewertet, ebenso die Änderung seiner Deklination, sein Ansteigen bis in die Nähe des Zenits, sein Verschwinden im Osten oder im Westen, seine untere Konjunktion, sein Unsichtbarbleiben auf einen bis zwei Monate und endlich seine „Erneuerung", d. h. sein Wiedererscheinen. Auch das Licht der Venus wurde astrologisch gedeutet: ihre Leuchtkraft beim Auf- oder Untergang, ihr gelblicher oder weißlicher Glanz und ihr Erscheinen bei Tag, ja sogar am Mittag — das in diesen Breiten (wie manchmal selbst bei uns) häufig beobachtet werden kann —, wobei verschiedenfarbige Wolken in der Nähe des Planeten oder die Windrichtung die Bedeutung der Erscheinungen beeinflussen konnten. Auch die Beziehungen der Venus zu anderen Himmelskörpern wurden in den Kreis dieser Beobachtungen gezogen: sie kann z. B. in einen Mondhof treten oder sich Jupiter, Mars und Saturn nähern; sie kann aber auch einen oder mehrere Fixsterne, die kleiner sind als sie, „zu sich nehmen" und „herrscht" dann, offenbar vermöge ihrer Leuchtkraft, über diese. Eine ganze Reihe von Sternbildern (zunächst wohl deren besonders weiße Hauptsterne) wie Virgo (Spica), Corona borealis (Gemma) und Lyra (Wega) kann sie vertreten, wobei nach den Angaben eines babylonischen Schultextes diese Vertretung gelegentlich auf bestimmte Monate oder auch auf den Stand der Venus am West- oder Osthimmel beschränkt worden zu sein scheint.

Weit spärlicher als für die genannten fließen die bisher erschlossenen Keilschrift-Quellen für die drei noch übrigen im Altertum bekannten Planeten. Saturn, der, wie schon bemerkt, zu astrologischen Zwecken in seiner Opposition mit dem Mond beobachtet wurde, kann ebenfalls durch eine Anzahl von Fixsternen oder Sternbildern wie die Wage, Kassiopeia, wiederum Orion und den Raben ersetzt werden, und letzteres gilt auch von Merkur, mit dem u. a. Sterne der Fische, von Pegasus, vom Zentauren und vom Großen Hund verglichen werden. Auch sein Monat um Monat stattfindendes Verschwinden und Wiederauftauchen „wie ein Lebewesen" fiel den babylonischen Astrologen auf, die den Planeten leichter beobachten konnten als wir, und sie zogen sowohl daraus wie aus seiner Konjunktion mit Venus und Saturn Schlüsse auf die Zukunft. Endlich wurden auch die Bewegungen des für die babylonische Astrologie besonders wichtigen Mars zu gleichem Zwecke beobachtet: seine Auf- und Untergänge, sein Verschwinden am Himmel und seine Wiederkehr nach 7, 14 oder 21 Tagen (wenn die Stelle richtig verstanden ist), seine Stellung zum Äquator, der Wechsel seiner Lichtstärke, seine Beziehungen zu Venus, Jupiter und Merkur und seine Vertretung durch rote Fixsterne des Widders, des nördlichen Dreiecks, des Perseus und anderer Sternbilder, auch durch die Plejaden.

Die Fixsterne und Sternbilder — das gemeinsame babylonische Wort erlaubt oft nicht, sie zu scheiden —, von denen in den bis jetzt bekannt gewordenen Texten ungefähr 230 namentlich genannt werden, eignen sich wegen der Unverrückbarkeit ihrer gegenseitigen Stellung für astrologische Zwecke viel weniger als die eben besprochenen Planeten, die Diodor als die „Dolmetscher" schlechthin bezeichnet, sind aber gleichwohl — gewiß hauptsächlich als gleichfarbige und daher wesensgleiche Vertreter der letzteren — in solche Untersuchungen einbezogen worden; vgl. oben S. 5. Daneben müssen die ihnen zum großen Teil offenbar schon in altbabylonischer Zeit untergelegten Bilder als bedeutsames und willkommenes Mittel zur Erforschung der Zukunft gegolten haben. Zu den ältesten dieser Bilder gehören, wie das unten zu besprechende Gilgamesch-Epos lehrt, die Tierkreiszeichen, die bekannten auf die zwölf Monate verteilten Ekliptik-Sterngruppen, deren babylonische Namen sich bei mehreren (Stier, Zwillinge, Löwe, Wage, Skorpion, Fische) mit den noch heute gebräuchlichen decken, während andere wie die „Ähre" in der Hand der Jungfrau und der „Ziegenfisch" (Steinbock) noch in den griechischen Himmelsbildern erscheinen und bei einigen wie beim „Mietling" (?) für den Widder von den griechischen verschiedene, zum Teil noch nicht sicher zu deutende Bezeichnungen vorliegen. In den rein astronomischen spätbabylonischen Texten der Seleukiden- und Arsakidenzeit steht die Zwölfzahl dieser Zeichen, die an der zwölfmal längeren Zeit des Sonnenlaufs durch den Zodiakus gegenüber dem Mondlauf ihren Anhaltspunkt hatte, absolut fest; hingegen weist das Gilgamesch-Epos bestimmt auf nur elf Bilder, indem, wie aus Scholien astrologischer Inschriften hervorgeht, die Wage in alter Zeit, wie vielfach noch von den Griechen, als die Scheren („Hörner") des Skorpions betrachtet wurde. Und selbst noch in einem neubabylonischen, im übrigen die geläufigen Tierkreiszeichen enthaltenden Lehrtext werden für den Monat Ijar (April, genauer April-Mai) neben dem Stier noch die Plejaden und im Mont Sivan (Mai-Juni) neben den Zwillingen noch Orion angegeben, während astrologische nach allen Tierkreiszeichen geordnete Inschriften bis jetzt völlig fehlen.

Eine andere Einteilung der Fixsterne und Sternbilder wurde erst kürzlich aus einer in mehreren Abschriften verschiedenen Alters erhaltenen Lehrtafel bekannt. Dort werden 33 Gestirne am „Enlil-Weg", d. h. in dem Sternraum nördlich vom Himmelsäquator, 23 am „Anu-Weg", dem Äquatorstreifen in einer vertikalen Ausdehnung von etwa 30 Graden, und 15 Gestirne am „Ea-Weg", dem Südhimmel, aufgezählt; die auch hier nicht fehlende astrologische Absicht ergibt sich schon aus den ihnen bei- oder übergeordneten Gottheiten; s. unten S. 12. Auch die Mondbahngestirne, die derselbe Text aufzählt, dienten, wie aus einer Tafel mit Prophezeiungen nach dem Eintritt solcher Gestirne in einen Mondhof hervorgeht, der astrologischen Deutung, und neben der Farbe wurde auch die — scheinbar wechselnde — Lichtstärke der helleren Fixsterne zu Vorhersagungen aufgezeichnet. Außerdem wurden noch Kometen und Meteore, auch die Winde und Stürme zu Planeten und anderen Sternen in Beziehung gesetzt, Erdbeben gedeutet, sowie die wechselnde Bewölkung, Blitz und Donner beobachtet.

Die Ausdrucksweise, deren sich diese astrologischen Vorhersagungen bedienen, bewegt sich in der Regel in schlichter, einfacher Rede. Dabei erregen allerdings gewisse Wortstellungen den Verdacht, das Babylonisch-Assyrische sei dort aus dem Sumerischen, der Sprache der vor den Babyloniern im Zweistromgebiet Westasiens ansässigen nichtsemitischen Bevölkerung, übersetzt worden, wodurch die Vorlagen einzelner dieser Texte bis über die Schwelle des dritten Jahrtausends ins Altertum hinaufgerückt würden. Beweisen läßt sich dies aber trotz des gelegentlichen Vorkommens ganzer rein sumerischer Absätze noch keineswegs. Und die große Mehrzahl der aus Ninive stammenden astrologischen Inschriften ist offenbar semitischen Ursprungs; darauf deuten u. a. die zahlreiche Verwendung synonymer Ausdrücke, die Art der Glossierung der Texte und eine Reihe von Wortspielen.

Besondere Beachtung verdienen die — bis jetzt leider nur vereinzelt auftretenden — Proben der astrologischen Sprache, in die die Mitteilungen der zukunftkündenden himmlischen Phänomene gekleidet wurden. Wenn die scheinbare Öffnung in einem Mondhof als „Tor" oder die Sonne „nach dem Ratschluß der Anunaki", d. i. wahrscheinlich gewisser Wolkengottheiten, als „weinend" — vermutlich unser „wasserziehend" — oder Jupiter als von einem „Hof" von Sternen umgeben bezeichnet wird, so entfernt sich diese Ausdrucksweise nicht allzuweit von ähnlichen uns selbst geläufigen Bildern. Schon etwas weiter abliegend ist die Vorstellung, der Mond „fahre auf einem Wagen", wenn er, von einem Hof umgeben, über den Plejaden steht. Und eine ganz eigentümliche Terminologie läßt den Mond verschiedene „Kronen" annehmen, womit — abgesehen von der „Krone der Herrlichkeit", s. unten — vermutlich wiederum in seiner Nähe befindliche Sterne angedeutet werden: eine Krone des Silbers, Goldes oder Kupfers, der Bronze oder des Eisens, des bösen Windes, des Nordwindes, des Zorns, des Glücks oder der Schlacht, wobei noch ein bestimmter Stern zwischen dem rechten und dem linken Horn stehen kann, ferner auch eine glänzende, weiße oder rote Krone oder Tiara, „Krone um Krone" und ähnliches mehr.

Besonders auffallend sind solche astrologischen „Fachausdrücke“ bei Venus. Diese kann, wie schon oben bemerkt, von den Fixsternen, denen sie sich nähert, einen oder den andern, der „kleiner“ ist als sie, „an sich nehmen“ (die Folge ist, daß der König fremden Besitz ergreift, oder auch, daß der König von Elam erstarkt); sie wird in solchen Fällen — wie analog auch andere Planeten — „herrschen“, offenbar da ihre Leuchtkraft die der Nachbargestirne, die in ihr „Feld“ treten, übertrifft. Sie kann ferner — wie der Mond — verschiedene „Kronen“ annehmen, die auf nahe Planeten deuten; eine gelbe auf Mars, eine rote auf Merkur, eine weiße auf Jupiter, eine schwarze oder eine „Sonnenkrone“ auf Saturn und dementsprechend zwei Kronen auf zwei Planeten, vermutlich Mars und Merkur. Sie kann aber auch „einen Bart tragen“, wodurch, wie die Scholien der Texte ausdrücklich besagen, abermals die Beziehungen des Planeten zu anderen Gestirnen einschließlich des Mondes angedeutet werden. Auch abgesehen von dieser — zeitweiligen — Barttracht wird Venus doppelgeschlechtig gedacht; männlich als Morgenstern und weiblich als Abendstern, trotz der Erkenntnis ihrer Einheit. Und ebenso wie der Mond nach einer durch die Phasen nahegelegten, zum Teil bis auf unsere Zeit überkommenen Unterscheidung seinen Namen wechselt und vom ersten bis zum fünften Tag nach dem Neulicht „Sichel“, dann fünf Tage lang „Niere des Gottes Ea“ genannt wird, bis er sich in weiteren fünf Tagen mit der „Krone der Herrlichkeit“ bedeckt — wobei die Fünfzahl gewiß auf eine altbabylonische, jedenfalls durch die (ausdrücklich belegte) Fünfzahl der Planeten gestützte, in astrologisch-astronomische Inschriften auch sonst hereinspielende Fünftagewoche zurückweist —; wie ferner Mars sieben Namen hat („Böser“, „Feindseliger“, „Fuchs“, „Elamiter“ usf.), ja sogar ausdrücklich „der Planet der sieben Namen“ genannt wird, und auch Jupiter in seiner Rechts- und Rückläufigkeit und seinem Stillstand verschieden benannt wird, so hatten die Astrologen auch für Venus mehrere Bezeichnungen im Gebrauch, deren Anwendung sich zum Teil nach den Monaten richtete, in denen der Planet sichtbar war, während der Unterschied von männlicher und weiblicher Venus mit dem der Göttin Ischtar von Akkad und Ischtar von Erech zusammenfiel.

Die Sterndeutekunst muß die Richtung der drohenden Gefahren oder günstigen Aussichten am Himmel selbst ablesen können. So entstand zuerst in Babylonien die astrologische Geographie, auf die auch die Bibel (Deuteron. 4, 19) anspielt. Schon in altbabylonischer Zeit wurde die in Betracht kommende irdische Welt in vier den Himmelsgegenden entsprechende Länder unterschieden: Akkad, d. h. Babylonien, im Süden; Subartu mit oder ohne angrenzendes Gutium, d. h. die Länderstrecken östlich und nordöstlich von Alt-Babylonien, einschließlich Assyriens, bis zu den armenischen Hochebenen und dem Kaspischen Meer, im Norden; Elam, d. h. ein Teil des späteren Persiens bis an die Grenzen des mittelasiatischen Hochlands, im Osten; und Amurru, d. h. das Westland samt Syrien und Palästina, im Westen. Auf diese Länder werden die Vorgänge am Himmel in verschiedenen Ordnungen bezogen. Der natürlichen Ordnung entspricht es, wenn bei Wind die Wolken oder bei Gewitter die Donnerschläge im Süden auf Akkad, die im Norden auf Subartu und so weiter zu deuten sind, einer verschobenen Ordnung dagegen, wenn z. B. bei Verfinsterungen der Süden Elam entspricht, der Norden Akkad, der Osten Subartu nebst Gutium und der Westen — wie natürlich — Amurru. Auch die Planeten sowohl wie die Fixsterne und Sternbilder haben geographisch-astrologische Bedeutung. Der Jupiter wird gelegentlich Akkad-, der Mars Amurrustern genannt; die Plejaden werden Elam zugeteilt, Perseus Amurru; Pegasus in Konjunktion mit Jupiter bezieht sich auf Akkad, mit Venus auf alle Länder usw. So legten die Astrologen für diese vier Länder auch Listen von je zwölf Sternen an, die zum guten Teil noch erhalten sind und u. a. als Akkadgestirne den Orion, den Großen Bären, Bootes, die Wage, die Leier und den Adler, als Elambilder den Skorpion und den Wassermann und als Amurrugestirne Pegasus, Perseus, Hydra, Sirius, Gemini, Regulus, Cancer und Capricornus aufzählen. Daß diese geographischen Richtlinien auch noch tiefer in Einzelheiten eindrangen, lehren gelegentliche Vermerke, nach denen z. B. der Widder der alten Stadt Erech zugeteilt und die vorderen Sterne des Krebses auf den Tigris und seine hinteren auf den Euphrat bezogen wurden.

Ein weiterer Schritt in der geographischen Sterndeutung war dann ihre zeitliche Scheidung, wofür hier ein paar Beispiele genügen müssen. Als Monatstag für die Neulichterscheinung des Mondes war der 1., 28. und 29. für Akkad günstig, unheilvoll dagegen der 27. für Elam, der 28. für Amurru, der 29. für Gutium und der 30. für Akkad. Gewisse Vorzeichen beim Aufgang der Sonne betreffen Akkad, bei ihrem Untergang aber Subartu. Verfinsterungen oder Verdunkelungen des Mondes beziehen sich am 1. (also nicht astronomische, die an diesem Tag undenkbar sind) und am 13. Monatstag auf Akkad, am 14. auf Elam, am 15. auf Amurru und am 16. auf Subartu, und von den Nachtwachen wird die erste Akkad, die mittlere Subartu oder auch Amurru und die Morgenwache Elam zugeteilt. Zudem nahmen die Astrologen noch bestimmte, auf die vier Länder verteilte Mondfinsternis-Monate an, nämlich März (genauer März-April), Juli und November für Akkad, April, August und Dezember für Elam, Mai, September und Januar für Amurru, endlich Juni, Oktober und Februar für Subartu-Gutium. Ersetzt man diese Monate durch die entsprechenden Tierkreiszeichen, so entstehen bei ihrer Verbindung durch gerade Linien vier gleichseitige Dreiecke, wie solche in der Tat auf einer jüngst von Zimmern beschriebenen Tafel des Brüsseler Museums mit den beigefügten Monatsnamen gezeichnet sind. Dies ist, wie im fünften Abschnitt dieses Büchleins deutlich werden wird, von großer Bedeutung für die Entwicklung der Astrologie bis auf Kepler geworden; fußt doch gerade hierauf eine Lehre, die späterhin nicht nur den Astrologen, sondern auch den Astronomen bedeutsame Anregungen gegeben hat.

Die babylonische Sterndeutekunst ist nur als Ausfluß einer Gestirn-Religion zu verstehen. „Die Verehrung des himmlischen Lichtes“, sagt Wellhausen, „lag den Semiten so nahe, daß sie auch für die monotheistischen Hebräer immer eine große Versuchung blieb, der gegenüber standgehalten zu haben, Hiob sich zum Ruhme anrechnet (31, 26): „Wenn ich das Licht strahlen sah, den Mond prächtig dahinziehen, ließ mein Herz sich nicht insgeheim verlocken und ich warf ihnen keine Kußhand zu.“ Auf den astralen Charakter der babylonischen Religion weist schon die aus einer Bilderschrift entstandene Keilschrift: das uralte Zeichen für „Gott“, in der ältesten, der sogenannten Strichform , in altbabylonischer „Keil“-Schrift , spätassyrisch , stellt sicher einen Stern vor, und der schriftliche Ausdruck für Stern, Gestirn, Sternbild 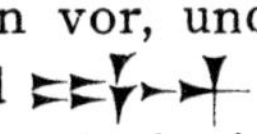 ist nichts anderes als dreimal gesetztes  und wird in den astrologischen Texten der Bibliothek aus Ninive sehr häufig durch letzteres ersetzt. Aber für die genauere Kenntnis der vielgestaltigen Gottheiten der Planeten und Fixsterne sind einstweilen nur dürftige Anhaltspunkte gewonnen. Daß die sehr alte Göttertrias: Anu, der Gott des Himmels, Enlil, der spätere Bel, d. h. „Herr“ schlechthin, und Ea, der Gott der Wassertiefe, in anderer Ordnung auf die oben S. 8 genannten „Wege“ am Himmelsgewölbe bezogen wurde, ist an sich wohl zu verstehen. Auch der altbabylonische Mondgott, sumerisch Zu-en und — vielleicht daraus entstanden — semitisch Sin, sowie der Sonnengott, sumerisch Utu, semitisch Schamasch, traten gewiß unmittelbar in den Dienst der Astrologie, und die guten wie schlechten Eigenschaften der Sonne, als Licht und Leben bringendes Tagesgestirn, aber auch als versengender und verdörrender Feuerkörper, ebenso wie die im allgemeinen günstige Natur des scheinbar unregelmäßig sich wandelnden Mondes, des „Gebildes der Nacht“, finden in den astrologischen Vorhersagungen ihren deutlichen Ausdruck; die Wirkungen der zunächst gewiß nur Schrecken erregenden und Unheil kündenden Verdunkelungen beider Gestirne wurden durch die gleichzeitige Beobachtung mildernder Umstände abzuschwächen versucht. Ischtar, die Liebes- und Muttergöttin, die heilende Helferin und Förderin aller Vegetation, die Göttin des Venussterns, gilt auch in den astrologischen Texten als gütige Göttin, die Liebe für das Land hegt und als Tochter des Himmelsgottes seine Gunst über das Land herabbringt, den Witwen geneigt und nur Säuglingen gefährlich. Auch Jupiter, der Planet des allweisen Weltschöpfers und totenerweckenden Heilgottes Marduk (im Alten Testament Merodach genannt), hat, wenn er nicht durch nahestehende Unheilsgestirne gehindert wird, einen günstigen Einfluß auf das Leben und bewirkt u. a. in einem Mondhof männliche Geburten. Desgleichen kann Saturn als Vertreter der Sonne das öffentliche und das Familienleben fördern, wohl aber auch Krieg entfachen und entspricht somit wahrscheinlich dem Kriegs- und Jagdgott Ninurtu (die Aussprache des früher Ninib gelesenen Namens steht noch nicht fest). Der plötzlich verschwindende und wieder auftauchende Merkur entspricht wahrscheinlich dem Schreiber- und Weisheitsgott Nabu (biblisch Nebo), „der den Stift der Schicksalstafel ergreift", auf der die guten Werke und die Sünden der Menschen verzeichnet und ihre Geschicke festgesetzt sind; er kann Böses wie Gutes bringen. Dagegen ist Mars, der Planet des Pest- und Totengottes Nergal, der Hauptunheilstifter unter den Wandelsternen, der die Ernte des Getreides und der Datteln beeinträchtigt, das Viehwachstum und den Fischlaich hindert, Krieg über das Land und dem König Tod bringt. Und so wirkten noch manche andere Gottheiten und Dämonen durch die Kraft der Sterne, wie z. B. die bösen „Sieben", d. h. die Plejaden, auf Haus und Hof, Hürde und Stall und auf das leibliche und geistige Befinden der Menschen. Schon nach der oben S. 3 mitgeteilten Anwendung von Namendeutungen ist es kaum zu bezweifeln, daß wie den Planeten, so auch den meisten helleren Fixsternen und den Sternbildern an sich — also auch abgesehen von ihren Beziehungen zu Wandelsternen und anderen Gegenständen der astrologischen Beobachtung — ein bestimmter Einfluß auf die Geschicke der Menschheit zugeschrieben wurde. Dafür spricht ferner auch ihre Verbindung mit besonderen, dem Wesen nach freilich zum Teil noch dunkeln Gottheiten: des Perseus mit Enlilmeschara, des Löwen mit Latarag, des Bootes mit Enlil, des großen Bären mit Ninlil, des Drachen mit Anu, der Wega mit Bau, des Sirius mit Ninurtu, des Raben mit Ramman, des Zentauren mit Ningirsu, des Antares mit Nabu und mancher anderer.

Darauf deutet vor allem aber auch die Rolle dieser Gestirne und Gestirngottheiten in der babylonischen Kunst und Dichtung. Verschiedene Gestalten von Sterngottheiten, besonders dem Tierkreis angehörige und andere augenfällige Bilder wurden plastisch dargestellt, und es darf heute als sicher angenommen werden, daß die merkwürdigen Darstellungen auf den babylonischen Grenzsteinen, deren einer auf Tafel I Abb. 1 wiedergegeben ist, samt und sonders Gestirne und Sterngottheiten nebst ihren Emblemen versinnbildlichen, wie solche auch sonst vereinzelt auf Reliefs und auf Amuletten wiederkehren. An der Spitze dieser Grenzsteine erscheint seit dem 14. Jahrhundert v. Chr. die Trias Mond, Sonne, Venus in Gestalt von Halbmond und zwei Scheiben mit vier oder sechs Strahlen. Nach Abzug dieser Trias hätte man noch vier eigentliche oder kleinere Wandelsterne: Jupiter, Saturn,

Mars, Merkur. Diese Vierzahl wäre sehr bequem gewesen, da sie in der Zwölfzahl der Tierkreisbilder ohne Rest aufgeht und sich mit den vier Himmelsrichtungen leicht in Einklang bringen ließ. Aber die Vierzahl und selbst die Fünfzahl der eigentlichen Planeten ist von der durch Hinzufügung von Mond und Sonne gewonnenen Siebenzahl wenn auch nicht ganz verdrängt, so doch immer mehr verdunkelt worden.

Für die Erklärung der Göttergestalten auf den Grenzsteinen verspricht eine Reihe kurzer Beschreibungen wichtig zu werden, die teils in Keilschrift-, teils in griechischen Texten gefunden wurden und durch den Vergleich beider miteinander lehren, daß ihr Inhalt auf Sterngottheiten zu beziehen ist. Auch die in jüngster Zeit mit einem bekannten Amulett, dem früher fälschlich sogenannten Hadesrelief, verknüpfte Beschreibung in einem neubabylonischen Lehrtext legt die astrologische Bedeutung seiner Hauptszene nahe, die sich zunächst als eine Krankenheilung darstellt, aber noch einen tieferen Sinn zu haben scheint. Durch die auf diesem Amulett über dem Krankenbett dargestellten sieben großen Götter, die Kinder Ischcharas (einer Erscheinungsform der Ischtar), die nach der Beschreibung die Plejaden sein können, werden wohl auch die Beschwörungstexte über die sieben bösen Dämonen in den Kreis der astrologischen Vorstellungswelt gerückt, zu der noch eine andere Gattung von Beschwörungszeremonien und Verbrennungsriten in enger Beziehung zu stehen scheint. Sicher ist dies von den sogenannten „Gebeten der Handerhebung“, von denen eine Anzahl an Planetengötter wie Sin, Marduk, Ischtar, Nabu und Nergal, andere dagegen ausdrücklich an die Gestirne selbst: Mars, Sirius, die Plejaden und Orion gerichtet sind. Aus ihren leider sehr lückenhaften Bruchstücken geht u. a. hervor, daß Sirius (zusammen mit Prokyon ein Bild ausmachend) als männliches Lebewesen gedacht, und daß auch Orion personifiziert wurde, zu welch letzterem König Assurbanibal betet: „Sprich, und die großen Götter mögen bei dir stehn! Richte, gib dein Orakel! . . . Nimm meine Handerhebung an, höre mein Flehen! Löse meine Bezauberung, tilge meine Sünde!“

Die augenfälligste Verbindung von Astrologie und Mythologie aber liegt in der babylonischen Weltschöpfungslegende vor. Nicht nur die Gestalt Marduk-Jupiters, der das Ungeheuer Tiamat überwindet, alle (Stern-)Götter wie Kleinvieh weidet, das Jahr bestimmt und abteilt und die zwölf Monate, sowie auch die seinem Planeten (dies die wahrscheinlichste Ergänzung des im Text verstümmelten Pronomens) ähnlichen „Lumaschisterne“, d. h. ihm in der Farbe gleichkommenden Fixsterne einsetzt (vgl. oben S. 6), gibt diesem Gedicht einen astralen Einschlag, sondern auch die elf Helfershelfer der bösen Tiamat, von denen wenigstens zwei, der Skorpion- und Fischmensch, unmittelbar auf Tierkreiszeichen zu beziehen sein werden, während allerdings ein paar andere — es werden nicht alle namentlich aufgeführt — eher auf Gestirne außerhalb des Zodiakus zu deuten sind. Endlich ward auch das nach seinem Helden Gilgamesch genannte, in der jetzt vorliegenden Gestalt auf zwölf Gesänge verteilte babylonische Nationalepos gewiß schon frühzeitig mit astralen Vorstellungen durchsetzt; indessen stehen gerade der restlosen Erklärung solcher mythologischer sowie auch sonstiger religiöser Texte aus Sternmotiven noch sehr große Schwierigkeiten entgegen, die neben anderem in der mehrfachen Überarbeitung ihres Inhalts begründet sein mögen.

Wie schon eingangs dieses Abschnittes, bei der Besprechung der Quellen der babylonischen Astrologie, angedeutet wurde, sind die Urheber dieser Weltanschauung, die von den Griechen viel gerühmten und gescholtenen alten Astrologen, größtenteils unbekannt. Wohl sind die Namen von ein paar spätbabylonischen Astronomen wie Belabu(ßur?) und Kidinnu erhalten, letzterer wahrscheinlich identisch mit dem Kidenas (Cidenas) der Klassiker. Und von den astrologischen Berichterstattern an dem Hof zu Ninive werden in der Tat eine ganze Reihe namentlich aufgeführt, u. a. Ascharidu, Bullutu, Nabuschumischkun, Nergalitir, Balasi, Ischtarschumirisch und Nabuachirba, von denen wenigstens die letzten drei Zeitgenossen waren. Sie stellten ihre Beobachtungen, wie uns die Texte lehren, in Städten wie Kutha und besonders Borsippa auf Sternwarten an, d. h. auf den hohen Stufenpyramiden, die zweifellos in der Fremde, bei der alten Bevölkerung Palästinas, die Sage vom babylonischen Turmbau entstehen ließen. Aber die Namen der Verfasser der astrologischen Quellenwerke, gewiß einer hohen Priesterklasse, die, wie es scheinen will, die Bezeichnung „Tafelschreiber“ vorzugsweise führte, sind längst verschollen. Die Aufzeichnung der astrologischen Weisheit in Babylon erscheint uns jetzt so unpersönlich wie ihre Auslegung und Deutung.

Und doch sprechen Menschen mit Fleisch und Blut aus diesen alten Keilschriften, die wünschen und hoffen, fürchten und bitten, sich widersprechen und sich befehden, die, um den unliebsamen Vergeltungen ihres Herrn und Königs für eine Hiobsbotschaft zu entgehen, ihre Quellen umdeuten oder zu spitzfindiger Auslegung ihre Zuflucht nehmen, die die kosmischen mit tellurischen Vorgängen verquicken und damit förmliche Zauberei treiben. Ihre Weisheit war begrenzt, und der Leser wird vor deren Überschätzung bewahrt bleiben, wenn er eine Vorhersage vernimmt wie diese: „Wenn die Sonne am ersten Nisan bei ihrem Erscheinen rot wie eine Fackel ist, weißes Gewölk von ihr aufsteigt und Ostwind weht, so wird am 28. oder 29. Monatstag eine Sonnenfinsternis eintreten; der König wird noch in diesem Monat sterben und sein Sohn den Thron besteigen.“ Aber von starker Religiosität getragen war alles Forschen und Wissen jener alten Gelehrten; und sie haben den bleibenden Ruhm erworben, in mühseliger Gedankenarbeit das Feld urbar gemacht zu haben, auf dem eine der vornehmsten Wissenschaften aller Zeiten erwuchs — auch sie nach Keplers Losung *per aspera ad astra.*

## II. DIE ENTWICKLUNG DER ASTROLOGIE AUF KLASSISCHEM BODEN

Victorque ad sidera mittit sidereos oculos. (Manilius.)
(Und sieghaft hebt er zu den Sternen auf die Sternenaugen.)

Wie sind die Griechen — das Volk, dessen außerordentlicher rationaler Veranlagung alle strenge Wissenschaft ihren Ursprung verdankt, das zuerst unter allen Völkern den Begriff der reinen, lediglich der Wahrheit dienstbaren Erkenntnis aufgestellt und durchgeführt hat — wie und wann ist gerade dieses Volk zur Astrologie gekommen?

Es war ein schicksalvolles Geschenk des Orients an die griechische Kultur, ein Stück aus jenem Ringen von Ost und West, das auch auf den Schlachtfeldern des Geistes nicht enden will.

Wir sehen heute Griechenland nicht mehr in jener Isolierung gegenüber dem Osten, wie sie wohl einst geglaubt werden mochte. Schon die Zeit der kretischen Kultur, wo eine vorgriechische Bevölkerung die erste große Blütezeit auf den Ägäischen Inseln hervorgebracht hat, hat zweifellos in unmittelbarem Austausch mit Ägypten, nur wenig dagegen mit Babylon gestanden. Aber diese Jahrhunderte kümmern uns hier nicht, schon weil die kretische Religion doch anscheinend nur in mäßigem Umfang auf den gestirnten Himmel geachtet hat. Symbole von Sonne, Mond und Sternen sind in der kretischen Kunst nicht häufig, so daß es zweifelhaft bleiben muß, ob viele von den zahlreichen aus Kreta stammenden Sternsagen in diese Periode zurückreichen.

Auch die in der griechischen Frühzeit sich gestaltende griechische Religion hat nicht vom Sternenhimmel ihre Triebe empfangen, und der alte griechische Mythus spiegelt vergleichsweise recht selten den Gang der Sterne und ihre gegenseitige Lage. Es bleibt auch späterhin für griechische Anschauung bezeichnend, daß Aristophanes Sonne und Mond als Barbarengötter ansieht. Hier liegt in der Tat ein durchgreifender Unterschied der griechischen Religion von der östlichen, vor allem der semitischen. Griechische Götter leben und sterben nicht in und mit der Natur: sie sind freie menschenähnliche Gestalten geworden, die ihre endgültige Ausprägung unabhängig von dem Naturobjekt empfangen, das vielleicht einst bei ihrer Bildung mitgewirkt haben kann. Zeus ist nicht der lichte Himmel, mag sein Name auch davon herrühren, sondern der in mannigfachster Wirksamkeit seine göttliche Person und Macht einsetzende höchste Gott.

In den Jahrhunderten, die wir das griechische Mittelalter nennen (etwa von der dorischen Wanderung um 1000 bis zu den Anfängen der ionischen Naturphilosophie gegen die Mitte des 6. Jahrhunderts), hat die werdende Kunst der Hellenen den Einfluß des Orients vielfach erfahren. Aber im Epos wird man vergeblich nach Spuren der Religion und des Weltbildes der Orientalen suchen. Der griechische Bauer und Jäger und Seefahrer, dem weder Kalender noch Kompaß die Orientierung in Zeit und Raum erleichterten, hat natürlich die hauptsächlichsten Sternbilder, vor allem des Nordens, kennen und nennen müssen: aber bei diesem rein praktischen Verhältnis findet man so gut wie nichts von religiöser Befangenheit. Wenn Homer die unendliche Menge der troischen Wachtfeuer im Geiste sieht, so mögen sie ihm vorkommen,

> Wie wenn rings um den schimmernden Mond die Sterne des Himmels
> Treten hervor, und es ruhn im heiteren Äther die Winde,
> Alle Gestirne werden gesehn, und es freut sich der Schäfer.

Der Schäfer so wenig wie der Dichter verspürt den Drang anzubeten, so gewiß sie beide etwas Göttliches in den strahlenden Sternen nicht minder und nicht mehr als im klaren Quell oder im Lorbeer und im Waldgeheimnis der Schlange empfunden haben. Zum Sternkultus führen diese Wege nicht. Auch den verderblichen Sirius (Canicula, Hundsstern), der durch seinen Frühaufgang im Juli die Fieberhitze der Hundstage hervorbringen soll, wie denn griechischer Volksglaube die Witterungsumschläge allgemein der Wirkungskraft gewisser Fixsterne zuschreibt, würdigt der aufgeklärte ionische Auswanderer keiner ängstlich frommen Verehrung; sie ist, soviel wir wissen, nur im Mutterland und auch da nur auf der kleinen Insel Keos heimisch gewesen, wo man dem bösen Blick des gefährlich funkelnden Sternes jährlich beim Frühaufgang Opfer brachte und zugleich mit dem Glanz der Waffen Furcht einzujagen suchte. Die Verwunderung, mit der der geniale ionische Dichter Archilochos bei der Sonnenfinsternis von 648 am lichten Tage Nacht hereinbrechen sieht, zeigt alles eher als heilige Schauer vor Vater Zeus, vielmehr nur das Erstaunen, daß er solch seltsame Dinge geschehen lasse. Es ist die gleiche weltliche Gesinnung und Freiheit des Gedankens, die in der ionischen Dichtung sich gegenüber den Göttern ausprägt und dann in der ionischen Philosophie zuerst ein rationelles Weltbild zu gestalten sucht.

Allerdings hatte gerade die ionische Naturphilosophie des 6. Jahrhunderts in ihren astronomischen Voraussetzungen sehr viel vom Orient zu lernen. Die grobe Vorherbestimmung einer Sonnenfinsternis, die Kenntnis des Äquators und der Sonnen- und Planetenbahn, die Zahl der Planeten, Namen und Einteilung der meisten Sternbilder des Tierkreises und wohl auch eines Teiles der nördlichen und südlichen, die Zerlegung des Tages in 12 Stunden und so manches andere haben Thales und seine Nachfolger aus dem Osten, in letzter Linie oder direkt von den Babyloniern, empfangen. Es waren grundlegende, aber noch recht primitive Erkenntnisse, für die noch nicht einmal die größere Erdennähe der Planeten im Gegensatz zu den Fixsternen eine ausgemachte Sache war. Aber die Verwertung der Sternkenntnis zur Deutung, zur Ergründung der Zukunft von Völkern und Menschen, ist von jenen Philosophen nicht mit aufgenommen worden: und in der Konstruktion eines rein wissenschaftlichen Weltbildes schaffen sie etwas, was orientalischer Denkweise völlig fern liegt. Und so wenig die Griechen im Grunde geneigt sind, die Kultur der uralten Völker am Nil zu unterschätzen, der gegenüber sie sich nach dem bekannten Wort des Platon nur wie Kinder fühlen mochten, so unabhängig bleibt die klassische Zeit von dem hieratisch gebundenen Empfinden des Orients. Ein Mann wie der große Philosoph Anaxagoras, der Freund des Perikles, empfindet den Himmel als sein Vaterland und das Anschauen der Gestirne als seine erhabene Bestimmung; aber was er sucht, ist nicht religiöse Erbauung, noch weniger ängstliche Unterwerfung unter ein am Sternenhimmel geoffenbartes Schicksal, sondern vernunftgemäße Erkenntnis, die sich nicht scheut, die Sonne einen glühenden Stein zu nennen, und durch eine natürliche Erklärung dem aufregenden Phänomen der Mondfinsternis seine Schrecken nimmt. Und so ist ein Mann wie Nikias, der Feldherr, der aus Angst vor den Folgen einer Mondfinsternis das furchtbare Unglück der Athener auf Sizilien (413) herbeiführt, für die aufgeklärten Zeitgenossen, vollends für einen unabhängigen Denker wie Thukydides, nur mehr ein zurückgebliebener, abergläubisch befangener Mann. Ihm steht Perikles gegenüber, der nach einer bekannten Erzählung die Furcht seiner Soldaten bei einer Sonnenfinsternis dadurch bannt, daß er einem den Mantel vors Gesicht hält und sie so über die natürliche Ursache des himmlischen Vorganges drastisch belehrt.

Gewiß werden in der ausgedehnten griechischen Wahrsagekunst

auch die Zeichen aus dem Himmel und darunter nicht bloß Donner und Blitz stets beobachtet: ein herabfallendes Meteor weckt, wie noch heute bei vielen Völkern ein Komet, in Griechen und Trojanern die Furcht vor der Fortdauer des schweren Krieges; und der große Pindar dichtet noch 463 v. Chr. für seine Thebaner ein Lied, um die Götter zu beschwichtigen, die durch eine Sonnenfinsternis ihren Groll gezeigt haben. Aber diese religiösen oder allgemein menschlichen Empfindungen zeigen nirgendwo ein eigenartiges Verhältnis der Griechen zu dem am Himmel geschriebenen Willen der Götter; diese Tatsachen stehen für sie nur neben jeder anderen Art von Wahrnehmungen der Gunst oder des Grolles der Mächtigen. Von einer Technik, das Kommende daraus ergründen zu wollen, und von einem am Sternhimmel haftenden Schicksalsglauben ist nicht die Rede. Der Götterwille ist es, der von ihrer Weissagungskunst aufgesucht und beobachtet wird: das Medium, durch das er sich geltend macht, ist gleichgültig.

Und so ist auch sonst das griechische Leben der frühen und der klassischen Zeit im großen und ganzen durchaus frei von dem Einfluß des orientalischen Gestirnglaubens: Redner und Tragiker und Komiker und Geschichtsschreiber haben nichts davon zu erzählen. Daran könnten schlecht verbürgte Anekdoten wie die von der Prophezeiung eines „Chaldaeers“ an den Vater des Euripides, sein Sohn werde einst im Wettkampf siegen, nichts ändern, selbst wenn sie geschichtliche Wahrheit besäßen. Wenn Hektor seine Gattin mit den Worten tröstet:

> Gegen das Schicksal hinab in den Hades sendet mich niemand,
> Aber verhängtem Geschick entrinnt der Sterblichen keiner,
> Bei der Geburt schon verfällt ihm der Tapfre so gut wie der Feige

so hat nur antikes und modernes Vorurteil in diesen Worten, mag sie auch der asiatische, im Innersten so echt griechische Königssohn sprechen, einen Hinweis auf den astrologischen Glauben an die Bedeutung der Geburtsstunde finden können. Dem griechischen Mutterland gehört die Belehrung über gute und böse Tage im Monatslauf an, die den Hauslehren des alten böotischen Dichters Hesiod angehängt ist; sie wird von dem Dichter als ein nur wenigen bekanntes Geheimnis behandelt, mag also wohl von außen nach Griechenland gekommen sein. Auch diese Anweisung zur bäuerlichen Tagewählerei bedarf keiner bewußten astrologischen Grundlage, und ihr Verfasser beruft sich zur Begründung lieber auf griechische Göttergeburtstage als auf den Mondlauf selbst. So ist auch das nur eine entfernte Vorstufe zur Astrologie. Es wäre seltsam, wenn die Griechen bis zum Ende des 5. Jahrhunderts von der Sterndeuterei der Babylonier gar nichts erfahren hätten, und bei ihren Philosophen, die doch die babylonische Astronomie herübernehmen, ist das geradezu undenkbar. Aber einen Einfluß auf das Dichten und Trachten und Leben des griechischen Volkes hat die Astrologie vor der Zeit Alexanders des Großen nicht besessen; die rationale Anlage dieses Volkes der Wissenschaft lehnt ohne Mühe das ehrwürdige Dämmerlicht der orientalischen Priesterlehre ab.

Dennoch wird die Aufnahme der Astrologie in dieser frühen Zeit in gewissem Sinne schon vorbereitet durch die Philosophie. Der nämliche Trieb, der zu der Erkenntnis einer strengen Gesetzmäßigkeit im Weltall geführt hat, mußte das freie griechische Denken mit der Zeit auch dem Fatalismus des Orients näher bringen. Die Schule des Pythagoras und wohl schon der Meister selbst sind hier vor allem einflußreich geworden. Hier zum ersten Male in der Welt ist der Begriff des Naturgesetzes in dem konstanten Verhältnis zwischen der Länge der Saite und der Tonhöhe entdeckt worden. Der Sinn dieser strengen aristokratischen Denker ist erfüllt von Ehrfurcht vor der erhabenen Schönheit und unverbrüchlichen Ordnung im Weltall, vor der vollkommenen Gesetzmäßigkeit, mit welcher, durch bestimmte Zahlenverhältnisse geregelt, die Bewegung des Himmels und der Planeten tönend vor sich geht. „Es gibt am Himmel nicht Zufall noch Ungefähr noch Irrweg noch Eitelkeit, im Gegenteil durchaus nur Ordnung, Wahrheit, Vernunft und Dauer“: so klingt noch bei Cicero jener pythagoreische Glaube nach. Die gleiche Schule ist aufs engste verbunden mit jener merkwürdigen tiefen Erregung des griechischen Seelenlebens im 6. Jahrhundert, in der so manches nach Osten weist, mit der religiösen Bewegung der Orphik. Die Lehre dieser Mystiker von dem Schicksal der Seele nach dem Tode, von ihrer Wiederverkörperung und der endlichen Erlösung der durch den orphischen Glauben rein gewordenen Seele aus dem furchtbaren Kreislauf aller Dinge wird auch für viele jener Philosophen ein Dogma. So ist hier, in der Pythagoreischen Schule, für beides der Grund gelegt worden: sowohl für eine gewaltig vorwärtsdrängende Entwicklung der Astronomie, d. h. der Ergründung der unveränderlichen Bewegungsgesetze im Weltall, wie für die astrologische Mystik, die Andacht zu den sichtbaren Göttern, wie die Sterne nun heißen, für die Verehrung ihrer überirdischen Reinheit, Schönheit und Vollkommenheit und für den Glauben an die ewige Heimat der Seele auf diesen Sternen und ihre einstige Wiederkehr zu diesem ihrem Ursprung. Es ist ein Schauspiel von höchstem Interesse, wie die Griechen aus der gleichen tiefen, geistigen Bewegung heraus die zwei Wege finden; wie sie einerseits mit freiester Kühnheit ein Weltbild gestalten, das schon im fünften Jahrhundert v. Chr. die Erde aus dem Mittelpunkt des Alls verdrängt und dann im dritten die Entdeckung des Kopernikus von der Bewegung der Erde um die Sonne vorausnimmt — keine religiöse Schranke vermag diesen Siegeszug des griechischen Geistes zu hemmen, der in des Aristarch von Samos heliozentrischer Hypothese gipfelt und an dem neben den Pythagoreern und Platon die atomistische Naturwissenschaft des Demokrit ihren wesentlichen Anteil hat. Auf der anderen Seite aber wird in den gleichen pythagoreischen Kreisen die Aufmerksamkeit auf die babylonische Astrologie rege, und wir können in ihrer arithmetischen und geometrischen Mystik heute astrale Elemente nachweisen, die mindestens im Prinzip auf Babylon zurückgehen. Schon die Alten haben auf diesen Zusammenhang zwischen der pythagoreischen und der astrologischen Spekulation gelegentlich hingewiesen.

Es ist kein Wunder, wenn gerade in der Akademie, deren Stifter Platon aus tiefer geistiger Gemeinschaft die religiösen wie die wissenschaftlichen Grundgedanken der Pythagoreer mit besonderem Anteil aufgenommen hat, diese Überlieferung auch weiterhin am stärksten wirksam bleibt. Die Beseeltheit und Göttlichkeit der Gestirne, die in so wunderbarem Gleichmaß, wie in frei gewollter Ergebung in das Weltgesetz, Nacht um Nacht ihre stille Bahn ziehen, hat Platon mit so tiefer Überzeugung vertreten, daß noch sein großer Schüler Aristoteles, so hart und nüchtern er ihn sonst vielfach bestreitet, dieses Postulat mit ungewöhnlicher Wärme festhält. Platon spricht von diesen der Dialektik nicht erreichbaren, dem Fluß des Werdens angehörigen Dingen in seinen Mythen. Da hören wir in der Rede des Aristophanes im Symposion die geniale Erfindung von den kugelrunden Sonnen-, Mond- und Erdenmenschen der Vorzeit; ein Scherz, der in all seiner scheinbaren Ungebundenheit doch in der orphischen Kosmogonie fest verankert ist und nicht zufällig an die spätere Lehre von den Planetenkindern erinnert. In dem grandiosen Schlußbild des platonischen „Staates“ ist die große Notwendigkeit alles Erdengeschehens und alles Menschenschicksals in einer durchaus kosmischen, astralen Gestalt veranschaulicht und mit dem Planetenlauf in enge Beziehung gesetzt; auf den Zusammenhang mit dem Osten weist hier schon der iranische Name des Offenbarungsträgers, des Pamphyliers Er, des Sohnes des Armenios. In Platons Timaeus aber, dem Dialog von der Weltentstehung, wird jeder einzelnen aus der ein für allemal feststehenden Zahl der Menschenseelen ein Gestirn wie ihr Fahrzeug zugeteilt; so viel Sterne, so viel Seelen. Das ist noch nicht im strengen Sinne des Wortes Astrologie, für deren künstliches System diese weit verbreitete primitive Anschauung von der Verbindung des einzelnen Sternes mit einer Menschenseele nur eine populäre und längst nicht mehr verwendbare Vorstufe gebildet hat. Gleichwohl sind jene Lehren des Platon ein unzweifelhafter und sehr wirksamer Ausdruck astraler Mystik, an dem jede spätere Entwicklung der Astrologie und ihre philosophische Verteidigung einen sehr festen Halt besaß. Wenn dann Platons unmittelbarer Schüler, Philippus von Opus, den „Gesetzen" des Meisters ein dreizehntes Buch hinzufügt, das von Begeisterung und Ehrfurcht für die altersgraue Sternweisheit des Ostens erfüllt ist, so ahnen wir die Entwicklung, die unter dem immer mehr zunehmenden Einfluß der pythagoreischen Spekulation in der Schule des alternden Plato vor sich gegangen war.

Aristoteles ist der Mystik abgeneigt und kümmert sich, trotz der grenzenlosen Ausdehnung seiner Interessen, nicht um die Theorie der Sterndeutung. Seine Lehre vom Äther als dem fünften überirdischen Element trennt die Welt unter dem Monde scharf von der Region der Gestirne. Und doch ist seine Annahme, daß alle Bewegung zuletzt von dem ersten Bewegten, der Fixsternsphäre, ausgehen muß, und daß somit jede Veränderung auf der unvollkommenen Erde durch die zahlenmäßig bestimmten Bewegungen in der vollkommenen oberen Welt bewirkt wird, für die Astrologie eine ebenso brauchbare Grundlage wie sein fest geschlossenes und ummauertes Weltgebäude, das sich gegen allen Widerspruch der Demokriteer bis auf Giordano Bruno behauptet.

So wird die Zeit langsam reif zur Aufnahme der orientalischen Sternreligion und des astrologischen Glaubens. Es ist die Zeit des Hellenismus, in der diese Lehre bei den Griechen ihre entscheidenden Eroberungen macht. Kurz vor dieser Zeit steht es noch so, daß Platons Freund Eudoxos, der große Astronom, den „Chaldaeern", d. h. den Sterndeutern vom Euphrat, jeden Glauben verweigert, obwohl er Astronomie und Meteorologie der Babylonier kennt. Bei Theophrast dagegen, dem Schüler des Aristoteles, stoßen wir schon entweder auf Bewunderung oder doch mindestens auf ein großes Erstaunen über die Kunst der Chaldaeer. Der Dichter der Sternbilder und Wetterzeichen, Aratos (um 275), läßt die Astrologie durchaus beiseite; und doch ist auch die für uns unfaßbare Popularität seines Gedichtes ein Anzeichen für die wachsende Aufmerksamkeit der Griechen auf den gestirnten Himmel. Am Ende der hellenistischen Zeit aber tragen die siegreichen Legionen Caesars den Stier als das Tierkreisbild der Venus, der Stammmutter des julischen Geschlechtes, in alle Lande; Augustus läßt sein Horoskop veröffentlichen und Münzen mit dem Gestirn seiner Geburt, dem Steinbock, prägen; und dem Maecenas muß Horaz astrologische Skrupel zerstreuen. Der Sieg der orientalischen Astrologie darf nun völlig entschieden heißen: in diesen drei Jahrhunderten von Alexander bis Augustus ist er gewonnen worden.

Wie das gekommen ist, wird nur durch die gesamte Entwicklung des Hellenismus verständlich, die hier nur in kurzen Andeutungen berührt werden kann. Das Griechentum ist in der ersten Hälfte dieser Zeit das siegreich nach Osten vordringende Element, das mit ungeheurer Expansionskraft im Anschluß an Alexanders Zug die Welt mit griechischer Sprache und Kultur erfüllt. In der zweiten Periode des Hellenismus aber richten sich die titanischen Urkräfte Asiens mit ungebrochener Macht wieder gegen die Eindringlinge auf: die naturgemäß mehr in den Städten als in den unermeßlichen Landschaften dominierende griechische Oberschicht erfährt in steigendem Maße den Einfluß der alten Religionen und Lebensformen des Orients. Und damit hebt die verhängnisvolle Entwicklung an, die zuletzt die griechische Eigenart zerstört: das Griechentum wendet sich langsam vom Logos, von der wissenschaftlichen Erkenntnis, dem Stolz und Ruhm griechischen Geistes, zur Gnosis, dem Erkennen durch Vision, Ekstase, Offenbarung. Noch im Anfang des zweiten Jahrhunderts v. Chr. ist der griechische Gedanke stark genug, auf dem Boden Babyloniens selbst mit der kühnsten seiner Lehren vorzudringen: der einzige uns bekannte Anhänger des von Aristarch geforderten kopernikanischen Weltsystems, Seleukos von Seleukeia am Tigris, wird ein Chaldaeer genannt, sei er nun wirklich hellenisierter Babylonier oder ein dort geborener Grieche gewesen. Im Anfang des 1. Jahrhunderts v. Chr. aber steht in Poseidonios, dem großen Stoiker, die Astrologie auf der Höhe der damaligen griechischen Wissenschaft. Das zeigt den raschen Wandel der Zeiten.

Und so geht auch der Gang der religiösen Vorstellungen, für welche die alten griechischen Götter gar wenig mehr bedeuten, von jener Anbetung der blindwaltenden Tyche, der Göttin des Zufalls, deren launenhaftes Gebaren die Menschen in den Stürmen der Diadochenzeit und dann wieder der römischen Revolution alles fürchten, aber auch alles hoffen ließ, zur Ananke oder Heimarmene, dem unveränderlich und unerbittlich von Ewigkeit her feststehenden Schicksal, das, astrologisch gefaßt, den Druck des ganzen Weltalls auf jedes sterbliche Haupt lädt. Es ist der wichtigste von der Magie und den Erlösungsreligionen geforderte Dienst, den Menschen von dieser furchtbaren Last zu befreien. Von der Tyche zur Heimarmene, aus ihr heraus zur Magie und zur Erlösungsreligion — das ist in den einfachsten Zügen der Gang der hellenistischen Religionsgeschichte.

Die chaldaeische Astrologie ist zunächst literarisch bekannt geworden durch die „babylonischen Geschichten“ des Berossos, des

Priesters des Bel zu Babel, der angeblich auf der griechischen Insel Kos eine Astrologenschule gegründet hat. Er hat in seinem Werke, das er dem König Antiochos I. von Syrien widmete, etwa um 280 v. Chr. die Griechen zum erstenmal genauer belehrt über die babylonische Götter- und Schöpfungsgeschichte und über die „Philosophie" dieser merkwürdigen Barbaren, d. h. über ihre Sternkunde und Sterndeutung, die er als die Weisheit des Bel mitteilte. Die wüsten dämonischen Mischgestalten, die uns dann wieder in der Offenbarung Johannis entgegentreten, sind hier dem Griechentum, das sich ihrer seit einem Jahrtausend durch die Vermenschlichung seiner Götter entledigt hatte, von neuem bekannt geworden, und uralte bizarre Offenbarung des Orients schlug mit dieser seltsamen Schöpfungsgeschichte an ihr Ohr. Manche ähnliche Erscheinung folgte dieser ersten Aufklärung, und direkte Übersetzung kleiner babylonischer Texte in das Griechische ist jetzt sicher nachgewiesen. Aber erst ein Werk ägyptischer Herkunft, sicherlich in dem großen Völkergemisch von Alexandria entstanden, hat stärkeren, ja entscheidenden Eindruck gemacht.

Von einer ägyptischen Astrologie haben wir aus der großen alten Zeit des Reiches keine greifbaren Spuren; die Tagewählerei, die sich frühe auch dort findet, ist wie bei Hesiod nicht mit den Gestirnen, sondern mit den Göttern verknüpft. Wohl hatte der Sonnenkult in Ägypten mächtig vorgearbeitet. Aber erst in der Zeit der griechischen Herrschaft scheint hier — wir wissen noch nicht genauer, durch welche Kanäle — der babylonische Sternglaube eingedrungen zu sein und hat dann die hochmütige Priesterschaft dieses konservativsten aller Völker in einem Grade erfaßt, von dem die Tempelwände von Dendera (Tafel I Abb. 2), Edfu, Athribis mit ihren astrologischen Darstellungen das eindringlichste Zeugnis ablegen. Wir finden hier eine Vereinigung älterer ägyptischer Göttergestalten, wie der je eine Zehntagewoche beherrschenden Dekane, mit den Tierkreisbildern und astrologischen Lehren der Babylonier; ein Gemisch, das seinerseits wieder eine originelle Spielart der Astrologie bildet, als eine spätägyptische Astrologie, über deren Zusammenhang mit der babylonischen kein Zweifel herrschen kann.

Das Grundbuch dieser neuägyptischen Astrologie war ein großes systematisches Werk, prophetenhaft dunkel in seinem Vortrag, durch den es den Späteren zahllose Schwierigkeiten bereitete. Das im Grunde aus zwei Werken bestehende Buch trug zwei Namen aus der ägyptischen Geschichte: den eines Königs, Nechepso (es hat in der Tat einen solchen ägyptischen König im 7. Jahrhundert v. Chr. gegeben) und eines Priesters Petosiris. Es ist Offenbarungsweisheit, an die zum Empfang solcher Erleuchtung vor allem berufenen „königlichen Geister“, an Fürst und Priester, gerichtet: sie beruft sich auf ältere Bücher des Thoth, des ägyptischen Hermes, oder des Asklepios. Aber Nechepso hat noch vornehmere Offenbarungen. Eine ganze Nacht schaut er betend zum Himmel empor, da vernimmt er von droben herab eine göttliche Stimme „aus dem dunklen Gewand des Nachthimmels“. So erfährt er die ganze unvergängliche Ordnung in den Bewegungen des Weltalls. Jenes griechisch geschriebene Werk der angeblichen zwei Ägypter, das in alles Detail der Astrologie eintrat, hat neben dem babylonischen und altägyptischen Gut unzweifelhaft auch Elemente der griechischen Wissenschaft in sich aufgenommen, vor allem die Anordnung der Planeten nach der Dauer ihrer Umläufe. Noch wissen wir nicht genau, wie weit uns Neuschöpfung dieser beiden Verfasser oder vielmehr des einen, der jene zwei ehrwürdigen Namen mißbraucht, vorliegen mag. Aber soviel dürfen wir heute mit Sicherheit sagen: Dieses Grundwerk der griechischen Astrologie ist sicher mindestens 150 Jahre vor Christi Geburt entstanden, da es Korinth noch unzerstört voraussetzt; und es hat ohne Zweifel, gesetzt auch, daß es auf älteren griechischen Büchern in weiterem Umfang beruhte, sie alle so gut wie völlig verdrängt; es ist die eigentliche Astrologenbibel geworden, der von den späteren Werken mit einigermaßen gleichem Ansehen nur das astrologische Werk des Claudius Ptolemaeus im 2. Jahrhundert n. Chr. zur Seite trat.

Der Entscheidungskampf über das Recht der Astrologie oder ihre Verkehrtheit wird noch in dem gleichen zweiten Jahrhundert vor Christus ausgefochten, in dem das Buch des Nechepso-Petosiris erscheint. Der glänzende Vertreter der neuen Akademie, Karneades, erprobt alle Künste seiner gefürchteten Dialektik wie an den Beweisen für das Dasein Gottes, so auch an denen für die Möglichkeit der Astrologie. Die Einwände, die Karneades und die späteren Bestreiter des Glaubens an die Wirksamkeit der Sterne und die Möglichkeit der Sterndeutung vorbringen, erscheinen ebenso einfach wie vom rationellen Standpunkt schwer widerleglich. Und doch ließ sich über den Grad der Sympathie zwischen Himmel und Erde und über die Fragen nach Fatum, Zufall, freiem Willen, mit gewappneten Syllogismen ohne Ende streiten. Der Vorwurf freilich, der keiner Form des Determinismus erspart bleibt, daß mit der Allgewalt des Schicksals jede menschliche Verantwortung und jede Sittlichkeit aufhöre, machte auf Politiker und Moralisten Eindruck und war nicht immer mit einem einfachen

*Non refert scelus unde cadit; scelus esse fatendumst*
(Gleich, woher das Verbrechen auch stammt: Verbrechen doch bleibt es)

wie es der römische Dichter Manilius formulierte, zu beschwichtigen; so ergriff man den Ausweg, die Schicksalsgewalt nicht unverbrüchlich gelten und wenigstens am freien menschlichen Willen ihre Schranke finden zu lassen. Aber auch dem Unabänderlichen gegenüber, sagte man, schafft die Voraussicht Seelenruhe und hilft damit zur Apathie, zu jener Überwindung der Affekte, die der spätantiken Ethik fast aller Schulen als das wesentlichste Ziel erschien. Schwerer konnten die Astrologen mit der mehr ins einzelne gehenden spitzen Polemik gegen die Grundlagen ihres Verfahrens fertig werden. Wie sollte es bei der ungeheuren Schnelligkeit, mit der sich der Himmel in vierundzwanzig Stunden um die Erde dreht, und bei der Unzulänglichkeit der Wasseruhr je gelingen können, den am Himmel aufgehenden Punkt der Ekliptik genau festzustellen, vollends wenn man, wie es eigentlich geschehen müßte, von dem unsicheren Zeitpunkt der Empfängnis, nicht erst der Geburt ausging; und wie selten war auch nur der Augenblick der Geburt genau ermittelt und zuverlässig überliefert! Und wie kommt es, fragten die Gegner, daß von drei zur gleichen Sekunde am gleichen Ort geborenen Lebewesen das eine ein stolzer König, das andere ein armer Bettler, das dritte gar ein Lastesel wird, daß andererseits Menschen von sehr verschiedener Geburtsstunde in der gleichen Schlacht oder beim gleichen Schiffbruch ein gemeinsames Schicksal ereilt? Und wenn die gleiche Konstellation erst nach vielen Jahrtausenden wiederkehrt, wie kann der Astrolog die Erfahrungsgrundlagen für seine Schlüsse gewinnen und nachprüfen? Man sieht, wie nötig es für die Chaldaeer war, das Alter ihrer Tafeln ins Märchenhafte zu steigern, um den empirischen Charakter ihrer Wissenschaft festhalten zu können: 490000 oder 720000 Jahre ununterbrochener Tradition war noch nicht das äußerste, was mancher von ihnen behauptete.

Karneades schien mit seiner Kritik der Astrologie zunächst siegreich zu bleiben. Denn Panaitios, der große Stoiker, entschließt sich in diesem Punkte von der Lehre seiner Schule abzuweichen und die Weissagung und Sterndeutung preiszugeben. Was das bedeutet, mag man schon daraus ermessen, daß die streng deterministische Stoa von Anfang an die gegebene Beschützerin der Astrologie sein mußte: eine Philosophie, deren Vertreter zudem großenteils aus dem semitischen Orient stammten und darum semitischer Gestirnreligion von vornherein näherstanden als die Griechen des Mutterlandes. Panaitios dagegen, der Freund des Scipio Africanus minor und des Historikers Polybios, war ein echter Grieche aus Rhodos. Aber die Kritik des Karneades konnte doch viel zu kurz wirken, um die alte Neigung zu mythischem Denken und den Strom neuer religiöser Gedanken dauernd einzudämmen.

Mit Panaitios' Nachfolger in der Führung der Stoa setzt abermals der orientalische Einfluß um so stärker ein, da dieser Nachfolger einer der wirksamsten Schriftsteller und der umfassendste Gelehrte der Zeit war; Poseidonios von Apamea in Syrien. Wieviel oder wie wenig er sich auch an der Ausgestaltung der astrologischen Lehre selbst beteiligt haben mag, er hat ohne Zweifel wesentlich dazu beigetragen, den orientalischen Sternglauben den Griechen näher zu bringen und den Widerstand gegen ihn allmählich verstummen zu machen. Noch spotteten, trotz Caesars und Augustus' Glauben an die Sterne, Cicero, Horaz, Properz über die prahlerische Weisheit der vulgären Sterndeuter, die mit Globus und Planetarium beim Circus maximus sich vom Pöbel konsultieren ließen. Aber bald mußte man Epikureer oder Skeptiker sein, um dem System der Astrologie den Glauben zu verweigern: alle anderen Philosophenschulen sind mehr oder weniger von ihr ergriffen.

Wer glaubt schließlich nicht an die Sterne, an ihre Macht, das Menschenleben zu gestalten oder doch wenigstens seine Wege anzudeuten? Der Neupythagoreer Nigidius Figulus, zur Zeit des Caesar, ist ihr Adept so gut wie der gleichzeitige Polyhistor Varro. Der düstre große Psycholog unter den römischen Historikern, Tacitus, kommt ihr in unsicher schwankender Überlegung weit entgegen. Man könnte kein Ende finden, wollte man alle die Berichte über ihre Bedeutung für die römischen Großen und Kaiser zusammenstellen. Der Komet, der nach Julius Caesars Ermordung am Himmel erscheint, gilt allem Volk als das sidus Julium, als der sichere Beweis für die Aufnahme des großen Diktators unter die weltbeherrschenden Gestirne; aber der junge Oktavian, sein Erbe, sieht in der himmlischen Erscheinung zugleich die Verkündigung seiner eigenen Größe. Im Leben des Kaisers Tiberius spielt die Astrologie bis zu seinem Ende eine besonders verhängnisvolle Rolle; verhängnisvoll nicht für ihn allein, sondern nicht minder auch für die Senatoren, die sich von den Himmelskundigen belehren ließen, daß die Sterne dem Tiberius eine Rückkehr von seiner Ausfahrt nach Kampanien versagten, und in trügerische Sicherheit gewiegt nicht ahnten, daß er noch volle elf Jahre dort im freiwilligen Exil leben und sie um ihr Leben zittern lassen werde. Die Sprüche der Astrologen waren oft nicht minder zwei-

Abb. 1. Römisches Armband mit den Wochentagsgöttern.

deutig und gefährlich als die der alten Orakel, die so manches Reich zerstört hatten. Aber ihr unheimlicher Doppelsinn verminderte nicht, sondern erhöhte vielmehr den Glauben an ihre Untrüglichkeit. Die Kaiser haben oftmals die Astrologen verfolgt und aus der Hauptstadt verbannt. Aber sie konnten ihrer selbst so wenig entraten wie die übrige vornehme römische Gesellschaft, von deren Damen so manche keine Meile vor die Stadt fahren und keine Mahlzeit zu sich nehmen wollte, ohne ihren astrologischen Kalender zu befragen, den sie am planetengeschmückten Armband (Abb. 1) mit sich herumtrug.

In jede heidnische Religion dringt in den Jahrhunderten der Kaiserzeit und schon vorher der Gestirnkultus ein. Der herrlichste antike Bau, den das heutige Rom noch aufweist, das Pantheon des Hadrian — was ist es mit seiner Kuppel und ihren Sternrosetten, mit seinen durch die Kugel gegebenen Verhältnissen und dem von oben hereinleuchtenden Sonnenauge anders als eine grandiose Versinnbildlichung des Kosmos und seiner alles zusammenschließenden, dem unentrinnbaren Gesetz folgenden Einheit? So haben den Wunderbau, dessen Meister vielleicht ein Grieche aus Damaskus war, schon die Zeitgenossen empfunden, als „ein Gleichnis des Himmels“, wie der Historiker Cassius Dio sich ausdrückt. Läßt sich vom Pantheon trotz seiner sieben Nischen nicht erweisen, daß es ein Planetentempel war, so hat das Septizonium, das der Günstling des Glücks, der afrikanische Soldatenkaiser und Verehrer der karthagischen Sternenkönigin und der syrischen Himmelsbaale, Septimius Severus, am Palatin erbaute, gewiß den sieben Tagesgöttern gegolten, vielleicht, wie neuestens vermutet wird, als eine Art monumentalen Kalenders der Wochentage an diesem weithin sichtbaren Platz aufgerichtet.

Bei der grundsätzlichen Duldsamkeit des antiken Polytheismus fällt es doppelt auf, wenn ein griechischer Dichter der Kaiserzeit, unter dem alten Namen Manetho, kurzweg alle Opfer für unnütz erklärt, es sei denn an die in Wahrheit allein Götter und Menschen und alle vier Elemente beherrschenden Planeten. Zumeist aber gibt der Sternkultus der Religion in ihren alten Formen neuen und tieferen Inhalt. Die verblaßten griechischen und römischen Götter werden einer um den andern dem Sonnengott gleichgesetzt; die Astrologie liefert nach Franz Cumonts zutreffendem Wort die „wissenschaftliche Theologie“ zu dieser Sonnenreligion, d. h. sie bringt die wissenschaftlichen Beweise für das, was geglaubt wird. Mithras- und Isiskultus, die hellenistische Gnosis der Gläubigen des ägyptischen Hermes Trismegistos (Thoth), wie die massivere der Babylonier, sind erfüllt von astralen Elementen; Sonne und Mond und der Tierkreis gehören zu den obligaten Darstellungen der Mithrasgrotten. Und man darf nicht einmal sagen, daß dieser Einfluß des Sternglaubens auf die Religion nur herabziehend wirkt: die Astrologie erniedrigt den Menschen zum Sklaven des Schicksals, aber sie hilft die Gottheit zum Weltenherrscher erhöhen, „der auf den Sternen waltend sitzet von Ewigkeit zu Ewigkeit“.

Wie in der Religion, so ist es auch in der Wissenschaft. Nicht nur die philosophische Spekulation, vor allem der einflußreiche Neuplatonismus, öffnet der Astrologie, trotz Meister Plotinos' ernstem Widerstreben, die Tore; Medizin und Botanik, Chemie, Mineralogie, Ethnographie, kurz alle Naturwissenschaften werden mehr oder weniger von ihr angesteckt und bleiben es bis zum Ausgang der Renaissance. Die Alchemie, die Vorstufe der Chemie, ist recht eigentlich die jüngere Schwesterwissenschaft der Astrologie, mit der sie so viele Mysterien teilt.

Es ist eine ungeheure Literatur gewesen, die in den Jahrhunderten vom Anfang des Hellenismus bis zum Ende des griechisch-römischen Altertums der Astrologie gedient hat. Unzählbare, zum Teil längst verschollene und klanglos gewordene Schriftstellernamen tauchen in den seit zwei Jahrzehnten neu erschlossenen astrologischen Handschriften des Altertums und Mittelalters wieder auf; bald in Prosa, bald in Hexametern oder im elegischen Distichon stellen sie das astrologische System dar. In Rom ist der in seiner Art große Dichter Manilius, der dem Atomismus und der Religionsfeindschaft des Lucrez mit der stoischen Weltanschauung gegenübertritt, zugleich der Sänger der Astrologie. Sein dem Tiberius gewidmetes Gedicht verherrlicht in Versen von tadellosem Bau und wirksamster Eindringlichkeit die Astrologie als göttliche Offenbarung, die den erhabensten und vornehmsten Seelen zuerst gegeben worden sei; es verkündigt den Glauben an die den Sternen verwandte und wesensgleiche göttliche Natur des Menschen, deren Erkenntnis die Gottheit selbst den Sterblichen geschenkt habe. Kaum eine Gestalt gibt es unter den Weisheitsgöttern, alten Königen, Patriarchen, Religionsstiftern und heiligen Sängern, griechischen wie orientalischen, der die Erfindung der Astrologie nicht zugeschrieben worden wäre. Die astrologische Literatur liebt es zu allen Zeiten, ihren Erzeugnissen mit solchen großen Namen der Vorzeit ein doppeltes Vertrauen zu sichern: was sie gibt, will übernatürliche Offenbarung sein. Nur diejenigen Schriftsteller, die ihren wirklichen Namen nennen, pflegen die wissenschaftliche Seite der Astrologie stärker zu betonen. Darunter ist der streitbare Vettius Valens, ein plebejischer Mann von mäßigem Verstande, der in der Zeit der

Antoninen, im 2. Jahrhundert des werdenden Christentums, sich als *miles fati*, als „Soldat des Schicksals" bekennt, wie die Christen zum Fahneneid Christi schwören, und ein umfangreiches, größtenteils erhaltenes Buch mit den abstrusesten Geheimnissen der Sterndeutung füllt. In der gleichen Zeit wirkt auch der schon genannte hervorragende Astronom Claudius Ptolemaeus zu Alexandrien, der in seiner „Tetrabiblos" („Werk in vier Büchern") die Kunst der Sterndeutung als eine Art nüchterner Physik des Weltalls neu zu begründen suchte und darin eine unermeßliche Nachwirkung gehabt hat. Auch wer der astrologischen Religion fremder gegenüberstand, deren Erhabenheit aus dem großen Vorgänger des Ptolemaeus, dem Astronomen Hipparch, mit frommer Eindringlichkeit zu den Alten sprach, der konnte nun in der sachlichen Prosa des Mannes, der den kommenden anderthalb Jahrtausenden das antike Bild des Himmels und der Erde in seinem letzten Abschluß übermittelte, die Lehre von der Wirkung der Sterne auf aristotelische Physik begründet lesen, und nur wenige werden gemerkt haben, wieviel aus dem naiven Sternglauben der Vorzeit hier unbesehen in ein vermeintlich wissenschaftliches Gebäude eingefügt war.

## III. DIE ASTROLOGIE IN OST UND WEST VON DER ENTSTEHUNG DES CHRISTENTUMS BIS ZUR GEGENWART

Wir leben alle vom Vergangenen. (Goethe.)

Mit dem großen Namen des Ptolemaeus war auch für die Gelehrtenkreise des sinkenden Altertums der Kampf um die Astrologie im wesentlichen entschieden; dem imponierenden Eindruck eines so wohl überlegten Systems konnte sich nicht leicht jemand entziehen. Man kann keinen Philosophen, Astronomen, Historiker der Spätzeit lesen, ohne auf Schritt und Tritt den Spuren des Sternglaubens zu begegnen; auch in der Rednerschule war die Abhängigkeit alles menschlichen Tuns von den Gestirnen ein unerschöpfliches Thema für wirksame Antithesen. Vom Kaiser bis zum Zirkustroßknecht herab glaubt fast jeder an die Kunst der Chaldaeer, wie man die ebenso verrufene wie unentbehrliche Zunft nennt. Sie sind gewiß öfter, als wir nachweisen können, geradeso wie in der Renaissancezeit zugleich Magier gewesen; mancher brüstet sich mit der Zaubermacht, einen Sterngeist vom Himmel herabzuzwingen, der ihm in diesem und im künftigen Leben dienstbar sein müsse, und zahllose Amulette und Talismane aller Art mit den geheimen Charakteren der Sternenmächte sind im Umlauf. Der amtliche Kultus geht im Grunde den gleichen Weg: der Glaube an den unbesiegbaren Sonnengott und Lenker der Planeten, den *Sol invictus*, den Kaiser Aurelian nach der Einnahme von Palmyra (273) zum Reichsgott erhob, ist das letzte starke Wort, das die alte Religion zu sprechen hatte.

Das ist die Lage, der sich das vordringende Christentum gegenübersieht. Im Gegensatz zu der Duldsamkeit der heidnischen Religionen ist es von vornherein und grundsätzlich intolerant gegen alle anderen Kulte und selbstverständlich in besonderem Maße gegen ihre jüngste und lebenvollste Form, den Glauben an die Allmacht der Sternengötter und ihren König Helios. Wie die andern Erlösungsreligionen schenkt auch das Christentum seinen Gläubigen das „Königtum des Himmels", das heißt die Herrschaft über die Sterne und das Schicksal. Wenn die Offenbarung Johannis, die der Sternenmystik einen großen Teil ihrer wirksamsten Bilder verdankt, dem bis in den Tod getreuen Sieger neben der Macht über die Völker auch den Morgenstern verheißt, so wird den Gläubigen damit gesagt, daß sie der Macht des starken Zauberers gleichkommen werden, der sich den Engel des Morgensternes zum Diener machen kann. Sprechen die apokalyptischen Gesichte vielfach sehr deutlich von dem ungebrochenen Leben des bekämpften Sternglaubens, so findet schon der Apostel Paulus Anlaß, den Adressaten des Galaterbriefes herbe Vorwürfe zu machen, daß sie — darin freilich von der jüdischen Sabbat- und Neumondheiligung ausgehend — Tage und Monate und Jahreszeiten und Jahre beobachten und damit den schwachen und bettelhaften Elementargöttern dienen. Römer 8, 38 aber feiert er den Triumph der Gottesliebe auch über alle Schicksals- und Sternenmächte. So erklären es weiterhin die christlichen Apologeten für Torheit und Frevel, statt Gott selbst sein großes Kunstwerk, die Welt, anzubeten, indem man Sonne und Mond und Sterne zu Göttern erhebt. Und noch schwerer wiegt für die Christen der Hinweis auf die entsittlichenden Wirkungen des astrologischen Fatalismus, die im Anschluß an die heidnische Polemik gegen die Sterndeutung immer wieder eingeschärft werden.

So schien von vornherein nur Feindschaft und Ausrottungskampf des Christentums gegenüber der heidnischen Astrologie denkbar zu sein. In dem Maße aber, in dem sich die christliche Gemeinde der weltlichen Bildung erschloß, mußte ihr der astrologische Glaube als eines von deren wesentlichsten Elementen entgegengebracht werden, das sich nicht so leicht vertilgen ließ. So eilige und radikale Bekehrung, wie dem sizilischen Senator Firmicus Maternus, war nicht jedem gegeben: in seinem erhaltenen großen Handbuch der Astrologie hatte er als frommer Priester der Sternenreligion zu den Planeten und zu dem einen großen Weltengott gebetet, der allem Vater und Mutter und sich selber Vater und Sohn ist; noch nicht zehn Jahre später ließ er den Sonnengott eine herbe Scheltrede an seine Verehrer halten und hetzte die Kaiser zum Vernichtungskampf gegen die Altgläubigen. Und doch war noch kein Menschenalter vergangen, seit Konstantin der Große nach seinem Sieg über Licinius (323) zwar Bild und Namen des Helios von seinen Münzen getilgt, aber bei einem Astrologen das Horoskop seiner neuen Hauptstadt bestellt hatte, genau wie einst Seleukos I. das von Seleukeia bei den Magiern; die Porphyrsäule in Konstantinopel trug sein eigenes Bildnis in der Gestalt des Sonnengottes, und seine Priester erwiesen zum Unwillen ernster Christen dem Bilde Opfer und Verehrung. Mehr als alles andere spricht von der fortdauernden Macht der Sternenreligion die Tatsache, daß die offizielle römische Kirche Christus selbst in Anlehnung an eine Stelle beim Propheten Malachias als „Sonne der Gerechtigkeit" dem Sonnengott substituierte und in der Mitte des 4. Jahrhunderts den Geburtstag Christi auf den 25. Dezember verlegte, der dem heidnischen Glauben als der „Geburtstag der Sonne" galt, weil von da der Tag zunimmt und eine neue Sonne ihren Jahreslauf beginnt; die Formel ‚*Lux crescit*', die in einem griechischen Kalender und in heidnischer Liturgie zum 25. Dezember gebraucht wird, ist wörtlich in die christliche Weihnachtspredigt übergegangen. Das Licht der Welt — wie sollte sich ein in der Astralreligion aufgewachsenes Zeitalter das anders vorstellen als unter dem Bild der allbelebenden Sonne? So hat auch der aus der Planetenwoche der Astrologen in das abendländische Mittelalter übergegangene Sonntag, der *dies Solis*, über den „Tag des Herrn" einen eigenen physischen Glanz gebreitet, der ihn über den jüdischen Sabbat erhebt und in Millionen, die von dem heidnischen Ursprung dieser Bezeichnung nichts ahnen, noch heute befreiend und beglückend weiterwirkt.

Aber das Evangelium selbst verknüpfte in der wunderbaren Sonnenfinsternis bei Christi Tod und ganz besonders in der Erzählung von den Magiern, die „seinen Stern im Aufgang gesehen haben" und von ihm nach Bethlehem gewiesen werden, das Leben Jesu mit der Astrologie. Die christlichen Verteidiger der Sterndeutung hatten völlig recht, wenn sie nicht aufhörten sich auf diese Geschichte als eine Bestätigung des Sternglaubens zu berufen. Sie ist ganz der gleichen volkstümlich primitiven Art wie der Bericht vom Aufleuchten eines Kometen bei der Geburt des großen Mithridates und wie die Sage von dem hilfreichen Morgenstern, der den frommen Aeneas an sein Ziel geführt hatte. Der unvergängliche Zauber der Weihnachtslegende ist eine Frucht des Licht- und Sternglaubens, den die ganze Welt damals teilte; wie hätte sie nicht auf das Verhältnis der christlichen Kirche zur Astrologie mit der Zeit ihren Einfluß ausüben sollen? Freilich, daß die Sterne nicht wider Gottes Willen ihre Wirkung entfalten und gar den Menschen zur Sünde zwingen durften, war klar. Aber schon bei den Heiden galten sie vielfach nur als ein Zeichen, als die goldene Schrift, in der die Gottheit ihre Absichten milde warnend oder drohend vorausverkündigte: die Sterne wirken nicht, sagte man, sie deuten nur an. So dachten seit Origenes, der freilich diese himmlische Schrift nur für die Engel und seligen Geister lesbar fand, unzählige fromme Christen. Das Anathema, das Kaiser Justinian gegen Origenes und alle diejenigen sprach, die den Himmel, Sonne, Mond und Sterne für beseelte und vernünftige Kräfte hielten, hatte keine dauernde Wirkung, und noch weniger die oft wiederholte Ausflucht des Tertullian, Gott habe die Kunst der Magier bis zum Erscheinen Christi zugelassen, nun aber dürfe es nur noch eine Sternkunde von Christus statt von Saturn und Mars und den übrigen „Toten" geben. Andere, wie Lactanz und Augustin, zweifelten nicht an der in den Sternen und in der Astrologie wirksamen Macht der Dämonen; aber der freie Wille des Menschen und Gottes Gnade konnte sie überwinden. Und wenn nach der Prädestinationslehre Heil oder Verdammnis des Menschen allein von Gottes ewigem Beschluß abhängt, so mochten viele in dem unentrinnbaren, auch das sittliche Leben bestimmenden Sternenzwang nur einen anderen Ausdruck für diesen Glauben finden oder es wenigstens Gottes Allmacht vorbehalten, seinen unabänderlichen Willen den Menschen durch die Sterne kundzugeben. So führte auch die christliche Lehre keineswegs, wie man zunächst glauben möchte, zur unbedingten Absage an die Sterndeutung; auch aus ihr ließ sie sich stützen oder doch verstehen.

Der äußerlich durchaus siegreiche Kampf, den die christliche Kirche der Väterzeit gegen die Astrologie geführt hat, war somit doch nicht ohne starke innere Schwierigkeiten verlaufen. Zu viel von hellenischer und orientalischer Religion, von Philosophie und Wissenschaft war mit dem Christentum verwachsen, als daß sich der alte Glaube mit der Wurzel hätte ausreissen lassen. Es ist daher kein Wunder, daß seit der Erneuerung des geistigen Lebens und der wissenschaftlichen Arbeit in Byzanz nach dem dunklen 7. und 8. Jahrhundert Hand in Hand mit der Astronomie auch ihre ältere Schwester, die Sterndeutung, wiederkehrt. Schon gegen Ende des 8. Jahrhunderts gab Kaiser Theophilos dem Philosophen Leon, auf den ihn das Interesse des Kalifen Al-Ma'mun aufmerksam gemacht hatte, eine Professur in Konstantinopel: einem hohen Geistlichen, der sich seinem Kirchensprengel in Saloniki bei Mißwachs und Seuchen durch einen auf die Lehre vom Einfluß der Sterne begründeten weisen Rat empfahl. Ein nicht geringer Teil der Prachthandschriften, die seitdem im byzantinischen Reiche entstehen und die antike Mathematik und Astronomie für die Nachwelt retten, sind dem astrologischen Interesse zu danken. Im 11. und 12. Jahrhundert liegt die Astronomie in Byzanz danieder; nicht ganz in gleichem Maße die Beschäftigung mit der Astrologie, auf die sich der Kaiser Manuel Komnenos (1143—1180) mit den Großen seines Hofes auch im Kriegs- und Staatsleben verließ, und die er gegenüber dem Mönch Michael Glykas, vom Standpunkt einer erleuchteten Naturerkenntnis, aber auch des Evangeliums und der Kirchenväter, leidenschaftlich verteidigte; vielleicht war die Blendung des Mönches die letzte Antwort des Kaisers auf seine verwegene Polemik und „mönchische Einfalt". Mit der unmittelbaren Einwirkung der alten griechischen Astrologie verband sich bald die Wirkung von Übersetzungen aus dem Arabischen und seit dem 14. Jahrhundert namentlich dem Persischen. Mit einer Freigeisterei, die niemand so leicht in Byzanz suchen wird, verwahrt sich der byzantinische Humanist Johannes Katrarios in seinem geistvollen und merkwürdigen Dialog „Hermippos oder von der Astrologie" gegen die Verteufelung der Natur, beschränkt das Recht des Evangeliums auf den Heilsweg und erneuert die astrologische Weltanschauung des Neuplatonismus, ohne doch den Gestirnen einen entscheidenden Einfluß auf den Tod und vor allem auf die Seele des Menschen zuzugestehen. Die Planeten sind ihm auf- und niedersteigende Himmelskräfte, die vom Himmel zur Erde dringen und das Göttliche als Mittler in das Irdische tragen. Umsonst brandmarkte der bedeutendste byzantinische Astronom jener Zeit, Theodoros Meliteniota, die Astrologie als prahlerische Torheit und Todsünde. Die Zahl der alten und neuen astrologischen Traktate in byzantinischen Handschriften ist seit dem 14. Jahrhundert Legion, und lange vor dem Fall von Konstantinopel wird von ihnen auch das Abendland überschwemmt.

Dort war zunächst die an sich kleinere lateinische Literatur der antiken Astrologie nur wenig abgeschrieben worden, und wenn auch kleine Traktätchen, selbst in den Volkssprachen, mancherlei einst gelehrte Elemente der Sterndeutung in Form von Bauernregeln festhielten, so spielt sie doch eine größere Rolle erst seit dem Eindringen des arabischen Einflusses. Mohammed lehrt seit der Übersiedlung nach Medina die unbedingte Abhängigkeit von Gott und die völlige Unfreiheit des Menschen, also einen schrankenlosen, freilich schon frühe bestrittenen Determinismus. So ist für die Astrologie im Islam ein sehr fruchtbarer Boden, mochte auch die orthodoxe Dogmatik die Naturgesetzlichkeit durch eine bloße „Naturgewohnheit“ ersetzen. Auch der Sternkultus des arabischen Heidentums mußte nachwirken. Die Fülle der astrologischen Schriften in arabischer und davon ausgehend auch in hebräischer und türkischer Sprache ist ungeheuer. Schon dem gelehrten syrischen Christen und Homerübersetzer Theophilos von Edessa († 785), der als oberster Astrolog am Hofe des Kalifen Al-Mahdi lebte, ist die Astrologie die Königin aller Wissenschaften. Wenn ein Mann wie der große Philosoph Ibn Sina (Avicenna, † 1037) die Nichtigkeit der Sterndeuterei bewies, der jüdische Philosoph Maimonides († 1204) den Glauben an sie verwarf und der als bedeutendster geschichtlicher Denker des Islam geltende Ibn Chaldun († 1406) sie für religions- und staatsfeindlich und obendrein unwissenschaftlich erklärte, was half das gegen so viele Stimmen ebenfalls geistvoller und gelehrter Männer, die auf der Gegenseite standen, seit dem eigenartigen Neuplatoniker Al-Kindi und seinem Schüler Abu Ma'schar († 874), an den allein schon eine ganze Literatur auch im christlichen Mittelalter in West und Ost sich anschloß! Gerade die positivistische aufklärerische Richtung in der arabischen Philosophie, die an den großen Aristoteleserklärer Ibn Roschd aus Cordova (Averroes, † 1198) anknüpfte, war mit der Astrologie im Bunde. Ihr christlicher Fortsetzer, Roger Bacon, der große Vorläufer der modernen experimentellen Naturwissenschaft, der im 13. Jahrhundert von Automobilen und Flugmaschinen träumte, war der stärkste Verteidiger der Astrologie unter den christlichen Denkern; nicht obwohl, sondern weil er Naturforscher sein wollte und war.

Die arabische Astrologie hat ganz besonders eine Lehre ausgebildet, die dann jahrhundertelang alle Völker geängstigt hat: die Lehre von der drohenden Bedeutung der Planetenkonjunktionen, der Vereinigung vor allem der drei oberen Planeten Saturn, Jupiter und Mars in demselben Sternbild, die alles Unheil, Krieg und Hungersnot, Aufruhr und religiöse Umwälzung herbeiführen sollte. Mohammeds Geburt hängt nicht minder mit einer solchen Konjunktion (im Zeichen des Skorpions) zusammen als der Schwarze Tod von 1348 und Luthers Auftreten. Es entstand eine bald auch im Abendlande mit unruhiger Neugierde aufgenommene, von der Bibel und den selbst astrologische Einflüsse verratenden Weltreichen des Daniel unabhängige Geschichtskonstruktion, die aus rein natürlichen Ursachen den periodischen Verlauf alles Weltgeschehens mit erstaunlicher Kühnheit erschloß und an dem bisherigen Gang der Geschichte aufwies.

Wie in der Theorie, die neben dem direkten griechischen Einfluß auch den indirekten durch persische und indische Schriften empfing, deren viele bloße Übersetzungen aus dem Griechischen waren, so ist in der Praxis der Astrolog eine unentbehrliche Gestalt für die Großen und die Niedrigen im Islam. Es versteht sich von selbst, daß er bei jeder Erkrankung mit oder vor dem Arzt konsultiert wird, wie es ein romantisches Gedicht des Arabers Dschardschani im 11. Jahrhundert schildert:

Der Ärzte Wissen und Gelehrsamkeit,
Nicht wußte zu ergründen sie ihr Leid.
Gewiß, sprach der, es kommt von schwarzer Galle!
Von gelber kommt's, sprach der, in diesem Falle!
Aus jeder Stadt erschienen Sternenkundige,
Chorasans Auserkorne, Weisheitsmundige;
Der Mond, sprach der, im Widder hat's gemacht!
Saturn im Krebs, sprach der, hat es gebracht!

Dem Kalifen und Heerführer folgt der Astrolog ins Feld und berät ihn bei jeder großen Staatsaktion; noch der 1909 entthronte Sultan Abdul Hamid konnte ihn nicht missen. Von Reiseantritt, Grundsteinlegung, Empfang von Gesandten geht das herab bis zur Stundenwahl für Bad und Schachspiel und Kleiderwechsel; und wenn Peter Cornelius' köstlicher „Barbier von Bagdad", in getreuer Nachbildung des Originals in „Tausendundeiner Nacht", seinem Kunden feierlich das Horoskop stellt:

Du hast gewählt die beste Zeit auf Erden,
Die man nur wählen kann, rasiert zu werden,

so ist dabei gar nicht viel komische Übertreibung.

Mit den Kreuzzügen und dem Vordringen der arabischen Philosophie und Naturwissenschaft, zunächst nach Spanien (Toledo) und Sizilien, sieht sich auch die Hochscholastik des Abendlandes vor das Problem der astrologischen Weltanschauung gestellt. Die Astrologie macht reißende Fortschritte; die ersten Angriffe gegen sie fallen schon ins frühe 12. Jahrhundert. Mit dem großen Staufer Friedrich II., mit Manfred und Ezzelino kommt ein Geschlecht herauf, dem „nichts mehr heilig ist als die eigene Kraft und das unheimliche Licht der am Himmel wandelnden Herren des Schicksals". Friedrichs II. Hofastrolog Michael Scotus († 1234), Aristotelesübersetzer, Arzt, Philosoph und Nekromant, den Dante in den Abgrund der Wahrsager und Zauberer verstieß, hat in einem in seiner Art großartigen Werke ein Gesamtbild astrologisch-averroistischer Philosophie gegeben. Ezzelino umgibt sich mit einem ganzen Hof von Sterndeutern, darunter auch Sarazenen. Welche ungeheure Bedeutung die Astrologie zunächst im Leben der italienischen Städte, Dynasten, Prälaten und Kondottieri gewinnt, dafür muß ein Beispiel hier genügen. Im 13. Jahrhundert wird von Fürsten und Städten besonders gefeiert und gesucht der Astrolog Guido Bonatti, der im Dienste des Hauptes der Ghibellinen in Forli, des Guido da Montefeltro, jedesmal vor einem Kriegszug auf den Turm von S. Mercuriale steigt, um die Sterne zu befragen: mit je einem Glockenschlag gibt er dem Montefeltro und seinen Leuten das Zeichen erst zur Rüstung, dann zum Besteigen der Pferde und endlich zum Ausmarsch; ihre Heimkehr soll meist siegreich gewesen sein. Ähnliches wird zum Jahr 1362 von den Florentinern berichtet.

Bei dem internationalen Charakter der mittelalterlichen Kultur und Wissenschaft konnte rasche Verbreitung in den Norden nicht ausbleiben. Schon für den gläubigen Dichter des Parzival, Wolfram von Eschenbach, war es gewiß: „Mit der sternen umbereise vart ist geprûevet aller menschlîch art.“ Gottfried von Straßburg hat es im Zweifel gelassen, ob sein schlimmer Zwerg Melot Astrolog war und die Schuld der Liebenden in den Sternen las. Aber damit lehnte er nur das Zeugnis der älteren ihm vorliegenden Sagengruppe ab, und es ist ein Irrtum, darin ein Zeichen einer kritischen oder skeptischen Ader gegenüber der Sterndeutung zu sehen. Auch die „Carmina burana“, die Studentenlieder des Mittelalters, spielen zierlich mit dem Sternglauben wie mit etwas Wohlbekanntem. Die Fülle von astrologischen Schriften, die schon im 13. Jahrhundert dem Norden zugänglich geworden waren und mit einer aus ängstlicher Ablehnung und unüberwindlichem Interesse für diese gefährlichen Dinge gemischten Empfindung betrachtet wurden, zeigt das Speculum astronomicum (1277) Alberts des Großen. Der Averroismus und eine eigentümliche Lichtmetaphysik neuplatonischen Ursprungs, die vor allem der Engländer Grosseteste und der Schlesier Witelo vertreten, die bei Dante widerklingt und von Nicolaus von Cues und Giordano Bruno in die Renaissance und in die neue Zeit getragen wird, verbreiten und vertiefen die astrologischen Gedankengänge aufs neue.

Im 15. und 16. Jahrhundert steigt die Geltung der Astrologie immer höher. Der große Papst Julius II. läßt den Tag für seine Krönung, Paul III. die Stunde für jedes Konsistorium von Astrologen ausrechnen, und Leo X. gründet eine Professur für Astrologie an der Sapienza, der päpstlichen Universität in Rom. Sonst blühte sie vor allem an den Universitäten Padua, Bologna und Paris. Die Theorie der Sterndeutung ließen sich kunstliebende Fürsten von ihren Hofpoeten in schwungvollen lateinischen Dichtungen erklären, oder wie König Wenzel und anderthalb Jahrhunderte später Ottheinrich von der Pfalz zu illustrierten Prachthandschriften zusammenstellen. Der Ottheinrichsbau ist auch darin ein charakteristisches Zeugnis für den Geist des großen Erneuerers der Heidelberger Universität: über den Statuen der alttestamentlichen Helden und der christlichen Tugenden an den zwei unteren Stockwerken stehen Saturn, Mars, Venus (Tafel III Abb. 6), Merkur, Mond und zu höchst auf dem Dach Sol und Jupiter; mit den sieben Planeten ist der königliche Bau, wie es sich ziemt, in die Gesamtheit des Kosmos eingefügt und unter den Schutz der unvergänglichen Zeitenherrscher gestellt. Und noch großartiger ist die Sterndeutung in den Fresken von Borsos Sommerpalast Schifanoia in Ferrara (vollendet um 1470) zur Geltung gekommen, von denen unten zur Abbildung 32 noch die Rede sein wird.

Man kann unzählige wissenschaftliche Schriften, Dichtungen, Kunst- und Bauwerke aller dieser Jahrhunderte vom Mittelalter bis ins 18. Jahrhundert nicht verstehen, wenn man den astrologischen Untergrund verkennt. Ein Beispiel mag das etwas genauer veranschaulichen: Albrecht Dürers Stich „Melencolia“, den er 1514 für Kaiser Maximilian I. zum Trost gegen dessen „Saturnfürchtigkeit“ — er war ein Saturnkind — geschaffen hat (Tafel IV Abb. 7). Der große florentinische Platoniker Marsilius Ficinus — ein Gegner der Sterndeutung, aber tief in die astrologische Mystik verstrickt — hatte in seinem Buch „De vita triplici“ eine neue Theorie vom Wesen des melancholischen Temperaments gegeben. Sie war vor allem von Agrippa von Nettesheim 1510 aufgenommen worden; auch Maximilian, der ja im Weißkunig den allgemeinen Glauben der Zeit aussprach, daß die Menschen „ir Wesen und ir natur von des himels Einfluß und der Stern würkung empfahen“, hatte sich viel mit ihr beschäftigt; Pirckheimer vermittelte sie dem Künstler. Das melancholische Temperament als das „erdige“ untersteht dem Saturn, dem alten Gott der Saaten und der Erdentiefe; aber ihm gehört, als dem kalten und trockenen Planeten, auch der Verstand, und die in der Erde vorhandene Konzentrations- und Schaffenskraft zwingt den „erdengenaturirten“ Geist des Melancholikers, sich nach innen zu sammeln. „Vorwärtssenkend den Blick und den Grund mit dem Auge durchbohrend“: so kennzeichnet Agrippa den saturnischen Melancholiker. Verschlossenheit und Hoffart empfängt er von dem Planeten. Saturn gibt „den Samen der Tiefe und die stille Betrachtung, die verborgenen Schätze und alles, was durch lange Reisen“ — daher wohl das Meer auf Dürers Blatt — „und viele Mühe erworben wird“. Schon die Neuplatoniker des Altertums hatten dem Saturn die Betrachtung — und das Weinen gesellt. Der schlafende Hund, der an Fausts Pudel erinnern darf und — aus griechischer, dem Künstler gleichfalls durch Pirckheimer vermittelter Deutung ägyptischer Hieroglyphen — die für die Bildung des *humor melancholicus* bedeutsame, dem Saturn unterstehende Milz versinnbildlicht, weist zugleich auf die Meinung der Astrologen, daß die Träume des Melancholikers sich stets bewähren.

Rechts oben aber ist in die Wand das magische Quadrat des Jupiter *(mensula Iovis)* eingelassen, das die Kraft besitzt, den Blutzufluß zu fördern und dadurch die Überhandnahme des mit Saturn verbundenen schwarzgalligen Temperaments zu verhüten. Dürer selbst hat sich einmal das Wort aufgezeichnet: „man kann wohl ein Bild machen, dem der Saturnus oder Venus zu den Augen herausscheinet"; so blickt hier aus dem seltsam starren Frauenantlitz die saturnische divinatorische Sammlung des Geistes. In der Tat, wer die Ideenwelt jener inhaltvollen Übergangszeit und ihre eigentümliche Naturwissenschaft kennt, wird mit Carl Giehlow keinen Augenblick daran zweifeln, daß die Aufgabe für Dürer gleichbedeutend war, ein melancholisches oder ein saturnisches Bild zu schaffen. Noch der Dichter der französischen Dekadenz, Paul Verlaine, hat dreieinhalb Jahrhunderte später in dem Einleitungsgedicht seiner *Poèmes Saturniens* die alte Gleichsetzung wieder aufgenommen:

Wer nun im Zeichen des Saturn hier ward geboren,
Des blassen Sternes, den der Nekromante liebt,
Der hat (wie manches Buch darüber Aufschluß gibt)
Ein gutes Teil von Leid, ein gutes Teil von Galle,
Die Phantasie beherrscht sie wetterwendisch alle,
Und nichts vermag Vernunft mit allergrößtem Mut.
In ihren Adern rollt, dünn wie ein Gift, das Blut.
Es röchelt und verzehrt wie glühend heiße Lave
Ihr traurig Ideal. So leidet, wer ein Sklave
Saturns, des blassen Sterns . . .

Es ist gewiß, daß zahllose Menschen in den Jahrhunderten des späten Mittelalters und der Renaissance ihr Tun und Lassen ängstlich nach den Sternen eingerichtet und unter dem Druck ihres Horoskops gehandelt und gefrevelt haben, und es war ein nur zu häufiger Triumph der Astrologie, daß der Versuch, dem verhängten Geschick zu entfliehen, es gerade herbeiführte — „denn wer sich vermißt, es kläglich zu wenden, der muß es selber erbauend vollenden". Wenn ein Heerführer oder Diplomat dieser Jahrhunderte das Wesen eines Freundes oder Gegners ergründen wollte, so verschaffte er sich sein Horoskop. „Hab ich des Menschen Kern erst untersucht, so weiß ich auch sein Wollen und sein Handeln", sagt Wallenstein; und diesen Kern ersah man aus den Horoskopen, wie sie handschriftlich und gedruckt in großen Sammlungen umliefen: so wie die Sterne den Menschen geformt hatten, so mußte er sein. Sie haben es sich redlich sauer werden lassen, die Cardanus, Gauricus, Junctinus, die solche Horoskope in Massen für sich und ihre Zeitgenossen ausrechneten und in Büchern der öffentlichen Kritik darboten: man braucht nur ein Exemplar aus einer alten Bibliothek in die Hand zu nehmen, um an den zahlreichen handschriftlichen

Randnoten zu erkennen, wie scharf diese Berechnungen von den Lesern des 16. und 17. Jahrhunderts nachgeprüft wurden.

Man wird fragen, wie bei dem erklärten Gegensatz der offiziellen Kirchenlehre zur Astrologie dennoch schon im Mittelalter eine solche große und dauernde Ausbreitung der alten Lehre im Süden und bald auch im Norden möglich gewesen ist. Am Widerspruch der kirchlichen Kreise hat es zu keiner Zeit gefehlt. Wenn der *doctor mirabilis* Roger Bacon das Christentum im Anschluß an die vorhin erwähnten arabischen Spekulationen aus der Konjunktion des Jupiter mit dem Merkur ableitete, so hat ihn dafür schwere Kerkerhaft im Kloster getroffen. Cecco d' Ascoli mußte die Verwegenheit, die Nativität Christi zu berechnen und aus ihr sein Sterben am Kreuz abzuleiten, 1327 auf dem Marktplatz zu Florenz mit dem Feuertod büßen; und der Arzt Pietro d'Abano war kurz vorher für einen ähnlichen Frevel von der Inquisition gefangengesetzt worden und ist Ceccos Schicksal nur durch seinen Tod im Gefängnis entgangen. Bei dieser Lehre von der siderischen Entstehung der Weltreligionen, die Nebukadnezar, Moses, Alexander den Großen, den „Nazarener" und Mohammed in eine Reihe stellte und so die Einzigartigkeit der christlichen Offenbarung verleugnete, mußte die Gefahr eines neuen Heidentums allzu ersichtlich werden. Auch für die Forderung der menschlichen Willensfreiheit, die durch die Allmacht der Sterne bedroht schien, sind immer wieder die christlichen Denker gegen die Astrologie aufgetreten.

Aber dem noch so schroff klingenden Widerspruch war dadurch von vornherein die Spitze abgebrochen, daß selten einer die ganze Denkweise, die hinter und in der Astrologie wirkte, in vollem Umfang verwarf. Selbst Thomas von Aquino ließ doch wenigstens Körperbau, Geschlechtsunterschied und individuellen Charakter durch die Gestirne bestimmt sein, und Dante folgt treulich den Wegen des Meisters, wenn er den Einfluß der Sterne einschränkt, aber nicht leugnet (Fegfeuer XVII, 73):

> Anstoß leihn euren Trieben Sternenmächte:
> Nicht allen zwar, doch wenn's auch alle wären,
> Es ward ein Licht euch für das Gut' und Schlechte
> Und Willensfreiheit . . .

*Inclinant astra, non neccessitant:* so dachten gar viele. Shakespeare, dessen Dramen dem Sternglauben so viele starke Akzente entleihen, läßt das seinen Cassius sagen:

> Der Mensch ist manchmal seines Schicksals Meister:
> Nicht durch die Schuld der Sterne, lieber Brutus,
> Durch eigne Schuld nur sind wir Schwächlinge.

Der größte Dichter des neueren Katholizismus, Calderon, der in seinem Drama „Das Leben ein Traum" die Tragödie der Sterndeuterei geschaffen hat, spricht das noch bestimmter mit den Worten aus, daß „unbändigste Gelüste und feindseligste Gestirne immer nur den Willen lenken, aber zwingen nicht den Willen". Und doch bleibt der Weisheit letzter Schluß auch für ihn, daß es so gut Wahn ist, der Gestirne Wut für unbesiegbar zu halten, wie dem Sternenhimmel Täuschung zuzutrauen:

Die Verhängnisse des Himmels,
Die einst auf azurnen Tafeln
Gott mit seinem Finger schrieb,
Der zum Schreibmateriale
Sich erkor den blauen Äther,
Wo die goldnen Lettern prangen —
Täuschen nimmer, lügen nimmer.

Der moderne Mensch mag lächeln über all die Geisteswirrnis, wenn er hört, daß der Sterndeuter Ludwigs XIII., J. B. Morin, seine Astrologia gallica (1661) niemand anders widmete als dem König der Könige, Christus dem Herrn, dem er dafür dankt, daß er ihn nicht habe zum Ketzer werden lassen. Aber wenn schon Origenes die Sternenschrift nur für Engel deutbar glaubte, so ist es für den „Fürsten der französischen Dichter" im 16. Jahrhundert, für Ronsard, wieder nur eine Folge menschlicher Sündhaftigkeit, daß wir „am Staube haftend, sündenschwer" die goldenen Lettern nicht zu lesen vermögen und darum ihre Schrift verachten, in der „uns Gott der Kreaturen Los und Schicksal kündet".

Das Mittelalter hatte sich nach seiner vom Druck historischen Denkens nicht beschwerten Art die alte Lehre so zu eigen gemacht, daß es sie in die ihm geläufigen Formen umgoß: Tafel V Abb. 9, wo die Konjunktion von Saturn und Venus offenbar einer Krönung Mariä nachgeformt ist, wird hier deutlicher als Worte sprechen. Umgekehrt zeigt die Gottesmutter durch die Ähre in der Hand (Tafel V Abb. 10), daß sie die Stelle der Jungfrau des Tierkreises vertritt. Bruder Berthold von Regensburg predigt an den sieben Planeten die sieben christlichen Tugenden, während einst die — zuerst von Horaz (epist. I 1) erwähnten — sieben Todsünden für die hellenistische Mystik und die altchristliche Gnosis schlimme Geschenke der sieben Planeten gewesen waren; und noch Dante bestimmt die Ordnung der Seligen nach den heidnischen Namen der Wandelsterne.

Die große geistige Bewegung des Humanismus hat die astrologische Denkweise nur verstärken können, da sie zunächst vor allem an Literatur und Philosophie des späteren Altertums anknüpft. Petrarca zwar hat über die Astrologen viel gehöhnt, ohne doch ganz immun zu sein. Und Humanist ist auch der Mann gewesen, dessen zum Teil wundervoll klarer Widerspruch stärkeren Eindruck gemacht hat als der irgend eines anderen Gegners der Astrologie: der Graf Pico della Mirandola. Aber wer heute in seine Schriften sich versenkt, den wird nichts so sehr wundern, als daß gerade dieser Denker, in dessen zwiespältiger Natur mehr noch als der Trieb zu scharfer Kritik die Mystik des Pythagoreismus, des Neuplatonismus, der Kabbala, der Magie Gewalt hatte, die Astrologie so unbedingt verwarf; geradezu alle philosophischen Grundtendenzen, aus denen der astrologische Glaube sich stärkt und vertieft, hat er ausgesprochen, und sein tiefer Drang, die Welt als Einheit zu empfinden, hätte ihn schwerlich zu einem so scharfen Streiter in diesem Kampfe werden lassen ohne den erschütternden Eindruck von Savonarolas Predigt. Sein früher Tod (1494), der die Vorhersagung der Sterndeuter auf Jahr und Stunde bewahrheitete, hat den dauernden Erfolg seines Einspruches noch mehr verringert.

Die Reformation macht hier noch weniger als der Humanismus einen wesentlichen Einschnitt. Wenn für Luther, dem freilich auch Kopernikus nur ein Narr schien, der die ganze Kunst Astronomia umkehren wollte, die Astrologie eine „feine lustige Phantasei", wohl auch eine „heillose und schebichte" Kunst, aber keine rechte Wissenschaft und Erkenntnis war, und er es mit den Bauern hielt, daß auf einen heißen Sommer ein kalter Winter folge, so wog solche rüstige Gesundheit das überlegene Wissen Melanchthons nicht auf, der berühmte Vorlesungen über Astrologie zu Wittenberg hielt und so demütiggläubig zu den Sternen aufschaute wie Ronsard. Immerhin erkannte auch Luther in dem gefürchteten Zusammentreffen mehrer Planeten im Sternbild der Fische (1524) ein Warnzeichen Gottes. Tycho Brahe, der größte Astronom des skandinavischen Nordens, dessen mächtige Lebensarbeit nicht zuletzt der Astrologie diente, und der mit merkwürdigem Glück auf Grund peinlichst solider Forschung den dänischen und schwedischen Prinzen das Horoskop stellte, ein frommer Protestant, gibt in seiner Rede an der Kopenhagener Universität 1579 genau dieselbe Antwort auf alle Bedenken, mit der einst Thomas von Aquino und Dante sich vor der Allmacht der Sterne gerettet hatten: „Gott hat den Menschen so gebildet, daß er, wenn er will, die unheilbringenden Inklinationen der Sterne besiegen kann."

So war, in knappsten Zügen, der Gang der Dinge in Europa — denn darauf, die Ausstrahlung der astrologischen Lehre und Praxis über ganz Asien bis nach China und Japan und bis in den afrikanischen Aberglauben zu verfolgen, muß hier verzichtet werden. Die Astrologie war ein durchaus internationales geistiges Fluidum, und es ist ebenso gangbar wie kurzsichtig, die geistige Höhe eines Volkes wie eines Menschen an dem Grade messen zu wollen, in dem sie der alten Sternlehre verfallen waren.

Regiomontan, Kopernikus, Tycho Brahe, Galilei, Kepler sind samt und sonders noch praktische Astrologen gewesen; hat es doch selbst Leibniz als Leiter der jungen preußischen Akademie noch gerne geduldet, daß ihre Kalender aus dem Stand der Planeten das Wetter vorhersagten und die akademische Sternwarte fürstlichen Personen das Horoskop stellte. Auch Keplers Stellung zur Astrologie war durchaus nicht so eindeutig, wie man sie sich gewöhnlich auf Grund seiner bekannten Äußerung über die Astrologia als das närrische Töchterlein der Astronomia vorstellt; er leugnet keineswegs den Einfluß der Sterne auf alles Körperliche auf Erden und gesteht noch 1623 den conjunctiones planetarum einen „Stachel oder Antrieb“ zu; zur praktischen Sterndeutung trieb ihn freilich vor allem die Not. Aber er hat den Weg zurück gemacht von der Astrologie zur Himmelskunde und Weltharmonie der Pythagoreer; und Galileis Einführung des Fernrohrs in die Astronomie hat die alten Figuren am Himmel mit so viel unerwarteten neuen Zügen ausgestattet, daß sie alle Deutlichkeit einbüßten. Wenn aus den sieben Plejaden einige vierzig wurden und zu den sieben Planeten Uranus und Neptun und zuletzt ein halbes Tausend Planetoiden hinzukamen, so verlor die Astrologie ihren sinnreichen Zahlengleichklang und ihre Einfachheit und mußte unübersichtlich werden oder durch Mißachtung neuer Tatsachen ihr Ansehen gefährden. Und dann zerschlug Giordano Brunos Lehre von der Unendlichkeit der Welt die Mauern des Alls. Die Aufklärung stößt die Astrologie hinab zu dem Kuriositätenkram der „Geschichte der menschlichen Narrheit“; sie hat das Ihre hier so gründlich getan, daß heute der gebildete Philister dreimal eher die jämmerlichste Furcht vor der Zahl dreizehn eingestehen als einigen Respekt vor der einst so mächtigen Sternenlehre äußern wird, die doch auch in seinem kleinen Aberglauben noch nachwirkt. Goethe hat, wie nicht nur der „Faust“ zeigt, noch erstaunlich gut in ihr Bescheid gewußt und ihr Wesen verstanden; und Stendhal hat in der Hauptgestalt seiner „Kartause von Parma“, in dem Tatmenschen Fabrizzio, eine Gestalt geschaffen, die mit den Menschen der werdenden Renaissance auch den Glauben an die Sterne teilt und jeden haßt, der Vorzeichen leugnet oder Ironie dafür zeigt. In der deutschen Romantik flammt überraschend viel von den Grundgedanken der Astrologie, namentlich bei Novalis und Görres, selbst bei A. W. Schlegel und Carolina, nochmals auf; G. H. Schubert und der ohne Zweifel kundige Mathematiker und Astronom der Erlanger Universität J. W. Pfaff, der mit seiner Astrologie (1821) eine fragwürdige Unsterblichkeit in

Platens „Verhängnisvoller Gabel" gewonnen hat, versuchen sich in einer neuen romantischen Physik des Weltalls. Ein Naturforscher von der Bedeutung Fechners, der es nicht ertrug, die Welt von „totem Kugelspiel" erfüllt zu denken, ist mit seinem Traum von den Gestirnseelen ihr Nachfolger. Strindbergs mystische Alleinslehre ist der Astrologie nahe verwandt. Die Sprache hat in allen Kulturländern mancherlei astrologisches Gut bewahrt: „sie haben gehabt weder Glück noch Stern" versteht jeder Deutsche, wie jeder Franzose sein „il prend un ascendant sur les esprits". Doch das sind Überlebsel, deren ursprünglicher Sinn dem allgemeinen Bewußtsein langsam entschwindet. Noch gibt es in allen Ländern astrologische Gesellschaften; Hunderttausende von astrologischen Almanachen werden alljährlich in englischer Sprache vertrieben; regelmäßige Zeitschriften und Handbücher erscheinen, die freilich den Kundigen meist nur durch ihre Ideenarmut und ihr ewiges oberflächliches Wiederkäuen der erstarrten alten Formeln zu überraschen pflegen. Was man von den „wissenschaftlichen" Grundlagen der Prophezeiungen lesen konnte, mit denen die moderne Pythia, Mad. de Thèbes, das aufhorchende französische Volk vor dem Weltkrieg alljährlich in Unruhe versetzt hat, war nicht origineller. Zu allerjüngst hat der Ästhetiker des Expressionismus, Th. Däubler, mit dem Gedanken gespielt, die sieben Hauptfarben in ihrer altüberlieferten, zum Teil rein willkürlichen Verknüpfung mit den sieben Planeten als die mögliche Grundlage einer künftigen „Klassik" der neuen Kunstrichtung zu verkünden; wie lange das den Inselalmanach von 1918 überleben wird, bleibt abzuwarten.

Der Leser der zwei folgenden Kapitel wird schwerlich mehr daran zweifeln, daß man nicht selber prophezeien zu können braucht, um eine ernst zu nehmende Wiederkehr der Astrologie für unmöglich zu halten — wenigstens in ihrer alten phantastischen Form. Denn ob die wechselnden Antworten der Zukunft auf die Faustische Frage, was denn nun die Welt im Innersten zusammenhalte, den Grundvoraussetzungen der Astrologie immer so unähnlich sehen müssen, wie es bis vor wenigen Jahren schien — das zu entscheiden wäre so kurz nach dem Zusammenbruch einer Jahrtausende alten Weltanschauung vermessen; um so vermessener, da die neueste Kosmophysik (S. Arrhenius) und Biologie bereits begonnen hat, mit der Rolle von Sonne, Mond und Sternen im irdischen Geschehen wieder ernstlich zu rechnen. Wie von solchen rein wissenschaftlichen Erwägungen manchen der Weg zur astrologischen Träumerei führen kann, hat mit jener Klarheit und Milde, die alles Menschliche versteht und verzeiht, Goethe ausgesprochen in einem Brief an den schwer mit seinem Stoff ringenden Dichter des

„Wallenstein“ (6. Dez. 1798): „Der astrologische Aberglaube ruht auf dem dunklen Gefühl eines ungeheuren Weltganzen. Die Erfahrung spricht, daß die nächsten Gestirne einen entschiedenen Einfluß auf Witterung, Vegetation usw. haben; man darf nur stufenweise immer aufwärts steigen und es läßt sich nicht sagen, wo diese Wirkung aufhört. Findet doch der Astronom überall Störungen eines Gestirns durch andere; ist doch der Philosoph geneigt, ja genötigt, eine Wirkung auf das Entfernteste anzunehmen. So darf der Mensch im Vorgefühl seiner selbst nur immer etwas weiterschreiten und diese Einwirkung aufs Sittliche, auf Glück und Unglück ausdehnen. Diesen und ähnlichen Wahn möchte ich nicht einmal Aberglauben nennen, er liegt unserer Natur so nahe, ist so leidlich und läßlich als irgend ein Glaube.“ Ins Kindliche und oft ins Widrige gerät der Wahn dann freilich, wo er beansprucht, aus Mythen und kosmophysikalischen Schemen wissenschaftliche Erkenntnis zu gewinnen. Diesen Grundlagen der astrologischen Prophezeiung, die bei aller Verschiedenheit der immer gleich willkürlichen Systeme sich seit zwei Jahrtausenden in ihrem Wesen nicht verändert haben, gilt das folgende Kapitel.

## IV. DIE ELEMENTE DES HIMMELSBILDES

*Perspicimus caelum; cur non et munera caeli?* (Manilius.)

(Erkennen wir des Himmels Bau, warum nicht auch des Himmels Gaben?)

Ein festumrissenes Weltbild ist die Voraussetzung der astrologischen Systematik, wie sie in Fortbildung orientalischer Traditionen in der hellenistisch-römischen Zeit gestaltet und von den neueren Völkern in Ost und West in der Hauptsache unverändert übernommen worden ist. Dieses Weltbild ist im wesentlichen griechisch. Es ist der Kosmos der geozentrischen Auffassung, der vor allem durch die Nachwirkung des Aristoteles und Ptolemaeus bis tief in die neue Zeit hinein kanonische Geltung behielt. Die Erde gilt im Einklang mit der naiven Vorstellung aller Menschen als der Mittelpunkt, der heilige und unverrückbare Herd des Weltalls; auf sie also wird sich alles Geschehen beziehen oder wenigstens auf sie einwirken müssen. Von ihr aus steigen übereinander empor die sieben Planetensphären, konzentrische, nur gedachte, selten real vorgestellte Kugeln, an deren Oberfläche die sieben Planeten kreisen, drei unter-, drei oberhalb der Sonne.

Zu unterst kreist der Mond (☽), der die Dünste der Erde aufnimmt und wieder hinabsendet; darüber die zwei Gefährten der Sonne, der kleine, unansehnliche Merkur (☿) und das sonnenähnlich mächtige, fast weiße Gestirn der Venus (♀). In die vierte Sphäre, also in die Mitte, ist die Sonne (☉) selbst gesetzt, deren beherrschende Macht den Alten immer deutlicher wurde. Der Sonne folgen die drei oberen

Planeten: der drohend rote „feurige" Mars (♂), dann der mildstrahlende gelbweiße Jupiter (♃), zu oberst der trübgelbe Stern des Saturn (♄), der mit greisenhafter Langsamkeit seinen Weg durch ferne Himmelsregionen dahinschleicht. Die durchschnittliche Entfernung der Planeten von der Erde, worauf dieser Aufbau der Sphären beruht, ist im Einklang mit ihrer tropischen Umlaufszeit durch den Tierkreis, die beim Monde am kürzesten, beim Saturn am längsten ist; sie beträgt (annähernd) für den Mond tropisch (d. h. von Frühlingspunkt zu Frühlingspunkt) $27\,^1/_3$, synodisch (von Konjunktion zu Konjunktion) $29\,^1/_2$ Tage; für Merkur, Venus, Sonne, Mars tropisch 88, 225, 365, 687 Tage, für den Jupiter fast 12, für den Saturn fast $29\,^1/_2$, also rund 30 Jahre.

Die achte Sphäre, die über den sieben Planetensphären liegt, trägt nach der gebräuchlichen Annahme, die auch Aristoteles teilt, die sämtlichen Fixsterne. Der Gedanke, daß die einen von ihnen näher, die anderen ferner liegen werden, ist den Alten natürlich sehr wohl gekommen und auch gelegentlich ausgesprochen worden. Es ist aber nicht bloß das Bedürfnis nach einfacher Klarheit und Übersichtlichkeit gewesen, wenn die antiken Himmelsbilder gleich unseren modernen Globen alle Fixsterne auf die gleiche Kugeloberfläche verlegen, sondern es wirken hier uralte Traditionen nach, eine naive Anschauung, die die einzelnen Planeten ebenfalls vordem nicht nach ihrer Entfernung von der Erde in verschiedene Sphären einreihte, sondern sie alle dem gleichen Himmel angehören ließ, der die Erde als ihr Zeltdach oder Gewölbe überspannt. Der natürliche Schein zeigt ja in der Tat dem oberflächlichen Blick beispielshalber den Mond zunächst nicht unterhalb eines Sternbildes wie der Zwillinge oder des Krebses, sondern unmittelbar in der zu einem Tierkreisbilde gehörigen Sterngruppe. So spricht die Astrologie und auch die Astronomie davon, daß der Mond in den Zwillingen oder im Krebs stehe, wie wir ja auch heute noch sagen; wenn das aber für den Astronomen nur eine bequeme Redeform ist, bei der er sich bewußt bleibt, nur einen Schein zu bezeichnen, so ist die Astrologie praktisch im Grunde nie völlig von der Vorstellung losgekommen, der Mond oder irgend ein Planet stehe inmitten des Tierkreisbildes der Zwillinge oder des Krebses und könne sie daher irgendwie beeinflussen oder beherrschen.

Der gesamte Fixsternhimmel zeigt eine einzige einheitliche Bewegung; er scheint täglich vom Osten aufzusteigen und im Westen unter die Erde zu gehen. Dagegen besitzen die Planeten eine Eigenbewegung innerhalb und gegen die Bewegung des Fixsternhimmels. Während also die Fixsterne wie ein großer Reigen von Tänzern um einen Mittelpunkt, den Polarstern, sich drehen und einem einzigen Chorführer zu gehorchen scheinen, stellt sich an den Planeten ein eigener selbständiger Wille dar. Dazu tritt noch die scheinbare Größe der Planeten, die fast immer selbst die lichtstärksten Fixsterne weit überstrahlen. So ergibt sich von selbst die übermächtige Rolle der Wandelsterne in der Astrologie. Gewiß sind viele Jahrhunderte verronnen, ehe die ersten Himmelsbeobachter sich über die Zahl der mit bloßem Auge sichtbaren Planeten klar geworden waren und sie zu jener Siebenzahl verbanden, die dann so kanonische Geltung errang, obgleich die Griechen, vielleicht schon Demokrit, es keineswegs übersahen, daß möglicherweise nicht allein diese Wandelsterne am Himmel umlaufen, sondern daß eben nur sie bisher beobachtet sein möchten. Ehe man die Zahl von fünf oder sieben Planeten, je nachdem man Sonne und Mond hinzuzählte oder nicht, festlegen konnte, mußte man gewiß sein, daß der Abend- und der Morgenstern derselbe Planet (Venus) sei; bei den Griechen ist diese Erkenntnis nicht vor dem 6. Jahrhundert v. Chr. nachzuweisen, während sie die Babylonier (s. S. 6) schon am Anfang des 2. Jahrtausends gewonnen hatten.

Mond und Sonne, die zwei großen Augen des Himmels, sind für die Entstehung des Glaubens an eine Einwirkung der Gestirne auf die Erde von entscheidender Bedeutung. Vor allem der Mond, der seine Gestalt von Tag zu Tag so auffällig verwandelt. Gewisse Einflüsse dieses Weltkörpers auf das Erdenleben glaubten alle Völker zu erkennen. Mochte die vermeintliche Abnahme und Zunahme von Austern und Seeigeln, von Mäuselebern und Katzenaugen, von Kräutern und Waldbäumen im Anschluß an den Mondlauf auch nur hartnäckig geglaubte Fabelei sein (noch der große Kepler hat das alles so arglos wiederholt wie die Alten), so blieb doch auch für schärfere Prüfung eine unbestreitbare Tatsache, die Bewegung von Ebbe und Flut des Meeres, bestehen; vielleicht auch Einflüsse des Mondes auf Nachtwandel und Epilepsie und auf die periodischen Vorgänge im weiblichen Geschlechtsleben. Es war danach fast selbstverständlich, daß man auch für die kritischen Tage in jeder Krankheit auf den Lauf des Mondes achtete und bei allem, was zu Wachstum und Gedeihen führen sollte, an ihn sich anschloß, wie es noch heute vielerorts bei Landarbeiten und beim Haar- und Nägelschneiden alter Brauch ist, den der Bauer so treulich befolgt wie einst Kaiser Tiberius, der sich nur bei Neumond scheren ließ. Auch der erquickende und befruchtende Tau fällt in hellen Mondnächten am reichlichsten und weist so wiederum auf den Zusammenhang des Mondes mit der Fruchtbarkeit. So wird alles körperliche Leben des Menschen und der Tiere vor allem an den Mond geknüpft, der darum in der Astrologie — er hat ja im Griechischen und Lateinischen einen weiblichen Namen — auch die Mutter bedeutet. Es ist im allgemeinen ein freundlicher Planet, aber man darf nicht vergessen, daß er zur Nacht gehört und darum mit allem Zauber- und Gespensterwesen zusammenhängt, und daß „die keusche

Luna launet grillenhaft", wie Mephisto dem Astrologen im „Faust" einbläst.

Die Einwirkung der Sonne hat man gleichfalls überall empfinden müssen, keineswegs aber nur als wohltätig. Die Jahreszeiten, die im Süden viel weniger deutlich sich abheben als im Norden, sind nicht immer mit ihr in Zusammenhang gebracht worden, und von der ermattenden und erstickenden Hitze des Tages sehnt sich der Mensch, je näher er den Tropen wohnt, desto mehr nach der erfrischenden Kühle der Nacht. Dennoch leitet schon der großartige ägyptische Sonnenhymnus aus den Zeiten Amenophis' IV. (im 14. Jahrhundert v. Chr.) alles Leben und alle Freuden bei Tieren und Menschen von der Sonne ab, die Himmel und Erde und die Jahreszeiten geschaffen hat und die ganze Erde mit ihrer Schönheit erfüllt. In der hellenistischen Zeit wird ihre überragende Stellung im Kreise der Planeten, die sie durch ihre übermächtige Masse anzieht und abstößt, immer unabweisbarer erkannt. Der König Helios wird zum Weltenherrscher, und die neuplatonische Philosophie knüpft die Seele an die Sonne, wie den Körper an den Mond.

Am stärksten wird sich der Mensch seiner Abhängigkeit von dem großen Gestirn bewußt bei dem Phänomen der Sonnenfinsternis, wenn sich bei wolkenlosem Himmel das langsame Erbleichen aller Farben, das ängstliche Verstummen der Vögel und die offenbare Verstörtheit aller Kreatur beklemmend auf die Seele legt.

Das Erlöschen des lieben Lichtes der Sonne und des Mondes, das man überall in der Welt bösen Dämonen in der Gestalt eines Drachen oder Wolfes oder schlimmen Zauberern zuschrieb, läßt auch ohne jede Sterndeutung Schlimmes befürchten, Mißwachs, Frost und Überschwemmung, an die sich Krieg und Aufruhr anschließen. Der Götter Zorn scheint sich in solchem Schreckbild am Himmel zu offenbaren, und großer, „leuchtender" Männer Tod, des Romulus und Cäsar ebenso wie Christi, fiel mit einer Sonnenfinsternis zusammen. Die systematische Astrologie konnte hier unmittelbar an das allgemeine Bewußtsein anknüpfen und fand in ihm ihre Stütze; sie konnte die Lehre von den Finsternissen so breit ausbauen wie Ptolemäus, fügte aber meist nur den oder jenen Einzelzug hinzu, etwa daß ein Hof um den verfinsterten Mond auf Belagerung deute oder ein Donnerschlag bei der Finsternis den Sturz eines Tyrannen verkünde.

Von dem sich aufdrängenden Einfluß von Sonne und Mond auf das Erdenleben überträgt sich die gleiche Annahme nun mit einer gewissen Folgerichtigkeit auch auf die übrigen Gestirne, vor allem auf die ihren eigenen Weg ziehenden Planeten. Bei ihnen tritt uns sogleich die ungeheure Bedeutung des Namens für die ganze astrologische Systematik entgegen. Sonne und Mond hatten die Griechen natürlich von jeher mit alteinheimischen Worten benannt, ebenso den Morgen- und Abendstern (Phosphoros und Hesperos). Auch den strahlenden

Jupiter, den roten Mars und den ansehnlichen Saturn haben sie schwerlich dauernd übersehen und sie wohl schon zeitig als den Leuchtenden, den Feurigen, den Scheinenden bezeichnet; den kleinen Merkur, den sie minder oft zu Gesicht bekommen haben werden, wenn auch nicht so schwer wie viele moderne Astronomen, nannten sie später den Funkelnden. Aber durchgesetzt hat sich etwa seit dem Ende des 6. Jahrhunderts v. Chr. zunächst in der pythagoreischen Wissenschaft, dann ganz allmählich auch im allgemeinen Sprachgebrauch, jene Bezeichnung der fünf Planeten nach Göttern, die in lateinischer Umformung uns noch heute geläufig ist. Das geschah nach dem Vorbild der Babylonier (s. S. 3f.). Es ist nicht immer gleich gelungen, ein festes Äquivalent für die orientalischen Götter zu finden; am ehesten beim Planeten Jupiter, der nur ganz vereinzelt auch dem Osiris zugeteilt wird, während die Venus auch nach Hera oder der großen Göttermutter oder Isis, der Mars auch nach Herakles, der Merkur nach Apollon benannt wurde und der Saturn vielfach nach babylonischer Lehre (s. S. 5) zunächst „Stern der Sonne", viel seltener auch der Stern der Nemesis hieß. Als allgemein gebräuchlich gilt zuletzt immer mehr die Benennung der fünf Planeten nach Kronos, Zeus, Ares, Aphrodite, Hermes. Und zwar sagte man nicht einfach „Zeus" oder „Aphrodite", wie wir heute diese Planeten kurz den Jupiter oder die Venus zu nennen pflegen, vielmehr „der Stern des Zeus" oder „der Stern der Aphrodite"; erst als die astrale Mystik immer mehr Gewalt bekommen hatte, wird unmittelbar „Zeus" oder „Aphrodite" für den Stern selbst gesagt, also Gott und Stern einander völlig gleichgesetzt.

Daß aber die Namen gerade so ausfielen, das ist zuletzt doch nicht reine Willkür gewesen, auch nicht lediglich durch das babylonische Vorbild bestimmt. Der stolze lichte Planet Jupiter — zu wem sollte er sich besser fügen als zu Zeus, dem freundlichen und erhabenen Gott des lichten Himmels? Und der „schöne Wandelstern, der Liebe zündet" (Dante) und die den Liebenden freundliche Nacht umrahmt, paßt gut zur Aphrodite; der kleine flinke erdennahe Merkur schickt sich für den Götterboten, der an Blut und Feuer erinnernde rote Planet Mars für den Kriegsgott Ares, und der versteckte, trübe, oft graue Saturn für den in Vergessenheit und Einsamkeit versunkenen und verdüsterten Gott einer fernen Vorzeit.

Mit diesen griechischen Götternamen aber, die ursprünglich gar nichts mit jenen Sternen zu tun hatten, gewinnt nun die griechische und alle spätere Astrologie eine Unterlage von unerschöpflicher Mannigfaltigkeit. Alle Eigenschaften und Fähigkeiten des griechischen Gottes und die von ihm erzählten Mythen gehen auf den Stern über und lassen sich nun zur Ausdeutung jeder Konstellation verwerten, in der jener Planet irgendwelche Bedeutung hat. Der Stern, der nach dem Kronos (Saturn) benannt ist, muß Menschen von der Art hervorbringen wie der Gott Kronos selber. Sie werden also gleich ihm nach der überwiegenden, erst von Ficinus (s. o. S. 37 f.) teilweise verbesserten Meinung finster, einsiedlerisch, hinterlistig sein; Fesseln, Ausstoßung, Gefangenschaft stehen ihnen bevor, auch Beraubung, Armut, Bettel. Da der Gott seine Kinder selbst verschlungen hat, so deutet der Planet auf Kinderlosigkeit oder Verwaisung. Als alter Erdgott bringt Kronos-Saturn durch seinen Stern Landbauer und Landarbeiter hervor, und sein stumpfes Licht gesellt ihm unter den Metallen das Blei. Und so deutet natürlich der kupferrote Stern des Ares (Mars) auf Zorn und Feindschaft, Mord und Totschlag, Raub und Hochgericht, Gewalttat und Ehebruch (Ares ist ja seit der Odyssee der Geliebte der Aphrodite), aber auch, als der „Feuerfarbene“ (Pyroëis), auf künftige Schwerarbeiter mit Eisen und Feuer, als Gott des Krieges auf Feldherren und Soldaten und Jäger und — auf ein Ende durch Schlaganfall, wie es bei dem heißen Stern, der auch den Wein beherrscht, nicht anders zu erwarten ist. Und ähnlich bei jedem andern Planeten.

Wie all das noch auf die Kunst der neueren Zeit einwirkt, kann man sich etwa an Hans Sebald Behams Holzschnitten der sieben Planeten anschaulich machen, von denen einer Tafel VI Abb. 12 wiedergegeben ist, die Darstellung der Saturnkinder. Da ist zu oberst der Kindsfressergott selber mit der Sense auf seinem Drachenwagen zu sehen; im Hauptbild wird man weder Pflügen und Dreschen und Holzhacken noch Block und Gefängnis und Galgen und Rad, noch Bettler und Krüppel vermissen. Ist doch Saturn selbst im späteren Mittelalter mit dem Stelzbein dargestellt worden, während bei den Griechen der „Alte“ wenigstens Podagra und Husten androht. Die Arbeit am Fluß und Brunnen, die Beham hier darstellt, ist schon in den griechischen Quellen mit Saturn verbunden, weil er sein eigenes „Haus“ (s. u. S. 59) im Wassermann hat. Das andere liegt im Steinbock, wo die Sonne im Dezember steht, zur Zeit des Schweineschlachtens, das hier links treulich dargestellt ist. Es geht unter diesem alten Erdgott, dem Gotte der Titanen, durchaus irdisch zu, wie man sieht. Der derbe graue Haudegen Illo ist ein Saturnkind; so schildert ihn Wallenstein:

Dir stieg der Jupiter
Hinab bei der Geburt, der helle Gott;
Du kannst in die Geheimnisse nicht schauen.
Nur in der Erde magst du finster wühlen,
Blind wie der Unterirdische, der mit dem bleichen
Bleifarbnen Schein ins Leben dir geleuchtet.
Das Irdische, Gemeine magst du sehn,
Das Nächste mit dem Nächsten klug verknüpfen:
Darin vertrau ich dir und glaube dir.
Doch was geheimnisvoll bedeutend webt
Und bildet in den Tiefen der Natur
— Die Geistesleiter, die aus dieser Welt des Staubes
Bis in die Sternenwelt mit tausend Sprossen
Hinauf sich baut, an der die himmlischen
Gewalten wirkend auf und nieder wandeln

— Die Kreise in den Kreisen, die sich eng
Und enger ziehn um die zentralische Sonne —,
Die sieht das Aug' nur, das entsiegelte,
Der hellgebornen heitren Joviskinder.

Von den fünf Planeten sind vier in ihrer Wirkung sehr ausgeprägt; die zwei weißesten und glänzendsten, Venus, das Gestirn der Freude, und Jupiter, „ein heitrer Mann mit einer Königsstirn", dem die „jovialen" Naturen entstammen, sind *stellae beneficae;* Saturn und besonders Mars sind unheilvoll, *maleficae,* während der Merkur zwiespältigen Wesens ist und sich erst durch die Gesellschaft näher bestimmt, in die er gerät: er ist immer schwächlich und anschlußbedürftig, wobei es ihm an guten Seiten nicht fehlt, namentlich da sein Gott, Hermes, bei den Griechen dem geistigen Leben, der Rede- und Rechenkunst, wie auch der Ringschule vorsteht. Auch bei den Babyloniern war ja Nebo schon der Gott der Schrift und Weisheit.

Für die wissenschaftlich gemeinte Ergründung von Zustand und Mischung der Planeten kam auch die Sonnennähe und -ferne in Betracht. Die Grundlage war dabei die Physik des Aristoteles, unter Verzicht auf das spezifisch himmlische „fünfte" Element, den unempfindlichen und ewigen Stoff des Äthers, dem nichts Irdisches vergleichbar ist.

Aristoteles hatte vier Grundqualitäten angenommen, von denen je zwei ein Element bezeichnen: warm-trocken ist das Feuer, warm-feucht die Luft, kalt-feucht das Wasser, kalt-trocken die Erde. Die gleichen Qualitäten und Wirkungen übertrug man nun auch auf die Planeten. Der rotglühende sonnennahe Mars und in geringerem Maße die Sonne selbst gelten als warm und trocken; die zwei mildschimmernden Sterne Jupiter und Venus sind warm und feucht; der sonnenfernste aller Planeten, Saturn, hauptsächlich kalt, auch trocken, während der zugleich sonnen- und erdennahe Merkur zwischen Trockenheit und Feuchtigkeit schwankt, und der erdennahe Mond vor allem feucht und durch das von ihm reflektierte Sonnenlicht auch etwas erwärmt ist. So ergibt sich für Feuer, Luft, Erde die Parallele unter den fünf eigentlichen Planeten von selbst: Mars, Jupiter (oder Venus), Saturn. Für das Wasser ist der Merkur, auch der Mond, nur von seiten der Feuchtigkeit einigermaßen geeignet. Indessen wechselt die Qualität und Wirkung der Planeten je nach ihrer Stellung zur Sonne. Im ganzen aber gelten die *beneficae stellae,* Jupiter und Venus, auch der Mond, als warm und feucht, während von den *maleficae,* Saturn und Mars, der eine trocken-kalt, der andere trocken-heiß ist und die Sonne und der Merkur als Mittelnaturen erscheinen. Das Feuchte, das dem Weiblichen zukommt, ist besonders der Venus und dem Monde eigen; das sind also die weiblichen Planeten; die trockenen, Sonne, Mars, Jupiter, Saturn, sind die männlichen, und Merkur schwankt wie immer. Wiederum beeinflußt die Stellung zur Sonne und zum Horizont auch das Geschlecht. Da ferner der tätige Tag männlicher Art ist, die zur Ruhe bestimmte Nacht dem weiblichen Wesen entspricht, so sind die männlichen Planeten zugleich Tages-, die weiblichen Nachtgestirne; doch gehört seltsamerweise auch Mars zu den letzteren.

Mit den Planeten teilen die Kometen die freie Bewegung am Himmel. Aber sie sind freilich außerordentliche Erscheinungen und darum von jeher bestaunt und gefürchtet als ein Schreckzeichen der Götter, im Christentum als des Herrgotts Warnfackel, wie der Kapuziner im „Wallenstein" predigt:

Den Kometen steckt er wie eine Rute
Drohend am Himmelsfenster aus.

Auch bei den Kometen glaubt man noch heute vielfach eine direkte Einwirkung auf die Temperatur der Erde wahrzunehmen: die berühmten Weinjahre von 1811, 1819, 1822, 1835, 1858 und zuletzt 1911 sind Kometenjahre gewesen. Die Astrologie hatte wie bei den Sonnen- und Mondfinsternissen hier nur unausrottbaren alten Volksglauben aufzunehmen, wenn sie den Kometen mit Aristoteles Trockenheit und furchtbare Stürme, aber auch Erdbeben und Sturmfluten, Gewitter und Überschwemmungen zuschreibt und die Geburt oder den Tod eines Herrschers an ihr Aufleuchten knüpft: „Kometen scheinen nicht, wo Bettler sterben", sagt Caesars Weib bei Shakespeare. Kaiser Karl V. entschließt sich auf die Mahnung eines Kometen hin, dem Throne zu entsagen und ins Kloster zu gehen — „*his ergo indiciis me mea fata vocant*" sagt er —, und noch Napoleon hat in einem Kometen das Anzeichen seines nahen Todes gesehen. Die Systematik der Astrologie hat auch hier auf die Stellung zur Sonne und zum Horizont geachtet und die Kometen nach ihrer Farbe und Form in sieben Klassen geteilt, deren jede die Natur eines Planeten hat. So gibt ein Saturnkomet melancholisch trübes ungesundes Wetter, allerlei melancholische und phlegmatische Krankheiten, Armut und Teuerung, nach anderer Lehre Krieg, Tod des Königs und Umsturz. Welches Land der Komet bedroht, das sagt er selbst durch die Lage und Stellung, die er unter den Sternen einnimmt.

Das zweite Hauptelement der astrologischen Systematik, nicht minder wichtig als die Planeten, ist der Zodiakus oder Tierkreis. Das ist der Kranz von Sternbildern, durch welchen Sonne und Mond und die fünf anderen Wandelsterne ihren Weg nehmen; in ihm zieht jene unsichtbare große Straße des Himmels, die wir nach dem Vorgang der Griechen die Ekliptik nennen, weil in ihr die Eklipsen, die Sonnen- und Mondfinsternisse, vor sich gehen.

Zwölf Sternbilder stehen um diesen Weg und bezeichnen ihn; der mittelalterliche Merkvers prägt sie am leichtesten ein;

*Sunt Aries, Taurus, Gemini, Cancer, Leo, Virgo*
*Libraque, Scorpius, Arcitenens, Caper, Amphora, Pisces.*

Ihre Reihe beginnt man entweder mit dem Löwen, der den hellen, „königlichen Stern", den Regulus, an seiner Brust trägt; oder — das ist bei den Astrologen und Astronomen weitaus die Regel — mit dem Zeichen des Frühlingsanfangs, dem Widder (♈). Dieser ist im Sprung gedacht, sein Leib von einem Reif umgeben. Er hat keinen sehr hellen Stern, und seine Gestalt ist darum wenigstens an unserm nordischen Himmel nur mühsam zusammenzufinden. In umgekehrter Richtung, den Zwillingen zugewendet, folgt ihm die Halbfigur des Stiers (♉), dessen Haupt am Himmel durch die von den Griechen Hyaden (= Ferkelchen, lat. *Suculae*) genannten Sterne deutlich gezeichnet ist; der stark rötliche Aldebaran strahlt darunter vor, und nicht ferne ist das Sternbüschel der Plejaden. Das Paar der Zwillinge (♊) mit den zwei glänzenden Sternen an den Köpfen ist durch zwei verbundene lange Parallellinien leicht kenntlich; umso undeutlicher das Bild des Krebses (♋) mit seinem Sternennebel, das oft als eine Meerkrabbe dargestellt wird. Der Löwe (♌) folgt in kauernder Stellung greifbar hingelagert. Von der geflügelten Jungfrau (♍), die nicht aufrecht steht, sondern langgezogen der Linie der Ekliptik folgt, sind die Umrisse schwer am Himmel zu sehen; ihr Haupt ist kaum durch Sterne bezeichnet, um so heller strahlt der schöne Stern der Ähre (Spica) in ihrer Hand. Dann folgt das Bild der Wage (♎), dessen Name zum Unterschied von allen anderen wohl rein kalendarischen Ursprungs ist und auf die Tag- und Nachtgleiche hinweisen soll; die Griechen und Ägypter geben ihr manchmal einen männlichen oder weiblichen Träger. Ehe dieses Bild, schon von den Babyloniern (o. S. 7), eingefügt wurde, lagen hier die Scheren des großen Skorpions (♏), der nun folgt und sich wieder trefflich am Himmel abzeichnet; sein Herz ist durch den roten Stern Antares gezeichnet. Dann kommt der Schütze (♐), von den Griechen in Anlehnung an die Babylonier entweder als vierfüßiger Zentaur oder zweibeinig als pferdefüßiger Silen oder auch in rein menschlicher Gestalt dargestellt; man sieht ihn mit einiger Mühe in leidlichen Umrissen, und ebenso das folgende Bild, den Steinbock (♑), der in Wahrheit fast immer getreu der babylonischen Tradition als Ziegenfisch gezeichnet wird. Vom Wassermann (♒) ist Gestalt und Urne nicht so schnell am Himmel zu erkennen wie der durch einen Schwall ungefähr gleichheller Sterne dargestellte Wassergüß, den er aus dem Gefäß entsendet. Den Schluß machen zwei Fische (♓), die durch ein Sternenband verbunden sind und von dem dritten, dem „Großen Fisch" weiter im Süden, der nicht zum Tierkreis gehört, unterschieden werden müssen.

Der Zodiakus enthält demnach zwölf Bilder, die im griechisch-römischen Altertum mit den Ekliptikzwölfteln oder „Zeichen" noch erträglich zusammenfielen, während das Vorrücken des Frühlingspunktes jetzt alles verschoben hat. Sieben (Widder, Stier, Krebs, Löwe, Skorpion, Steinbock, Fische) sind tierische Gestalten, vier (Zwillinge, Jungfrau, Wagehalter, Wassermann) rein menschlich, endlich der Zentaur-Schütze ein Halbtier. Man ahnt ohne weiteres, welche Fülle von Kombinationen schon diese bloßen Namen heraufbeschwören: Tiere des Landes und des Wassers, seltsame Mischgestalten, ein Menschenpaar neben Einzelwesen, die Jungfrau mit dem Attribut der Ähre, der Wassermann mit seiner Urne — jedem wohnt sein besonders scharf ausgeprägtes Wesen inne. Wieviel ist da vom menschlichen Dasein abgespiegelt oder nach astrologischer Denkweise vielmehr vorgebildet zu sehen, und wie nahe liegt die Deutung! Bei wessen Geburt eines jener menschlichen Wesen im Tierkreis die entscheidende Stelle einnimmt, der wird seinen Beruf in menschenwürdigstem Tun finden, also im Dienste der Wissenschaft und Kunst und in der unmittelbaren Förderung menschlicher Wohlfahrt. Oder wenn eine wesentliche Rolle in einem Horoskop den Fischen zufällt, so wird man daran denken können, daß der Geborene sein Brot als Seemann oder Fischer verdienen und unter Umständen im Meeresgrund enden wird. Ist es vielmehr eines von den Landtieren, das an entscheidender Stelle steht, so wird auf einen Ackerbauer oder wohl auch auf einen Botaniker und Naturkundigen zu raten sein. Das mag als erste kleine Probe, die freilich die Dinge viel zu einfach zeigt, einstweilen genügen.

Aber es kommt noch etwas sehr Wesentliches zu diesen Möglichkeiten rein wörtlicher Deutung hinzu. Die geheimnisvollen Bilder des Tierkreises wurden, gerade als die griechische Astrologie ihre Systeme schuf, umrankt vom Mythus oder besser von jener Sternsage und Sterndichtung, die vor allem in der Zeit nach Alexander blühte und die Sterne mit dem längst vorher, zumeist ohne jeden Bezug auf diese Bilder geschaffenen Mythus zusammenbrachte. Es ist ein zum Teil freilich leicht geschürztes, aber doch reiches und frisches Spiel der griechischen Phantasie, die mit allen diesen Gestalten am Sternhimmel sich einläßt und sie in einen sinnvollen Zusammenhang fügt; wie wir andere Verwandlungen von menschlichen Gestalten in Pflanzen oder Tiere bei Ovid in den Metamorphosen lesen, so läßt die antike, vor allem die hellenistische Dichtung, bald zum Lohn oder zur Erinnerung und zu ewigem Ruhm, bald auch zur Strafe, die Helden und Heroinen durch Zeus und andre Götter an den Himmel entrückt werden, sei es in den Tierkreis, sei es in die übrigen, zum Teil weit populäreren Sternbilder nördlich und südlich von ihm, deren Sternsagen oft wesentlich älter sind als die der Gruppen im Zodiakus; diese letzteren haben freilich für die Astrologie eine ganz überragende Bedeutung.

Wir werden demnach etwa den Wassermann gedeutet und von der Kunst dargestellt finden als den Liebling des Zeus, Ganymedes; so muß man, wo er seinen Einfluß ausübt, dem Neugeborenen eine Rolle als Schützling großer Herren in Aussicht stellen. Aber da man das Bild auch als Hebe deuten konnte, die dem Herakles am Ziel seiner Mühen im Himmel zur Gattin gegeben wurde, so kann das Sternbild je nach den Umständen auch auf den glücklichen Abschluß einer wichtigen und schwierigen Angelegenheit hindeuten; und Ganymed wie Hebe können aus dem himmlischen Wasserträger, der als Deukalion Überschwemmungen heraufführt, auch einen Mundschenk machen. Der Schütze ist naturgemäß vor allem eine Vorbedeutung auf Bogenschützen; aber er ist nach orientalischer Auffassung von königlicher Majestät (darum trägt er auf dem ägyptischen Himmelsbild von Dendera — Tafel I Abb. 2 — die Doppelkrone), und nach griechischer Deutung ist er der weise Zentaur Chiron, der große menschenfreundliche Arzt, Pflanzenkundige, Erzieher von Helden und weise Seher — man sieht, wie leicht sich die Möglichkeiten der Auslegung für den Sterndeuter augenblicks ins Ungemessene vermehren. Die Jungfrau im Tierkreis ist nach der schönen Sternsage bei dem Dichter Arat die Dike, die Göttin der Gerechtigkeit, die die schuldbeladene Erde zürnend verlassen hat, aber sie hält auch die Ähre in der Hand als Demeter, und so spendet sie Wohlstand und Überfluß, nur, als Jungfrau, keinen Kinderreichtum. Und da sie manchmal, auch auf dem großen Gigantenfries in Pergamon, mit dem Schwerte in der Hand dargestellt wurde, so kann sie auch Mord und Bürgerkrieg verkünden, die sie einst von der Erde in den Himmel vertrieben hatten.

Das sind einige Proben, wie die mythenbildende Phantasie griechischer Dichter in der Sterndeutung nachwirkt. Nun gibt es aber, wie bei den Planeten, auch bei den Sternbildern des Tierkreises eine mehr wissenschaftliche, physikalische Betrachtungsweise. Die Sonne tritt im Frühling in das Ekliptik-Zwölftel oder Zeichen des Widders, im Sommer in das des Krebses, im Herbst in das der Wage und im Winter in das des Steinbocks. So sind jedesmal durch drei aufeinanderfolgende Tierkreiszeichen die vier Jahreszeiten vertreten. Und von hier ab schlingt sich nun eine Kette von parallelen Vierteilungen weiter, wobei es allerdings an Abweichungen in Einzelheiten nicht fehlen konnte. Die folgende Übersicht beruht auf dem bei dem Astrologen Antiochos von Athen (im 2. Jahrh. n. Chr.) angenommenen System.

| Tierkreiszeichen | Jahreszeiten | Lebensalter | Elemente | Windrichtungen |
|---|---|---|---|---|
| Widder Stier Zwillinge | Frühling | Kindheit | Luft | Süd |
| Krebs Löwe Jungfrau | Sommer | Jugend | Feuer | Ost |
| Wage Skorpion Schütze | Herbst | Mannheit | Erde | Nord |
| Steinbock Wasserm. Fische | Winter | Alter | Wasser | West |
| **Qualitäten** | **Aggregatzustände** | **Säfte** | **Temperamente** | **Farben** |
| Warm-feucht | Flüssig | Blut | Sanguinisch | Rot |
| Warm-trocken | Fein (gasförmig) | Galle | Cholerisch | Gelb |
| Kalt-trocken | Dicht | Schwarze Galle | Melancholisch | Schwarz |
| Kalt-feucht | Zähe | Schleim | Phlegmatisch | Weiß |

Man sieht, wie auf diesem Wege alles physische Leben auf Erden an den Tierkreis geknüpft und aus ihm deutbar wird, und kann sich leicht die Beziehungen zu den Planeten nach ihren Grundqualitäten (s. o. S. 50) hinzufügen. Die Wettervorhersage hat von hier aus ganze Systeme der Astrometeorologie gebildet. Wenn man noch die Verteilung der Tiere, Pflanzen, Edelsteine, Metalle auf die sieben Planeten und die zwölf Tierkreiszeichen bedenkt, so mag man wenigstens ahnen, welche unerschöpflichen Einblicke in den harmonischen Aufbau alles Lebens den spekulativen Geistern vom Altertum bis zur Spätrenaissance hier gegeben waren: man wird sich den Einfluß der astralen Schematik des Makrokosmos und Mikrokosmos auf alle Naturwissenschaften kaum je zu groß vorstellen können.

Nur von der astrologischen Medizin oder Jatromathematik kann hier noch ein Wort gesagt werden. Wenn alles körperliche Leben durch die Sterne bedingt ist, so muß von ihnen auch Gesundheit und Krankheit abhängen. Rätselhafte Seuchen, wie den Schwarzen Tod oder die Syphilis, dachte man sich durch ihre „Aporrhoia", ihren physischen Einfluß auf die Erde, entstanden: in dem Worte Influenza, das noch 1611 ganz richtig als „Eingießung des Gestirns" verdeutscht wird, hält wenigstens die Sprache noch immer ein Stück astrologischer Medizin fest. Die „Laßmännchen" (Tafel VII Abb. 14), die einst in keinem Kalender fehlen durften, verteilten nach antiker Vorschrift die Glieder des menschlichen Körpers vom Kopf bis zu den Füßen an die 12 Tierkreiszeichen: im Widdermonat „ließ" man am Kopf zur Ader, im Stiermonat am Hals usf. Man wird keine Operation an einem Körperteil vornehmen, während der

Mond in seinem Tierkreiszeichen ist, sonst bringt die Feuchtigkeit des Mondes Rheumatismen und Entzündungen; und man darf kein Purgativ geben, wenn der Jupiter mit dem Mond in Konjunktion ist, denn die wohltemperierte Art des Jupiter stört die durchschlagende Wirkung. Auch unter die sieben Planeten wurden nicht nur die Seelenkräfte, sondern auch die Glieder und Organe des Körpers aufgeteilt; nach Tycho Brahe gehört das Herz als die Wärmequelle der Sonne, das Gehirn dem Monde, die Milz dem Saturn (s. o. S. 37), die Leber dem Jupiter, die Gallenblase dem Mars, die Nieren der Venus, die Lungen dem Merkur. Ptolemaeus, der außer Herz und Milz alles anders verteilt, nimmt in sein Schema auch die Sinnesorgane und vieles andere auf, und auch von ihm kann man noch um Jahrhunderte zurückgelangen bis Nechepso und weiter noch zu der Sammlung der unechten hippokratischen Schriften mit ihrem seltsamen pythagoreisierenden, wenn auch noch nicht astrologischen Buche von der Siebenzahl. Natürlich wird man auch die Heilmittel gegen Krankheiten stets unter den Pflanzen und Kräutern wählen, die dem gleichen Planeten oder Tierkreiszeichen unterstehen wie der erkrankte Teil des Körpers oder wie der Tag und die Stunde der Erkrankung. So ein Jatromathematiker oder astrologischer Arzt ist der Dr. Faust in Arnims „Kronenwächtern". Das Echo dieser alten Ärzte und Physiologen, darunter Theophrastus Paracelsus und Jakob Böhme, erklingt noch bei Novalis: „Der Mensch ist eine Sonne, seine Sinne sind die Planeten."

Ins fast Unendliche lassen sich die Möglichkeiten der Voraussagung vermehren, wenn außer dem Tierkreis auch die Sternbilder nördlich und südlich von ihm hereingezogen werden, nach dem griechischen Ausdruck die Paranatellonta, das heißt jene Teile von Sternbildern, die jeweils zugleich mit einzelnen Abschnitten oder Graden der Ekliptik, nördlich oder südlich von ihr, über den Horizont heraufkommen oder untergehen. Dieses System, das wohl ebenfalls schon bei den Babyloniern begann, vervielfältigt nun freilich die Möglichkeiten in einer fast unwillkommenen Weise; wenn man sich nur vorstellt, daß das Sternbild des Engonasin, des „müden" und „gequälten" Mannes, als Herakles (so heißt es jetzt gewöhnlich), Theseus, Orpheus, Prometheus, Tantalos, um nur die bekanntesten Namen zu nennen, auch als Laufender oder Tänzer ausgelegt wurde, so steht man vor einer fast erschreckenden Fülle von Deutungen, die sich in der verschiedensten Weise im Horoskop verwenden ließen, es aber doch gar zu wirr zu machen drohten. Da zudem die Planeten, die eigentlichen Schicksalskünder, sich nur um die Ekliptik oder nicht viel nördlich oder südlich von ihr bewegen, so ist wenigstens in der Praxis auf diese Paranatellonten nur nebenbei Rücksicht genommen worden; die Theorie freilich hat auch diesen Teil des Sternhimmels systematisch verwertet, und die Phantasie der Künstler hat er besonders angeregt. Schon im ersten Jahrhundert vor unserer Zeitrechnung sind von griechischen und römischen Gelehrten Listen solcher Paranatellonten zusammengestellt worden, die nicht nur die in der griechischen Sphäre heimisch gewordenen Sternbilder, sondern auch die auswärtigen oder „barbarischen", namentlich die ägyptischen und babylonischen, umfaßten. Diese Listen, die der wohl im 1. nachchristlichen Jahrhundert lebende Astrolog Teukros, mit dem Beinamen „der Babylonier“, in die abschließende griechische Form gebracht hat, sind in den verschiedensten Brechungen durch alle Jahrhunderte verbreitet worden. Sie gehen auf spätere Astrologen des Altertums über; im Mittelalter setzt sie ein byzantinischer Dichter des 12. Jahrhunderts, Johannes Kamateros, sogar in Verse. Bei den Römern haben Nigidius Figulus, der schon genannte pythagoreisierende Gelehrte, nicht viel später der Dichter Manilius (s. o. S. 28) und im 4. Jahrhundert Firmicus Maternus in seinem großen Handbuch der Astrologie solche Listen verwertet. Durch persische Vermittlung übersetzt sie Abu Ma'schar ins Arabische, aus ihm der Jude Ibn Esra aus Toledo († 1167) ins Hebräische; das übernahmen wieder in verschiedener Art Michael Scotus (s. o. S. 35), der hochgelehrte königliche Astronom Alfons X. der Weise von Kastilien und wieder ein halbes Jahrhundert später Petrus von Abano (s. o. S. 39). Die Schriften dieser Gelehrten sind in den lateinischen Handschriften mit Bildern verziert, die gar wunderlich versuchen, lediglich auf Grund des geheimnisvollen Textes, ohne direkte bildliche Tradition die alten „barbarischen“ Sternbilder wieder vorzuführen.

Ein solches Bild aus einer lateinischen Ibn-Esra-Handschrift des deutschen Königs Wenzel ist Tafel IX Abb. 18f. wiedergegeben. Da sieht man zwei Frauen, die Hälfte von vier Tieren und ein halbes Schiff. Aus dem Text erfährt man, daß der halbe Bär und das Schiff Teile von griechischen Sternbildern des Nordens und des Südens sind, die nach Ptolemaeus mit dem 11. bis 20. Grad des Tierkreiszeichens des Krebses heraufkommen; aus der indischen Sphäre des Varahamihira (im 6. Jahrh. n. Chr.) stammt das gekrönte Weib unten; aus der persischen, d. h. eben aus jenem ins Persische übersetzten Buche des Babyloniers Teukros, die andre Frau, die nach dem Text „gleich einer Wolke“ sein soll. Es ist nichts anderes als der Nebelfleck (Nebula) im Krebs, der griechisch Nephele, „die Wolke“, heißt; Nephele aber war zugleich der Name einer bekannten mythischen Frauengestalt, der Mutter jenes Phrixos, den der Widder mit dem Goldnen Vlies über den Hellespont nach Kolchis trug, und dessen Reittier Zeus als das erste Bild im Tierkreis an den Himmel versetzt hat. So seltsam die Bilder anmuten, so sieht man doch auch aus ihnen, wie das mythische Spiel hier unermüdlich weiterschafft, um noch in den Drucken des 15. und 16. Jahrhunderts wie ein unverständlicher Spuk auf den unkundigen modernen Betrachter zu wirken und ihm an den Wänden des Palazzo Schifanoia in Ferrara (s. u. S. 60f.) Rätsel über Rätsel aufzugeben.

Wie die ganzen Sternbilder, so sind auch einige besonders helle oder auffallende Einzelsterne häufig beachtet worden. Der große helle Stern an der Brust des Löwen, der Regulus, bringt Könige hervor; darum läßt sich Antiochos von Kommagene um 60 v. Chr. auf seinem Grabmal den himmlischen Löwen mit jenem großen Stern auf der Brust einmeißeln, unter dessen königlicher Verheißung er geboren zu sein meinte. Und so sind Sterne wie die gelbe Capella, die roten Aldebaran, Arkturos und Antares, das Sternhäuflein der Plejaden und manche andere vom Sterndeuter nicht leicht übersehen worden, wenn sie im Himmelsbild bedeutsam hervortraten.

Die zwölf Zodiakalbilder kann man als die Stationen der Sonne in ihrem Jahreslauf fassen. Aber leichter als für sie, vor deren Glanz die Sterne erlöschen, ließ sich für den Mond feststellen, in welcher Sterngruppe er jede Nacht bei seinem Umlauf von 27 oder 28 Tagen erscheint oder „Station“ macht. Solche Mondstationen finden wir bei Babyloniern, Chinesen, Indern, Arabern, aber auch im hellenisierten Ägypten. Die Listen der Mondstationen geben für jene Sterngruppen, in die der Mond kommt, in den verschiedenen Ländern sehr verschiedene Namen; in den griechisch-ägyptischen Texten sind es zumeist Tiere. Unter dem Einfluß der Zwölfzahl hat man nun aus den 28 Mondstationen einmal, aller Wahrscheinlichkeit nach erst im griechischen Ägypten, eine Auslese von nur zwölf Bildern getroffen, die sämtlich Tiere sind: ihre Reihe ist Katze, Hund, Schlange, Käfer, Esel, Löwe, Bock, Stier, Sperber, Affe, Ibis, Krokodil — fast lauter den Ägyptern heilige Tiere. Ein vor nicht langer Zeit in Ägypten aufgefundenes Monument (Tafel XIV Abb. 26) zeigt im äußeren Ring den gewöhnlichen Zodiakus, im Innern die zwölf Tiere; das Medaillon in der Mitte aber enthält die Büsten von Sonne und Mond, denn es ist eben die Sonnen- und Mondbahn hier dargestellt. Unvollständig erhalten sieht man die gleiche Reihe auf der Tafel XIV abgebildeten und unten S. 60f. erklärten Marmortafel des Bianchini. Man nannte diese Reihe von zwölf Tieren, die also mit gleichem Anspruch sich neben den uns geläufigen älteren Tierkreis stellt, die Dodekaoros, d. h. den Kreis der zwölf Stunden oder besser Doppelstunden: denn in zweimal zwölf der gewöhnlichen Stunden vollzieht sich, wie bekannt, der tägliche scheinbare Umlauf des Fixsternhimmels um die Erde. Diese Dodekaoros, deren Name und Bedeutung erst vor 15 Jahren aus griechischen Handschriften ans Licht getreten ist, bezeichnet auch zwölf aufeinanderfolgende Tage, zwölf Monate und besonders zwölf Jahre; diesen Zwölfjahrzyklus nannten die Alten die „chaldaeische“ d. h. wohl allgemein astrologische Dodekaëteris. Es ist merkwürdig, wie weit auch das sich in aller Welt verbreitet hat. Man findet, mit mancherlei Abweichungen in Auswahl und Anordnung der Tiere, aber in Sinn und Bedeutung völlig gleich, diese Dodekaoros und Dodekaëteris in ganz Ostasien von China und Japan bis Turkestan überall verbreitet; bei vielen Völkern benennt man noch heute danach die Jahre als das Jahr des Affen, des Hundes usf.

Es wird vielleicht manchen Leser überraschen, daß man neben ein hellenistisches Monument ein japanisches wie das auf Tafel XIV Abb. 27 abgebildete kleine Papiergemälde legen kann, das in einer noch heute erkennbaren langen geschichtlichen Reihe auf solche antike Überlieferungen zurückgeht. Aber es ist mit das Bedeutsamste an der Geschichte der Astrologie, daß sie die Völkerverbindungen in einer Klarheit und Unabweisbarkeit zeigt, wie sie sonst kaum irgendwo anders bloßzulegen sind. So seltsam vieles an ihr den modernen Menschen berühren mag, so gewiß ist sie ein paar Jahrtausende lang eines der wesentlichsten Stücke im geistigen Gemeinbesitz der Menschheit gewesen, und ihre Literatur darf, wie selbst aus den wenigen hier mitgeteilten Proben einleuchten wird, im umfassendsten Sinne Weltliteratur heißen; vielleicht in ihr allein haben sich Ost und West, Christen, Mohammedaner und Buddhisten mühelos verstanden.

## V. DIE METHODEN DER STERNDEUTUNG

Jede Linie ist eine Weltachse. (Novalis.)

Planeten, Tierkreisbilder, nördliche und südliche Begleiter befinden sich in jedem Augenblick alle an der Himmelskugel, die einen über dem Horizont, die anderen unter ihm. Wie fängt man es nun an, sie für die Deutung eines einzelnen Momentes — mag es sich dabei um die Geburt eines Menschen, den Beginn eines Krieges oder die Gründung einer Stadt handeln — in die Rechnung einzustellen? Ein individuelles Ergebnis kann ja nur herauskommen, wenn stets einzelne dieser Bilder und Planeten eine stärkere Wirkung ausüben, während die anderen nach dem augenblicklichen Stand des Himmels weniger ins Gewicht fallen oder ganz ausscheiden. Es galt also zunächst einen festen Ausgangspunkt für die Aufgabe der Berechnung eines Schicksals zu gewinnen. Dazu war vor allem eine Reihe von systematischen Abgrenzungen am Himmel vorzunehmen, um für Planeten und Sternbilder das jeweilige Maß ihrer Macht oder ihrer Schwäche feststellen zu können. Von diesen Abgrenzungen muß zunächst die Rede sein. Ganz kurz wird das freilich nicht ausfallen können: „wer zum Astrologen geht, muß sich mit Geduld wappnen“, sagt Bouché-Leclercq mit Recht.

Die Planeten vom Mond bis zum Saturn machen ihre Eigenbewegung in Zeiträumen von sehr verschiedener Dauer, aber der Weg ist für alle in der Hauptsache der gleiche; er führt durch den Tierkreis. Danach gibt die Astrologie jedem der sieben Planeten sein besonderes Haus in einem der zwölf Tierkreisbilder.

Hier stand der Planet, als die Welt geboren ward, sagen die Astrologen; da ist er also recht eigentlich zu Hause. Aber freilich — es gibt doch zwölf Tierkreisbilder und nur sieben Planeten! Zwar ist 12 die Summe von zwei heiligen Zahlen, 5 und 7, wie Seni den Bedienten belehrt, aber dividieren kann man 12 so schlecht mit 7 wie mit 5. Die Astrologen helfen sich in einer sehr einfachen Weise. Sonne und Mond sind so einseitig Beherrscher des Tages und der Nacht, daß ein jedes von ihnen nur ein Haus braucht: der Sonne gehört der Löwe, dem Mond der Krebs. Dagegen besitzt jeder der fünf eigentlichen Planeten je zwei Häuser: eine Tag- und eine Nachtherberge. So zerfiel der Tierkreis in die Sonnen- und in die Mondhälfte; die Sonnen- oder Tageshälfte geht vom Löwen bis zum Steinbock, die Mond- oder Nachthälfte vom Wassermann bis zum Krebs. So war jedes der zwölf Sternbilder je einem Planeten als sein ihm eigenes Haus zugewiesen: die Tabelle (Abb. 2) gibt das Nähere. Es ist klar, daß ein Planet die größte Macht hat, wenn er in sein Haus eingetreten ist; und am wirksamsten ist er in den Stunden des Tages in seinem Taghaus und während der Nacht in seinem Nachthaus.

Aber die stärkste Erhöhung der Macht und des Einflusses war wieder für jeden Planeten an eine andere Stelle geknüpft, die man Exaltation (Hypsoma) nannte.

So hatte die Sonne ihre Exaltation im 19. Grad des Widders, also im Frühlingszeichen, das bei der Geburt der Welt im Meridian stand. Gerade gegenüber am Sternhimmel lag dann der Punkt der tiefsten Erniedrigung, das Tapeinoma oder die deiectio des Planeten; für die Sonne also im 19. Grade der Wage. Warum es gerade dieser Grad ist, ließ sich bis jetzt nicht ermitteln; aber die Wahl des Tierkreiszeichens versteht man, da die Sonne, wenn sie in die Wage kommt, in die Herbst- und Winterhälfte, also nach einer stoischen, wohl auch orientalischen Lehre in die Unterweltshälfte des Tierkreises tritt. Bei den anderen Planeten freilich kann nur allerlei gewagte Spekulation Gründe aufbringen, die einem Planeten gerade in dem einen oder anderen Tierkreisbild seine Erhöhung oder Erniedrigung zuweisen soll. Weil Saturn der kälteste Planet ist, so hat er seine Erhöhung da, wo die Sonne ihre Dejektion hat, nämlich in der Wage. Und umgekehrt, wo sie erhöht wird, hat er seine Erniedrigung. Saturn bewährt sich also auch hier als eine Art nächtlicher Gegensonne.

| Planeten | Häuser | | Erhöhungen | Erniedrigungen |
|---|---|---|---|---|
| | Taghäuser | Nachthäuser | | |
| ☉ | ♌ | | ♈ 19° | ♎ 19° |
| ☽ | | ♋ | ♉ 3° | ♏ 3° |
| ♄ | ♑ | ♒ | ♎ 21° | ♈ 21° |
| ♃ | ♐ | ♓ | ♋ 15° | ♑ 15° |
| ♂ | ♏ | ♈ | ♑ 28° | ♋ 28° |
| ♀ | ♎ | ♉ | ♓ 27° | ♍ 27° |
| ☿ | ♍ | ♊ | ♍ 15° | ♓ 15° |

Abb. 2. Tabelle der Häuser, Exaltationen und Depressionen

Eine andere in antiken Horoskopen gern beachtete Einteilung ist die nach den Bezirken (fines, griech. horia).

In jedem der zwölf Tierkreiszeichen gehört eine Anzahl von Graden jeweils einem der fünf Planeten, denn Sonne und Mond pflegen dabei von den meisten übergangen zu werden. Die Verteilung geschieht auf allerlei Art und war zwischen den verschiedenen Schulen sehr streitig. Es gab eine chaldaeische, eine ägyptische und mindestens noch zwei andere Methoden, die uns sämtlich überliefert sind. Die Bezirke sind mit dem zugehörigen Planeten so eng verbunden, daß sie die gleiche Bedeutung haben wie er selbst, auch ohne daß er sich gerade in Person in ihnen befindet.

Eine andere sehr alte Systematik stellte je 10 Grade des Tierkreises unter einen besonderen Gott. Die Einteilung des Tierkreises in 36 Dekane — so heißen diese Gottheiten von je 10 Graden oder auch von je 10 Tagen, da die Sonne ja, roh ausgedrückt, etwa einen Tag zum Durchlaufen eines Grades braucht — ist schon im babylonischen Schöpfungsepos angedeutet, wo Marduk für jeden Monat drei Sterne festsetzt. In Ägypten ist die Dekaneinteilung ebenfalls sehr alt und besonders gepflegt worden. Jeder dieser Dekane war dort ein Gott von grotesker tierköpfiger Gestalt. Man sieht sie im großen Tempel von Dendera, wo diese lange Reihe von Gestalten den äußersten Rand des Himmelsbildes füllt Tafel I Abb. 2. Die griechisch-römische Astrologie hat diese Dekane und ihre Namen mit mancherlei Varianten bewahrt.

Man findet sie ebensowohl in griechischen und lateinischen Texten wie auch auf Kunstdenkmälern von der Art der Marmortafel des Bianchini (Tafel XV Abb. 28), die für den Leser nun keine Geheimnisse mehr haben wird. Dieses merkwürdige Kunstwerk das, leider nur bruchstückweise, im Jahre 1705 auf dem Aventin in Rom ausgegraben wurde, zeigt in der Mitte die beiden Bären und den Drachen als Sinnbilder des Nordpols, um den der ganze Himmel sich dreht. Es folgt im ersten Ring von innen die Dodekaoros (s. o. S. 57 f.), dann zweimal der Zodiakus. Der schmale Streifen mit griechischen Buchstaben gibt die Gradzahl für die Bezirke in jedem Tierkreiszeichen. Dann folgen im äußersten Ring die 36 Dekane, je drei für ein Tierkreisbild, in einer durch asiatische Einflüsse modifizierten Gestalt: der Führer der ganzen Reihe, der 1. Dekan des Widders, trägt auf der Schulter ein Doppelbeil, das kretische, aber auch weit in Kleinasien verbreitete Göttersymbol, das auch zu den Attributen des in der römischen Kaiserzeit auf dem Aventin und in den Provinzen von den Soldaten viel verehrten Himmelsgottes von Doliche am Euphrat, des *Jupiter Dolichenus*, gehört. Am Rande aber sind die Büsten der Planetengötter angebracht: denn jeden dieser Dekane beherrscht in der Reihenfolge nach der Umlaufszeit ein Planet, der, wie die Astrologen sagen, sein Gesicht (*prosopon, facies*) in ihm zeigt und seinen Einfluß hier vor allem ausübt. Die hier erhaltenen oder ergänzten sind von rechts nach links Mars, Sonne, Venus, Merkur, Mond, Saturn, Jupiter; dann beginnt die gleiche Reihe von neuem. In den Ecken waren die vier Winde dargestellt. Der Sinn des ganzen Monuments läßt sich in kurzen Worten deutlich machen. Der innerste Ring, die Dodekaoros, bezeichnet die zwölf Tagesstunden; der nächste die zwölf Monate, der dritte die zwölf Jahre eines Zyklus; die Dekanreihe und die Planetenbüsten bezeichnen die Zehntagewochen mit ihren Regenten. So sind auf diesem Denkmal die großen Herren der Zeit vereinigt; wenn der Astrolog, der es benützte, je eine Marke auf eines der Felder in jedem Ring gelegt hatte, so konnte er auf einen Blick alle Vorteile oder Gefahren übersehen, die sich aus den zugehörigen Sternbildern und Sterngottheiten für den in Frage kommenden Zeitabschnitt ergaben. Zog man einen Ring mit ihrem Bild oder Zeichen an den Finger, so sicherte man sich für diesen Zeitraum vor ihrem bösen Willen. — Von der ungeheuren Zähigkeit, mit der sich alle diese Vorstellungen erhielten, gibt die Tatsache einen Begriff, daß noch in dem Steinbuch des Königs Alfonso X. von Kastilien (um 1250) der erste Dekan wie hier ein Beil trägt.

Die Wege, auf denen diese antiken Götterreihen nach Indien, Arabien und China so gut wie in das byzantinische und abendländische Mittelalter gelangten, sind oben angedeutet (S. 56 f.). Wer die berühmten Fresken des Cosimo Tura und seiner Genossen im Palazzo Schifanoia in Ferrara betrachtet, der wird mit Erstaunen erkennen müssen, daß der berühmte Maler, wie zuerst Warburg gesehen hat, sich hier ganz in der Rolle eines getreuen Illustrators dieser uns so fremd gewordenen, für die Renaissance noch so unmittelbar lebenskräftigen Texte gefällt.

Das Tafel XVII Abb. 32 als Probe mitgeteilte Bild gibt in seinem mittleren Streifen das Tierkreisbild des Stieres, unter dem das Mondgesicht vorschaut, da der Mond im Stier seine Exaltation hat. Über dem Stier aber und rechts und links von ihm stehen die Gestalten seiner drei Dekane, ziemlich genau so, wie sie jene indischen, arabischen und lateinischen Texte beschreiben: als erster Dekan eine geputzte Frau mit einem Kind; als zweiter ein weißer Mann mit Turban und Schlüssel in der starken Hand, als dritter ein seltsamer rothäutiger Ritter mit Eberzähnen, begleitet von Pferd und Hündchen, einen kleinen Drachen auf der Rechten. Während der hier nicht abgebildete unterste Streifen Vorgänge am Hofe darstellt, die auf diese Weise unmittelbar in das Leben des Kosmos eingefügt sind, zieht auf dem obersten Streifen Venus auf ihrem Schwanenwagen ein, denn sie hat ihr Haus im Tierkreisbild des Stiers. Rechts und links von ihr ist das verliebte und musikfrohe Treiben der Venuskinder dargestellt; die drei Grazien zeigen sich oben auf dem Felsplateau, und die zahlreichen Häschen dienen der gleichen Symbolik wie auf jenem Tizianschen Bilde, das man wenig bezeichnend die himmlische und irdische Liebe zu nennen pflegt. So wirken die Sterngötter einer grauen Vorzeit in der Kunst der frühen Renaissance weiter.

Mit den Häusern, Bezirken, Dekanen, Erhöhungen und Erniedrigungen ist eine Reihe fester Beziehungen zwischen den Planeten und den Tierkreiszeichen gegeben, die für die Deutung der Konstellation wesentlich sind. Die Hauptsache ist nun, an welchen Punkten des Himmels der Astrolog jeweils die Antwort auf die ihm gestellten Fragen zu suchen hat. Am wichtigsten ist dafür die Ermittlung des Teiles oder Grades der Ekliptik, der an dem gerade im Osten über den Horizont heraufkommenden oder aufgehenden Teile des Himmels steht, wenn jemand geboren oder irgend ein Unternehmen begonnen wird. Ursprünglich war es nicht so fast der aufgehende Punkt oder Grad der Ekliptik, auf den man achtete, als vielmehr ein Stern, der gerade im entscheidenden Augenblick im Osten stand: das war dann der Stunde oder des Menschen „Stern", den der Volksglaube sich mit einem jeden entstanden dachte und wieder mit ihm erlöschen ließ. Der Große und Reiche hatte natürlich einen glänzenden Stern, der Arme ein schwaches Lichtlein. So träumte das Volk, wie uns Plinius und Horaz (epist. II 2) sagen: der Stern ist da recht eigentlich der Schicksalsgenosse des Menschen. „Weh deinem Stern" ist ein spätgriechischer Fluch, der dem Menschen selbst gilt. Noch Heinrich Heine findet im Romanzero den Weg zu der alten volkstümlichen Vorstellung:

Traurig schau ich in die Höh',
Wo viel tausend Sterne nicken —
Aber meinen eignen Stern
Kann ich nirgends dort erblicken.

Hat im güldnen Labyrinth
Sich vielleicht verirrt am Himmel,
Wie ich selber mich verirrt
In dem irdischen Getümmel.

Mit solch naiv-farbiger Vorstellung kann der gelehrte Astrolog natürlich nicht arbeiten. Er heißt nicht umsonst „mathematicus"; seine Antwort auf die Fragen, die ihm von den Großen und Kleinen dieser Erde gestellt wurden, war ein kompliziertes Rechenexempel, das sich nicht allein mit der Beobachtung des Himmels, sondern nur mit Globus und Zirkel und astronomischen Tafeln zu Ende führen ließ. Das erste, was er genau wissen mußte, war aber stets der Punkt oder Grad der Ekliptik, der in dem in Frage stehenden Augenblick gerade aufging. Bei der Geburt eines Prinzen oder sonst eines Kindes aus reichem und vornehmem Hause saß daher der „Chaldaeer" nachts, wie uns erzählt wird, auf hoher Warte und ein anderer bei der in Wehen liegenden Frau, um der Sternwarte sofort durch ein Gongzeichen den Augenblick der Geburt zu melden. War doch selbst bei der Geburt Ludwig XIV. noch der Sterndeuter Morin in gleicher Absicht im Zimmer versteckt!

Der aufsteigende Punkt oder Grad der Ekliptik hieß der Aszendent; das aufgehende Tierkreiszeichen, in dem er sich befand, hatte ursprünglich den Anspruch auf den Namen Horoskop, d. h. „die die Stunde anschauende Stelle des Tierkreises": der Name ist aber dann auf das gesamte „Thema", die Stellung aller Sterne in einem bestimmten Augenblick, übergegangen; einer Sache oder einer Person ihr Horoskop stellen, heißt den ganzen Stand der Sterne für den entscheidenden Moment aufzeichnen. Drei weitere wichtige Punkte sind durch den Aszendenten bestimmt: erstens der Grad der Ekliptik, der im gleichen Augenblick in der Mitte des sichtbaren Himmels, im *Medium Caelum* oder *Mesuranema,* erscheint; sodann der Punkt im Westhorizont, *Occasus* oder *Dysis;* und endlich, der Himmelsmitte gerade gegenüber, das *Imum Caelum* oder *Antimesuranema,* der tiefste Punkt der sichtbaren Himmelshälfte. Diese vier Stellen sind die vier *Centra* oder *Cardines,* zu deutsch die vier Ecken. Für den gewöhnlichen Sterndeuter pflegt der Aszendent die Hauptrolle zu spielen, für die feinere astrologische Theorie dagegen ist die Himmelsmitte sogar noch wichtiger als der horoskopierende Punkt; und auch die dritte der Ecken, der Untergangspunkt, hat ihren Rang, während die vierte, das *Imum Caelum,* selbst von Ptolemaeus als zu nebensächlich ausgeschieden wird.

Vom Aufgangspunkte aus bestimmen sich nun die zwölf Orte (Loci) am Himmel, die man minder korrekt auch als Häuser bezeichnet. Das ist also im Gegensatz zu der festen Einteilung des Tierkreises in die zwölf Zeichen, eine bewegliche Teilung, deren Anfang sich jeweils durch den eben aufgehenden Grad des Tierkreises bestimmt. Von ihm aus werden zwölf Orte abgegrenzt, und in jedem dieser Orte findet man die Antwort auf gewisse Fragen, die man im Mittelalter in bequemer Weise in zwei Versen zusammenfaßt:

*Vita lucrum fratres genitor nati valetudo*
*Uxor mors pietas regnum benefactaque carcer.*

Im I. Orte (Horoskop genannt) wird über den ganzen Verlauf des Lebens, die Sphäre, in der es sich bewegt, entschieden; in II *(Inferna Porta)* über Besitz und Gewinn; in III *(Dea),* IV *(Hypogeion, Imum Caelum),* V *(Bona Fortuna)* holt man Auskunft über Brüder, Eltern, Kinder; in VI *(Mala Fortuna)* über Gesundheit und Krankheit; in VII *(Occasus)* über die Ehe; in VIII *(Mors)* erkundet man Todesart und Erbschaften; in IX *(Deus — Sol)* Religion und zugleich Reisen; in X *(Medium Caelum)* nicht nur Wohnort und Staat, sondern auch Ehren und Künste, Charakter und Lebensführung; in XI *(Bonus Genius)* Wohltaten und Freunde; und in XII *(Malus Genius)* Feinde und Gefangenschaft. Die Abbildung 3, die nach der Gewohnheit der Renaissanceastrologen die Kreisfigur (Abb. 7) zur Bequemlichkeit durch eine quadratische ersetzt, veranschaulicht dieses System. Wenn man es beispielshalber auf einen Krieg anwandte, so mußte der König wissen, in welchem dieser zwölf Häuser sich

Mars befand; war er im I., so ging es um das Leben, im II. um Schätze, im III. *(Dea)* um Erbberechtigung oder um weibliche Gottheiten, im IV. *(Imum Caelum)* um Land und Gräber der Ahnen, im V. um ein Weib oder eine Stadt (denn der V. Ort heißt ja *Bona Fortuna* oder *Tyche,* und jede antike Stadt hatte ihre Tyche, ihren Lebens- und Schutzgeist), im IX. um vernachlässigte Götter und Gesetze usf. Es kommt dann vor allem darauf an, welche Planeten in jenen Orten oder Häusern stehen. Auch die zwölf Orte selbst sind an Macht verschieden: die wichtigsten sind natürlich die an den *Centra* oder *Cardines* gelegen (I, IV, VII, X); wirksam sind auch noch V und IX, III und XI; schwach dagegen II, VI, VIII, XII. „Der Saturn unschädlich, machtlos, *in cadente domo*", sagt Seni befriedigt.

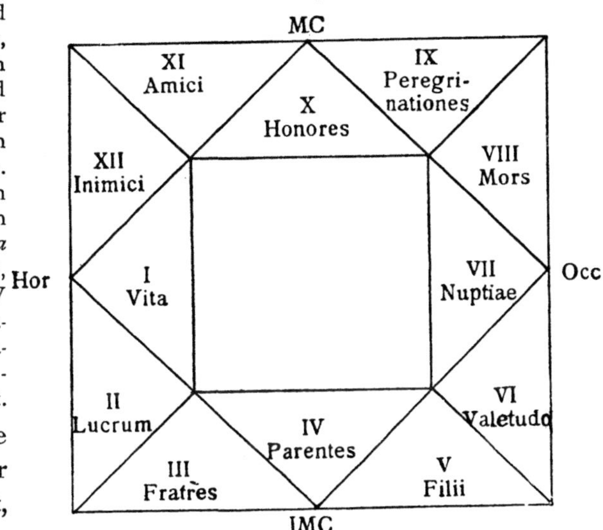


Abb. 3. Quadratur des Kreises der zwölf Orte.

Die wichtigste Lehre, die auch auf die anderen mehr oder weniger eingewirkt hat, ist die von den Aspekten (Radiationes, Schematismoi), die schon der babylonischen Astrologie angehört (s. S. 10); in der Eingangsszene von „Wallensteins Tod" spielt sie die entscheidende Rolle.

Abb. 4 veranschaulicht sie. Dem Widder liegt die Wage gerade gegenüber: das ist die Opposition (☍). Zieht man vom Widder zum Löwen und von da wieder zum Schützen und zum Widder Linien, so entsteht ein gleichseitiges Dreieck, ein Trigonum (△); die Zeichen sind zueinander im Gedrittschein (trigonal). Zieht man Linien vom Widder zum Krebs, von da zur Wage, Steinbock, Widder, so entsteht ein Quadrat oder Tetragonum, ein Geviertschein (□); und verbindet man Widder, Zwillinge, Löwe und so jedesmal das zweitnächste Zeichen, so entsteht ein Sechseck

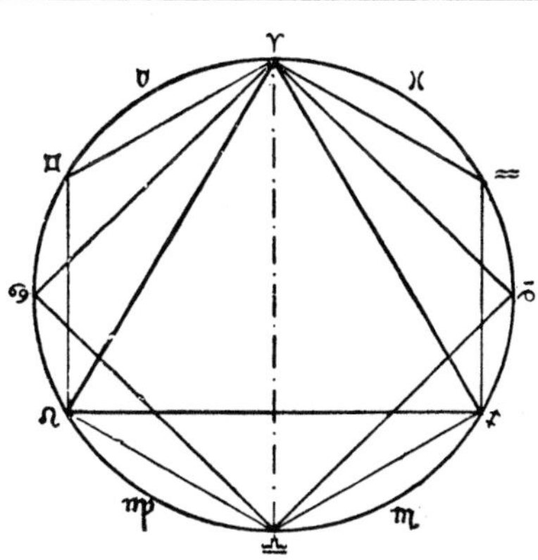

Abb. 4. Die Aspekte im Tierkreis.

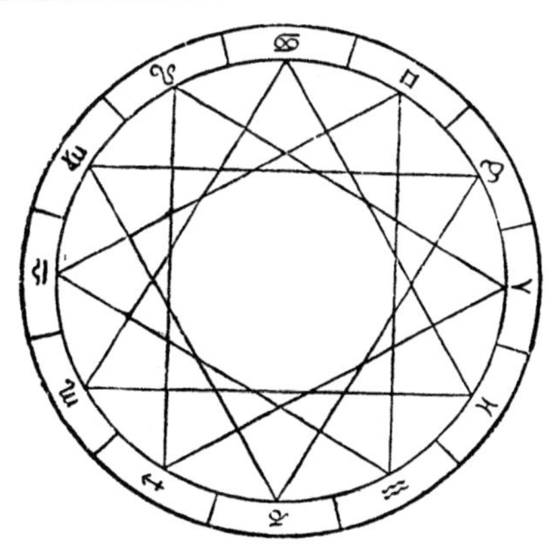

Abb. 5. Die Trigona im Tierkreis.

oder Hexagon, ein Sextilschein (✱). So kann man natürlich von jedem der zwölf Zeichen ausgehend die verschiedenen Möglichkeiten erschöpfen; es ergeben sich dann sechs mögliche Oppositionen, vier Dreiecke (Abb. 5), drei Vierecke, zwei Sechsecke. Steht nun ein Planet etwa im Widder, der andere in der Wage, und denkt man sich die Erde zwischen ihnen, so ist es klar, daß sie aus diametral entgegengesetzter Richtung ihre Strahlen auf sie schießen; das haben die meisten für ungünstig, nur wenige für günstig erklärt. Auch der Geviertschein gilt für ungünstig, dagegen sind günstig der Gedritt- und der Sextilschein.

Diese Lehre, die in den Kreis regelmäßige Figuren einzeichnet, mußte vor allem den Mathematiker anziehen. So haben schon die Pythagoreer hierin die tiefsten Geheimnisse harmonischer Weltschöpfung gefunden; Ptolemäus verbindet in seiner Harmonielehre diese mathematischen Verhältnisse mit dem Zusammenklang der Sphären, und Kepler hat nicht nur im *Mysterium cosmographicum* (1596), sondern noch im *Tertius interveniens* (1610) in den durch „die harmonische Zusammenfallung zweier Lichtstrahlen, so man *Aspectum* nennt“, herbeigeführten Wirkungen, vor allem auf das Wetter, den Beweis gesehen, „daß die Natur Gottes Ebenbildt und die Geometria *archetypus pulchritudinis mundi* seye“ und darauf bestanden, „daß die Erfahrung mit den Aspekten gewiß sey“.

So hat man wie bei den einzelnen Tierkreiszeichen (s. oben S. 53), nur mit feinerer Kunst und in teilweisem Widerspruch dazu, auch in den Dreiecken und Vierecken alle irdischen und himmlichen Dinge in unerschöpflicher Systematik untergebracht und das Prinzip wieder in alle Naturwissenschaften getragen; wie man die zu je dreien aufeinanderfolgenden Tierkreiszeichen des Frühlings (♈ ♉ ♊), Sommers (♋ ♌ ♍), Herbstes (♎ ♏ ♐) und Winters (♑ ♒ ♓) nach dem Wesen der Jahreszeiten zusammengefaßt hatte, so ergab sich nun aus dem Wesen der Tierkreiszeichen selbst das Dreieck Widder, Löwe, Schütze als feurig (zugleich auch als königlich), Stier, Jungfrau, Steinbock als irdisch, Zwillinge, Wage, Wassermann als luftig und Krebs, Skorpion, Fische als wässerig. All die übrige Systematik von Qualitäten und Säften und Temperamenten schloß sich auch hier von selbst wieder an.

Nur eine dieser Anwendungen mag hier noch etwas näher erörtert werden, nämlich die astrologische Geographie und Ethnographie. Wenn man am Himmel Aufschluß suchte über das, was auf Erden geschehen sollte, so mußten gewisse feste Gleichungen zwischen den Himmelsrichtungen hier und dort angenommen werden: man mußte unmittelbar aus den Sternen lesen können, ob ihre Drohung oder Verheißung einem Lande im Osten oder Westen, im Norden oder Süden galt.

Ein in griechischer Sprache überliefertes System, das noch in die Zeit der ungebrochenen persischen Macht zurückgehen muß (vgl. oben S. 9), verteilt die Hauptländer der Erde auf die zwölf Tierkreiszeichen: ♈ Persien, ♉ Babylon, ♊ Kappadokien, ♋ Armenien, ♌ Kleinasien, ♍ Hellas und Jonien, ♎ Libyen und Kyrene, ♏ Italien, ♐ Cilicien und Kreta, ♑ Syrien, ♒ Ägypten, ♓ Rotes Meer und Indien. Persien als das weltbeherrschende Reich steht an der Spitze; Kappodokien gehört zu den Zwillingen, weil es eine Doppelsatrapie ist; der Löwe war von jeher das heilige Tier der Lyder und Phryger; und das Nilland gehört ebenso natürlich zum Wassermann wie das Rote Meer zu den Fischen. Den Steinbock aber verbindet noch die Prophezeiung des Daniel, die im 2. Jahrh. v. Chr. unter Antiochus IV. Epiphanes entstanden ist, mit dem Reich der Seleukiden, also mit Syrien.

Aber die griechische Ethnographie benützt das zu dem sinnreichen Gedanken, auch die Eigenart aller Völker aus den Sternen abzuleiten, und sie verwertet dazu die Dreiecke im Tierkreis. Ptolemaeus teilt die ganze bewohnte Erde in vier große Abschnitte in Dreiecksgestalt, im Einklang mit gewissen Methoden der griechischen Geographie — die Ökumene ließ sich ohne zuviel Gewalt so zerlegen — und setzt diese irdischen Dreiecke in Vergleich mit den vier himmlischen Trigona und den zugehörigen Planeten; aus ihrem Charakter ergibt sich dann das Wesen der Völker, die in jenen Teilen der Erde wohnen. Es ist in der Tat merkwürdig, wieviel sich, wenn man den fiktiven Untergrund einmal zugesteht, von den eigentümlichen Sitten und Gebräuchen der einzelnen Völker, ihrem Gesamtcharakter, auf diese Weise zu erklären scheint. Geistige Anlage, Kulturzustand und Religion, Besitz und sexuelle Ethik der Völker, Kampfeslust oder Friedfertigkeit, Tracht und Nahrung und die Gebräuche bei der Bestattung, all das ergibt sich, freilich nur für die enge Zufallswelt der dem Altertum bekannten Länder, ganz von selbst mit überraschender Folgerichtigkeit, wenn auch mit starker Vereinfachung und Schematisierung des Mannigfaltigen, aus jenen Gestirnen, unter deren Walten der Urwille des Schicksals von Anfang an die Völker gestellt hat. So konnte man auch dem schwerwiegenden Einwand begegnen, wie es kommen möge, daß trotz aller Verschiedenheit der Geburtsstunde beispielshalber die Juden in allen Ländern streng ihr Gesetz beobachten. Die „allgemeine" Astrologie hat eben den Vorrang vor der individuellen Genethlialogie und bestimmt die Geschicke eines jeden auch durch die Gesetze, die seinem ganzen Land und Volk in den Sternen geschrieben sind.

So ist der Lebensgang des einzelnen nicht lediglich durch sein spezielles Horoskop bedingt. Ein generelles Gesetz äußert sich auch im Unterschied der menschlichen Lebensalter. In ihnen übergeben einander die sieben Planeten, in ihrer natürlichen Reihenfolge von unten nach oben, das Zepter. Dem wandelbaren Alter des wechselnden Mondes, der frühesten Kindheit folgt das des Merkur, wo die ersten Kenntnisse gewonnen werden; dann das der Venus, die in den leidenschaftlichen Erregungen des ersten Jünglingsalters ihre Macht bewährt; darauf die Sonnenhöhe des Lebens, die ersten zwei Jahrzehnte der männlichen Vollkraft und des Strebens ins Weite. Die Herrschaft des schlimmen Mars bringt die Wendung zu den Kämpfen, Bitternissen und Enttäuschungen, die das spätere Mannesalter erfüllen. Noch einmal kommt unter Jupiters mildem Zepter ein Höhepunkt des Lebens, das erste Greisenalter, das ruhig und weise auf Lust und Leid des Lebens zurückschaut und immer noch freudig an ihm teilnimmt; und zuletzt, mit dem erdfernen, trüben, langsamen Stern des Saturn das hohe Alter, wo die Lebenskräfte langsam erkalten und erstarren. Die bildende Kunst hat den dankbaren Vorwurf nicht übersehen und in verschiedener Gestaltung bis zu den Jahrmarktsbildchen hinab noch heute festgehalten. Aber auch der größte Dichter, Shakespeare, legt seinem melancholischen Jaques („Wie es euch gefällt“) jene bittere Charakteristik der „seltsam wechselnden Geschichte“ in den Mund, die in sieben Akten das menschliche Leben darstellt und ihre Bestimmung durch die Planeten noch aufs deutlichste durchschimmern läßt. Und Schopenhauer hat, gewiß im Scherz, aber zum Schluß doch wieder in ganzem Ernst an die Grundthesen seiner eigenen Philosophie erinnernd, die alte astrologische Theorie am Schlusse seines erfahrungsreichen Kapitels „vom Unterschied der Lebensalter“ (Parerga und Paralipomena) in geistvoller Weise erneuert.

Zu jenem Schicksalswalten der Planeten, das nicht bloß ein jedes Einzelleben, sondern den sich ewig wiederholenden Gesamtverlauf der Dinge bestimmt, gehört nun endlich auch die Rolle der Zeitregenten, von denen schon gelegentlich die Rede war. Sie leben noch heute unter uns. Zwar wissen nur wenige noch von den vier oder den sieben Weltaltern, und der Jahresregent ist aus unseren Kalendern wohl verschwunden. Aber mit den Namen der Wochentage bekennt sich die Sprache noch immer zu einem Stück Astrologie, das einst im 3. Jahrhundert n. Chr. die römischen Soldaten nach Gallien und an den Rhein getragen und auf den Reliefs der Gigantensäulen dargestellt haben. Im Deutschen wurden die römischen Planetengötter zumeist durch entsprechende deutsche Gottheiten ersetzt; aber nicht nur in den romanischen Sprachen, sondern auch im Englischen, wo z. B. der Samstag Saturday heißt, haben sie sich gehalten, und auch im bayrischen Dialekt ist Ertag (Dienstag) wohl nichts anderes als Arestag. Diesen Rest des alten Glaubens hat aller Widerstand der römischen Kirche nicht auszurotten vermocht.

Wenn man nun weiterhin noch den Ursprung dieser den Wochentag beherrschenden Götter aus den Gottheiten der Stunden bedenkt (denn erst durch die der Planetenreihe nach der Entfernung von der Erde folgende Anordnung der Stundengottheiten sind die Tagesgötter in ihrer Aufeinanderfolge — Saturn, Sonne, Mond, Mars, Merkur, Jupiter, Venus — bestimmt, man vergleiche Abb. 6); wenn man dazu die freilich weniger bekannten und genannten Gottheiten von Fünf- oder Zehntagewoche und Monat, von Jahr und Jahrhundert und Weltalter rechnet, so kann man ohne Übertreibung sagen, daß der Mensch der Zeiten, die von diesem Glauben durchdrungen waren, sich in jedem Augenblick siebenfach gebunden gefühlt hat an den Gang der großen Weltuhr, ein Leben so kosmisch verankert, daß der ganze Himmel jeden Augenblick auf dem einzelnen Menschendasein zu lasten scheint und man mit einem römischen Rhetor von jenen zahllosen Göttern sprechen kann, die um ein einziges menschliches Haupt tumultuieren.

Abb. 6. Heptagramm der Wochentagsgötter.

Nur die Grundzüge des astrologischen Systems sind mit alledem vorgeführt, und nur eben die wichtigsten. Dem Leser, der des trockenen Tons nun sicherlich satt ist, wird zum Schluß ein konkretes Beispiel nicht nur zu einiger Erholung dienen, sondern wohl auch das Gesagte ein wenig erhellen und die Leichtigkeit veranschaulichen, mit der sich die ungeheure Fülle der Deutungsmöglichkeiten des Himmelsbildes auf einen bestimmten Fall anwenden läßt. Je allseitiger sich in diesem die ganze Breite des Menschenlebens abspiegelt, desto besser wird die Aussicht werden, davon auch in dem unerschöpflichen Kaleidoskop des mythischen Himmels vieles wiederzufinden; der glückliche Zufall und — ein wenig Phantasie darf freilich auch nicht ganz fehlen.

Der hervorragende Mann, dessen „Thema" oder Horoskop ich nachstehend prüfen will, ist am 28. August 1749 mittags mit dem Glockenschlage zwölf in Frankfurt am Main zur Welt gekommen. „Die Konstellation war glücklich", sagt Goethe selbst von dieser Stunde seiner Geburt am Anfang von „Wahrheit und Dichtung"; und das hat sich auch mir als richtig erwiesen. Die klassische Stelle soll auch in ihrer Fortsetzung, der ich allerdings nicht durchweg werde recht geben können, zur Bequemlichkeit des Lesers hier nicht fehlen. „Die Sonne stand im Zeichen der Jungfrau und kulminierte für den Tag; Jupiter und Venus blickten sie freundlich an, Merkur nicht widerwärtig; Saturn und Mars verhielten sich gleichgültig: nur der Mond, der soeben voll ward, übte die Kraft seines Gegenscheins umso mehr, als zugleich seine Planetenstunde eingetreten war. Er widersetzte sich daher meiner Geburt, die nicht eher erfolgen konnte, als bis diese Stunde vorübergegangen. Diese guten Aspekte, welche mir die Astrologen in der Folgezeit hoch anzurechnen wußten, mögen wohl Ursache an meiner Erhaltung gewesen sein; denn durch die Ungeschicklichkeit der Hebamme kam ich für tot auf die Welt . . ."

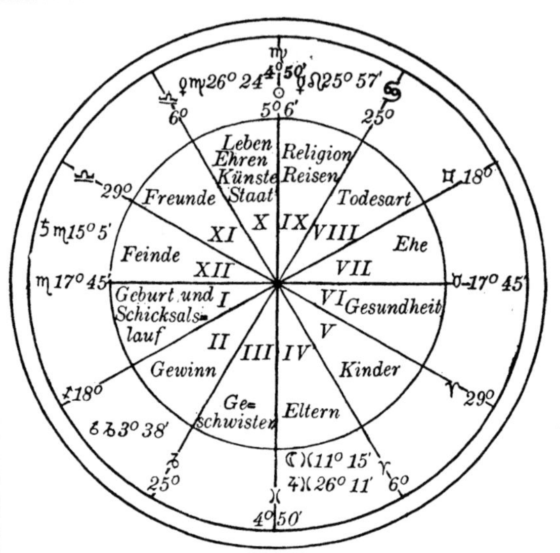


Abb. 7. Goethes Horoskop.

Die nötigen astronomischen Unterlagen des Horoskops hat mir ein geübter Rechner der Heidelberger Sternwarte mit einem Zeitaufwand von etwa einer Woche geliefert, doch wurde ich dann auf eine frühere Ausrechnung in Pearces Textbook of Astrology hingewiesen, deren bis auf Minuten genaue Angaben dem folgenden Horoskop zugrunde liegen. An der Zeichnung (Abb. 7) kann der Leser meine Deutung nachprüfen. Diese beruht nicht auf den Grundsätzen der „modernen" Astrologie, sondern auf denen der antiken; und zwar fast durchweg nicht auf dem komplizierten System des Ptolemaeus, sondern auf der einfacheren hellenistischen Theorie, die bei der Mehrzahl der älteren griechischen und römischen Schriftsteller vorliegt. Von Uranus und Neptun, wie ihn, nach Schopenhauer, „die Gedankenlosigkeit getauft hat", statt ihn Eros zu nennen, sehe ich schon deswegen ab, weil sie sich erst dem Fernrohr erschlossen haben.

Beginnen wir mit dem, was über Goethes Eltern aus dem Thema zu ersehen ist. „Desselben Dinges Vater ist die Sonne, desselben Mutter ist der Mond; desselben Dinges Amme ist die Erde", sagt Hermes Trismegistos nach Joseph Görres' Übersetzung in der schönen alten Heidelberger Romantikerzeitschrift für Einsiedler. Und zwar müssen wir nach der Anweisung des Dichters Dorotheos prüfen, in welchem Bezirk und Zeichen die Sonne und der Mond stehen und neben welchen Sternen. Die Sonne ist im Zeichen der Jungfrau: der Vater wird danach nicht ohne geistige Interessen sein, tätig, aber unfruchtbar wie die Jungfrau, ein guter Haushalter, der sich aber viel Sorgen macht. Der „Bezirk" ist der des Merkur; daher mag er gesetzeskundig, also Jurist, methodisch und doch unbeständig geworden sein. Viel unzweideutiger noch scheint der Mutter Frohnatur gezeichnet. Der Mond, der noch nicht lange voll geworden ist, also fast genau im bedeutsamen Gegenschein zur Sonne, dem Vertreter des Vaters, steht, befindet sich hier nach den meisten antiken Systemen im Bezirk des Jupiter; dazu auch in dessen Haus; und ist obendrein von dem Jupiter selbst, der im selben Zeichen, seinem eigenen Nacht- oder Mondhause, steht, nur durch 11 Grade getrennt. Da mußte die Mutter sicherlich eins von den „hellgebornen, heiteren Joviskindern" sein! Daß der Vollmond schon vorüber ist, „mindert die Trockenheit", wirkt also auch im Sinne des warmfeuchten Jupiter. Auf den Kinderreichtum der Mutter kann man aus dem Stand des Mondes in den Fischen schließen; da aber der III. Ort fast ganz im Wassermann, dem Haus des Saturn steht, so wird den übrigen Kindern nicht allzuviel Glück zu prophezeien sein.

Und nun zu Goethe selber! Zweierlei dominiert in seinem Horoskop glänzend: die Sonne und Venus. Es ist Mittagsstunde: die Sonne kulminiert, sie ist genau im *Medium Caelum,* also an der stärksten Stelle des Horoskops, und nicht sehr ferne von dem strahlenden Königsstern im Löwen; und es ist Hochsommer. Wenn sonst alles in Ordnung ist — und ich sehe keine Störung durch schlimmen Geviert- oder Gegenschein —, so muß das einen Mann geben, der ein König in seiner Sphäre ist, dem Verstand, Klugheit, Wohlgestalt in hohem Maße zukommt; der wie der allschauende Helios zum Sehen geboren, zum Schauen bestellt ist; selbst fast ein Sonnengott, dessen Namen die Heidelberger Romantik (Achim von Arnim) durch das astronomische Zeichen für die Sonne (☉) ersetzt, ein *„Phos noëron",* ein vernunftbeseeltes Licht, wie die Sonne bei den alten Astrologen und Neuplatonikern hieß. Wenn man nach den Regeln der Kunst seine Religion im IX. Haus des Horoskops erforscht, das im Tierkreiszeichen des Löwen liegt, also in dem kosmischen Haus wiederum der Sonne, so wird man sein Bekenntnis zur „Allmächtigen Sonne" verstehen, von Wanderers Sturmlied (älterer Fassung) bis zu dem wundervollen letzten Gespräch mit Eckermann, daß er durchaus bereit sei, die Sonne zu verehren als die mächtigste Offenbarung Gottes. Ihm werden Statuen gesetzt gleich Helios, der im Hause der Ehren (X) ist, und sein ganzer dort zu lesender Lebenslauf wird so sein, wie er selber an Frau von Stein schreibt: „Das meiste, dessen ich persönlich fähig war, habe ich auf den Gipfel des Glückes" — astrologisch ausgedrückt die Kulmination — „gebracht, oder sehe vor mir: es wird werden." Da das X. Haus, welches Leben und Taten, Ehren und Künste, Staat und Wohnort anzeigt, ins Zeichen der Jungfrau fällt, eines menschlichen Tierkreisbildes, so wird, wie schon früher (S. 53) bemerkt, er sich dem Menschenwürdigsten hingeben, der Kunst und der Forschung, auch der Beförderung des Gewerbefleißes. denn die Jungfrau ist das Tageshaus des Merkur. Und da der König Helios dort steht, so wird Goethe wohl nicht dauernd Republikaner bleiben, sondern an einem Fürstenhof leben. Es läßt sich das auch daraus erschließen, daß der im Osten aufsteigende Grad des Tierkreises, der Aszendent, ziemlich im Gedrittschein zu Jupiter steht: das bewirkt nach Firmicus Menschen von großen Glücks- und Geistesgaben, ruhmvoll und stolzen Sinnes, die „ihrer geistigen Bestrebungen wegen" in eine fremde Stadt übersiedeln.

Außer der Sonne spielt noch ein Planet eine besonders große, ja noch größere Rolle in diesem Horoskop; das ist die Venus. Der schöne, glückbringende Stern herrscht nach dem „chaldaeischen" System auch in dem Bezirk, in dem die Sonne steht. Aber Venus selbst steht ebenfalls im X. Haus; und ist es schon dadurch gewiß, daß ihm die Frauen viel Ehren erweisen, so spricht das XI. Haus, das Haus der Freunde, erst recht dafür, daß sie ihm herzlich wohlgesinnt sein werden, da das Tierkreiszeichen dieses Hauses, die Wage, das Tageshaus der Venus ist. Aber die Rolle der Venus in diesem Horoskop ist auch darüber hinaus doch ganz erstaunlich. Abgesehen von Merkur stehen sämtliche Planeten, auch Sonne und Mond und Venus selbst, in Dreiecken, deren Tagesregent Venus ist; und es handelt sich ja um eine Tagesgeburt. Daß Merkur, der Planet der Redekunst und des vernünftigen Denkens, in dem Dreieck steht, dessen Tagesherrscher die Sonne ist, verstärkt die günstige Voraussage nach einer anderen Seite hin. Da Merkur der Sonne vorausgeht, also Morgenstern ist, wird er männlicher; da die Venus Abendstern ist, so wird sie weiblicher: beide stärken also ihre Kraft. — Zur Sonne gehört das Gold, zur Venus der Schmuck. „Urahnfrau liebte Schmuck und Gold, das zuckt wohl durch die Glieder": doppelt natürlich, wenn es auch die Sterne so wollten!

Es ist neben alledem nicht ganz zu übersehen, daß Venus nur einen halben Grad von ihrer Depression entfernt steht; daraus mag man so manche schwere Erfahrung in Goethes Liebesleben erklären. Da ferner Venus mit der Sonne in gleichem Zeichen steht und gewisse Umstände zutreffen, so ist für seine Heirat ein Herabsinken des Standes zu erwarten; er wird entweder eine arme Frau oder gar eine Magd heiraten. Man ahnt — Christiane Vulpius in Weimarer Beleuchtung. „Ach, am Ende war ich König, aber ohne Königin."

Mond und Jupiter sind zusammen in einem Haus (und zwar in einem des Jupiters selbst, den Fischen); das bedeutet nach Valens gute, begüterte, wohlgestaltete Menschen, die von Frauen und vornehmen Persönlichkeiten gefördert werden und Geschenke und Ehren und ansehnliche Würden empfangen: der Geheimerat und Minister kündigt sich an. Nach Firmicus wird er seine Eltern an Ansehen übertreffen. Übrigens ist Goethe nicht ganz gut unterrichtet gewesen, wenn er für den Jupiter „freundliches Anschauen" annimmt, während er doch fast in Opposition zur Sonne und ganz zur Venus steht: es gibt zwar eine Theorie, die den Gegenschein so günstig auffaßt (s. o. S. 63), aber Goethe selber scheint sie nicht gebilligt zu haben, denn er hebt die Opposition des Mondes dann als störend hervor. Auch daß Mars sich gleichgültig verhalten habe, wie Goethe meint, ist schon insofern nicht ganz richtig, als er der Tagesherr des Aszendenten (Skorpion), also des I. Hauses ist. Im Umkreis dieses Lebens wird es also an Kampf und Krieg nicht fehlen können. Daß dagegen Sonne und Mars ziemlich im Gedrittschein zueinander sind, macht nichts aus, da Mars durch sie „blockiert" ist.

Goethe bemerkt, daß der Mond mit der Kraft seines Gegenscheines sich umso stärker seiner Geburt widersetzt habe, als gerade seine Planetenstunde eingetreten sei, und daß daher seine Geburt erst habe erfolgen können, als diese Stunde vorübergegangen war. Da der Mond vor allem den menschlichen Körper gestaltet (s. oben S. 46f.) und nach einer antiken Theorie den Embryo im letzten Schwangerschaftsmonat beherrscht, so begreift man leicht, daß eine Geburt gegen seinen Willen nicht gelingen kann. Allein der 28. August 1749 war ein Donnerstag, *dies Jovis (Jeudi, Giovedi),* und am Jupitertag gehört die erste Stunde natürlich dem Jupiter, die zweite bis fünfte Mars, Sonne, Venus, Merkur, die sechste dem Mond; dann beginnt wiederum die Reihe der Planeten von oben nach unten (s. o. S. 44 und 46): 7. Stunde Saturn, 8. Jupiter, 9. Mars, 10. Sonne, 11. Venus, 12. Merkur, 13. Mond. Also gehört erst die Stunde von 12—1 Uhr dem Mond; Goethe ist somit nicht nach Ablauf dieser Planetenstunde, sondern vielmehr bei ihrem Beginne geboren worden. Der Mond hat sich also dem Dichter, dem noch im höchsten Alter das Herz in der Mondnacht schneller schlug, auch bei seiner Geburt schon freundlich bewiesen.

Saturns Rolle in dem Horoskop ist nicht ganz unbedenklich, zumal er im Haus der Feinde steht: alles Altgewordene, Versteinerte, alles, dem sein Wesen „im stillen ein ewiger Vorwurf ist", wird sich gegen ihn zur Wehr setzen, wie der entthronte Sonnengott — das ist Saturn (s. o. S. 5 und 48f.) — gegen den herrschenden. Auch daß der Aszendent dem Saturn dicht folgt und dabei in dem schlimmen Skorpion liegt, wirft einige Schatten auf dieses Leben; mindestens eine gewisse Verschlossenheit wird das als „rätselhaft" geltende Tierkreiszeichen, im Verein mit dem versteckten Wesen des Saturn, im höheren Lebensalter verursachen; aber auch, als ein auf der Erde kriechendes Tierkreiswesen, in dem der „erdige Planet" Saturn steht, jene starke Diesseitigkeit, die sich „in derber Liebeslust mit klammernden Organen" an die Erde hält.

Vielleicht ließe sich die Wirkung des Saturn in diesem Horoskop aber auch noch anders deuten. Es haben nicht viele Minuten gefehlt, daß Goethes Geburt unmittelbar mit dem Aufgang des Saturn zusammengefallen wäre, statt ihm nur sehr knapp nachzufolgen. Wäre das erstere wirklich eingetroffen, so hätte Saturn, nach den Worten Keplers im Horoskop Wallensteins von 1609 (und ziemlich genau auch nach der antiken Theorie), „müßige, melancholische, allzeit wachende Gedanken, Alchymiam, Magiam, Zauberei, Gemeinschaft zu den Geistern, Verachtung und Nichtachtung menschlicher Gebote und Sitten, auch aller Religionen" gebracht. Mit anderen Worten; es wäre ein Faust, etwa in der Art des Volksbuches, aus Goethe selbst geworden. So ist diese Möglichkeit in der Stunde seiner Geburt an ihm gerade noch vorbeigeschwebt. Ihr Bild aber ist ihm eingeprägt geblieben, und statt des Magiers Faustus ward — der Dichter des Faust.

Über den Aszendenten im Skorpion läßt sich noch einiges sagen. Er liegt im 18. Grad des Skorpions, gehört also seinem zweiten Dekan an. Das weist auf einen mühebeladenen Mann und auf Kinderlosigkeit, aber auch auf festen Sinn und auf eine Stellung bei einem großen Herrn. Auf wenig Glück mit Nachkommenschaft deutet abermals Mars als Herr des V. Hauses, des Ortes der Kinder. Dafür aber gewährt der Aszendent im Skorpion die Aussicht auf langes Leben, denn der Skorpion gehört zu den langsam aufsteigenden Zeichen. Die Frage nach der Lebensdauer eines Menschen ist allerdings sehr verwickelt und über die rechte Methode gehen die Meinungen hier besonders weit auseinander. Nehmen wir als einen nicht ganz unebenen (und nicht gar zu zeitraubenden) Weg die in einem antiken Horoskop verwendete Annahme, daß der Geburtsherrscher und „Spender des Lebens" *(dator vitae)* jener Planet sei, der sich im gleichen Zeichen mit der Sonne befindet, so kommen wir auf Venus. Sie verleiht als Maximum nach fester Theorie — 82 Jahre. Mehr als ein halbes darüber war auch diesem großen Glücklichen nicht beschieden. „Die Zeit wird Herr, die Uhr steht still. . ."

Von den Freunden ist noch ein Wörtlein zu sagen. Das Haus der Freunde, auch der weiblichen, steht hier in der Wage. Dieser, als dem Zeichen des Herbstbeginnes ist es eigen, das Vorhandene zu vermindern; man bedarf keines Kommentars: die Erfahrungen mit Herder; der Bruch mit Frau von Stein; der Tod Schillers. Und noch etwas über die Reisen: siehe das IX. Haus. Darin ist der Löwe; der gehört der Sonne. Also wird es diesen Sonnenliebling „nach der Sonne frieren", dorthin, wo „Phöbus rufet, der Gott, Formen und Farben hervor". Leider ist die astrologische Geographie (s. o. S. 64f.) fast zu sehr mit sich uneins, als daß man sie nach dem näheren Wohin der Reisen ohne Bedenklichkeit befragen könnte; immerhin, um die größte Autorität zu konsultieren: beim Ptolemäus sind zwei Drittel der Länder, die zum Löwen gehören, die folgenden: Italien, Sizilien und Frankreich. Nach Frankreich hat ihn freilich nicht die Sonne, sondern der Mars geführt.

Soviel zu Goethes Horoskop: genug wohl für die große Mehrzahl der heutigen Leser, die diesem Scherz vielleicht einen stärkeren Verdacht eines „*corriger la fortune*" entgegenbringen werden, als meinem guten Gewissen entspräche: es ist kein Satz darin, den ich nicht aus den antiken Zeugen belegen könnte. Allerdings: der Verfasser konnte nicht gut vergessen, was er von Goethes Leben weiß. Wäre mir unbekannt gewesen, wessen Horoskop vor mir lag, oder hätte ich ein anderes antikes System gewählt, das nicht besser und nicht schlechter als das hier gebrauchte ist, so wäre nicht wenig im Dunkel geblieben, was jetzt in heller Beleuchtung erscheint, und anderes, minder Zutreffendes hervorgetreten — z. B. daß der Träger dieser Geburtskonstellation dem Biß wilder Tiere erliegen werde. Und wenn das Schicksal wirklich in den Sternen stünde, so müßte unvermeidlich jedes in dieser Minute geborene Frankfurter Kind Goethes Gaben und Schicksale geteilt haben. Aber „welcher Astrologus einige Sache bloß und allein aus dem Himmel vorsagt und sich nicht fundiret auf das Gemüth, die Seele, Vernunft, Kraft oder Leibesgestalt desjenigen Menschen, dem es begegnen soll, der geht auf keinem rechten Grund, und so es ihm schon gerate, sey es Glückschuld", sagt Kepler. Anders gesagt: der Astrolog wird gleich andern Zeichendeutern in den Befund immer wieder ohne Arg hineinlesen, was er erwartet. Und aus den himmlischen Buchstaben kann man nicht weniger Worte zusammensetzen als aus den irdischen.

Ein anderes ist nützlicher zu bedenken als diese Selbstverständlichkeiten, die man denen sagt, die sie nötig haben. Es ist eine ebenso sichere wie nachdenkliche Tatsache, daß vor der Sternenschrift dieses Horoskops, „die heiligen Sinn nicht jedem offenbart", ein paar Jahrhunderte früher fast jeder der großen Geister der Renaissance nicht weniger ergriffen gestanden hätte als Goethe selbst vor Schillers Schädel.

Was kann der Mensch im Leben mehr gewinnen,
Als daß sich Gott-Natur ihm offenbare —

das war es im Grunde, was diese Sterndeuter gemeint und, in ihrer Sprache freilich, verkündet haben. Und ihrer Zeit schien diese Sprache so wenig ein dunkles und lebloses Rätselwesen wie dem heutigen Naturforscher seine chemischen Formeln.

## VI. DER SINN DER ASTROLOGIE

*Cognata ad sidera tendit* (Leibniz).
(Verwandtes sucht, der zu den Sternen strebt.)

„Wie versteht es die Astrologie, die Hoffnung aufzustacheln!" ruft der große Gegner der Sterndeutung, Pico della Mirandola, aus. „Mit welcher Dreistigkeit gesellt sie sich dem Kreise der Wissenschaften zu! Sie ist die Verderberin der Philosophie, beschmutzt die Medizin und legt die Axt an den Stamm der Religion. Dem Menschen raubt sie die Ruhe und erfüllt ihn mit ängstigenden Bildern. Den Freien macht sie zum Sklaven. Sie lähmt seine Tatkraft und wirft ihn auf das Meer des Unglücks hinaus." So hätte ein Gegner der Astrologie ebensogut im sinkenden Altertum wie Jahrhunderte vor und nach Picos Lebenszeit klagen können. Sie war durch die bitterste Polemik nicht zu vernichten.

Wie ist diese hartnäckige Lebenskraft der Astrologie verständlich? Was war es, daß nicht nur die gemeine Neugier und Zukunftsbangigkeit, sondern der frömmste Sinn und der reine Wahrheitsdrang hier etwas zu finden hofften und zwar sehr viel mehr als die bloße Vorausverkündigung eines kleinen Einzelschicksals? Die wissenschaftliche Betrachtung wird diese Frage nicht von sich weisen dürfen. Denn es hieße auf geschichtliches Verständnis verzichten, wollte man eine Lehre, die Jahrhundert um Jahrhundert die ernstesten Köpfe in ihren Bann gezogen hat, lediglich als eine törichte Verirrung abtun.

Die Astrologie will Religion und Wissenschaft zugleich sein: das bezeichnet ihr Wesen. Wenn der moderne Mensch von der unbedachten Vermischung dieses Paares nur ein Zwitterkind erwarten wird, so herrscht kein Zweifel, daß die vorkantische Zeit darin meist anders gedacht und empfunden hat. Ihr erschien die Zugehörigkeit zu Religion und Wissenschaft von vornherein als ein Vorzug, nicht als ein Einwand oder eine Gefahr. An den wissenschaftlichen Grundlagen und Ergebnissen der Astrologie bestätigt sich der Glaube; und an der Nachhaltigkeit eines seelischen Erlebnisses erfrischte sich die noch so oft betrogene Hoffnung des redlichen Forschers immer von neuem.

Dem wissenschaftlichen Ansehen der Astrologie kam eine Reihe von Umständen zugute. Schon die bloße Tatsache, daß hier eine uralte, Jahrtausende umspannende Tradition auftrat, sicherte der Sternenlehre bei Griechen und Römern wie in der neueren Zeit ein besonderes Vertrauen; ein doppeltes natürlich bei allen Völkern des Orients, wo die Überlieferung der Väter an sich schon den wissenschaftlichen Beweis zum guten Teil ersetzt. Eine Ehrfurcht und ein Reiz eigener Art aber umgibt die Astrologie wegen ihrer ständigen Verbindung mit der Astronomie, der strengen Wissenschaft von der Bewegung und Verteilung der großen Körper im Weltall. Von den Babyloniern und dem Griechen Hipparch bis herab zu Kepler sind es die gleichen Gelehrten, die mit mehr oder weniger Hingebung der einen wie der anderen dienen. Die Voraussagungen der Astronomie in ihrer untrüglichen Bestimmtheit und Gewißheit übertrugen sich in der Phantasie des Laien und des Forschers von selbst auch auf die der Astrologie: ein Stück wenigstens von der Unfehlbarkeit jener reinen Wissenschaft mußte auch ihr zugute kommen, da auch sie auf den unabänderlichen Bewegungsgesetzen der Gestirne beruhte und auch in ihr das mathematische Denken immer neue Befriedigung fand. Denn wie ein geheimnisvoll bekräftigendes Siegel einer prästabilierten mathematischen Harmonie des Weltalls schienen sich gewisse heilige Zahlen am Himmel gerade in den für die Astrologie wichtigsten Grundlagen immer wieder zu finden und gegenseitig zu unterstützen. Die Sieben als die Zahl der Hauptsterne in den zwei Wagengestirnen am Nordpol, in Plejaden und Orion, als die Zahl der Tage eines Mondviertels, und zuletzt der Planeten mit Einschluß von Sonne und Mond; die Zwölf als die Zahl der Tierkreiszeichen und wiederum auch der Jahre, die Jupiter zum Umlauf durch den Tierkreis braucht; die Dreißig ungefähr die Tageszahl der Mondperiode und die Zahl der Jahre von Saturns Umlauf; das Produkt von 12 und 30 etwa die Tageszahl eines Jahres und die Zahl der Grade des Tierkreises — es ließ sich eine Beziehung dieser Art um die andere enthüllen, und die Spekulation wird nicht müde, gleichgültig gegen störende Bruchteile damit zu spielen. Das alles schien zu der halb religiösen, halb wissenschaftlichen Folgerung zu führen, der noch Novalis Ausdruck gibt: „Es ist sehr wahrscheinlich, daß in der Natur eine wunderbare Zahlenmystik stattfinde; auch in der Geschichte. Ist nicht alles von Bedeutung, Symmetrie und seltsamem Zusammenhang? Kann sich Gott nicht auch in der Mathematik offenbaren, wie in jeder anderen Wissenschaft?" Hier handelt es sich keineswegs nur um fruchtlose Phantasien, *somnia Pythagoraeorum*, wie das 18. Jahrhundert spottete. In dem heißen Ringen um die Erkenntnis einer solchen Weltharmonie hat Kepler seine grundlegenden Gesetze gefunden; Titius' Hypothese der regelmäßigen Abstände zwischen den Planeten (1772) hat vor einem Jahrzehnt ein namhafter Mineralog (V. Goldschmidt) in Analogie mit den schwingenden Saiten und der Harmonie der Töne, der Entwicklung der Farben und der Kristallgebilde durch eine neue Formel für die „Harmonie im Weltraum" zu ersetzen versucht; und die Theorie der Stufenjahre oder Klimaktere im Menschenleben, vor allem der Siebenerjahre, mit deren kritischem Charakter sich die astrologische Medizin so viel beschäftigt hat, ist von Möbius an dem Problem Goethe erörtert und neuestens von dem Wiener Physiologen Swoboda mit noch unsicherem Erfolge auf das Problem der Vererbung angewendet worden. Gewiß, das alles ist viel mehr Pythagoreismus als Astrologie; aber die Wahrheit liegt nahe beim Irrtum, und wenn die gleichen Zahlenverhältnisse und Entwicklungsgesetze auf der Erde wie in den Gestirnen gelten, so mochte eine Spekulation, die noch nicht durch allzu reiche Erfahrungen enttäuscht und gezügelt war und über die Lücken der Erkenntnis keck hinwegsprang, wohl der Hoffnung trauen, alles irdische Geschehen aus den Sternen berechnen zu können.

Das Glück war dem kühnen Versuch vielfach hold. Die Astrologie konnte vom Altertum bis zu Tycho und Kepler genug einleuchtende, ja auffallende Erfolge nachweisen, die auch dem Zweifler zu denken gaben. Ein Fall wie der des englischen Dichters John Dryden († 1701), der das ganze seiner Familie vorbestimmte Unheil aus den Sternen gelesen haben soll, ohne es abwenden zu können, blieb Generationen im Gedächtnis; und eine Tatsache wie z. B. das nahezu völlige Zusammentreffen der Geburtstage von zwei auf dem gleichen Gebiet mächtig vordringenden Forschern, Paul Ehrlich und Emil von Behring (geb. am 14. und 15. März 1854), hätte noch vor zweihundert Jahren mehr als einen Gegner bekehrt: die Geburt hier auf den gleichen Tag zu verlegen, wäre der minder sicheren Chronologie früherer Zeiten sehr erleichtert gewesen. Hat doch der Astrolog Gauricus, unter Melanchthons Billigung, einer alten Prophezeiung zuliebe selbst das Jahr von Luthers Geburt auf 1484 verschoben! Die halben oder ganzen Fehlschläge pflegen Prophet wie Gläubige zu vergessen, etwa wie Stifters gewitterprophezeiender Schloßherr im Hochwald. Im schlimmsten Falle gab der Widerspruch, in dem die verschiedenen Systeme der Sterndeutung zueinander standen, fast immer wenigstens dem einen oder anderen überraschend recht, und unbedingte Mißerfolge gleich dem Keplers, der 1609 Wallenstein im 70. Jahr am Fieber sterben ließ, waren nicht zahlreicher als in der Medizin, deren wissenschaftliches Recht deswegen doch nicht viele bestreiten mochten. Gegenüber der untrüglichen Sicherheit der Astronomie aber konnte die Astrologie sich damit trösten, wieviel schwerer es sei, eine Konstellation richtig und vollständig zu deuten, als eine Sonnenfinsternis vorauszusagen.

Die wissenschaftliche Seite der Astrologie ist für ihre Erfolge bedeutsam genug, aber sie ist mit der religiösen so eng verbunden, daß sie sich immer nur schwer von ihr scheiden läßt; und es ist kein Zweifel, daß nicht sie, sondern der religiöse Grundcharakter der Astrologie ihr die unerschütterliche Widerstandskraft für viele Jahrhunderte erhalten hat. Mit den wissenschaftlichen Außenwerken allein hätte die heftige Polemik der Gegner bald aufgeräumt. Aber in der Astrologie, insofern sie Religion ist, behaupten sich Grundtriebe des menschlichen Wesens.

Dem Menschen scheint der Drang eingeboren oder aus Urvätertagen vererbt, sein Tun mit der kosmischen Umwelt in Einklang zu bringen. Er tut das rein instinktiv, aber das Gefühl, das dahinter steht, ist ein Grauen vor der schauerlichen Einsamkeit im All, in der er zu versinken droht; er will lieber getragen und gebunden sein, als frei und ohne Halt, und wünscht bei seinem Handeln bewußt oder unbewußt den Puls des unergründlichen Gesamtwesens zu atmen, das ihn überall umgibt.

> Des Elementes Antlitz und Gestalt
> Ist wie das Werk beschaffen, das wir treiben,
> Höchst blutig, feurig und höchst fürchterlich

sagt Cassius bei Shakespeare. Aus diesem Gefühl, mit dem Ganzen durch unlösbare Fäden verknüpft zu sein, wird dem Menschen alles Geschehen rings um ihn ein Vorzeichen dessen, was er selbst wünscht und tut; er fühlt es in unmittelbarem Zusammenhang mit sich. Auch ein kühler Rationalist wie der große Physiker und Satiriker G. Chr. Lichtenberg ertappt sich wohl darüber, daß er das Kriechen eines Insektes zur Antwort auf die Frage über sein Schicksal nimmt und hundertmal am Tage unwillkürlich auf derlei Vorzeichen achtet. Solche Empfindung kann dem verworrenen Sinnen der älteren Zeiten, das Zweck und Mittelpunkt für jegliches Geschehen in der Welt nur auf der Erde und im Menschen suchen kann, noch viel weniger fehlen. Sie erhält sich in der Menschheitsgeschichte fort, wenn die Stufe des Glaubens an überall lauernde willkürlich böse Dämonen längst überwunden ist. Aber sie geht nun eine neue Verbindung ein von anderer und dauernder Art. Die herrlich leuchtenden Gestirne, die über den weiten Ebenen des Südens mit einer zwingenden und erschütternden Gewalt ihren Reigen ziehen, von der der nordische Mensch kaum eine Vorstellung hat, erwecken das Gefühl der Ehrfurcht und den Drang zur Anbetung. Sie, die nie den alten Pfad verfehlen, geben das Schauspiel einer unbeirrbaren Macht und Ordnung. An der reinen Schönheit ihres Lichtes und an der Majestät ihres stillen stetigen Ganges erwächst die erste dunkle Ahnung, daß nicht blinder Zufall und blöde Tücke von Schadengeistern die Welt regiert, sondern ein ewiges, unveränderliches Gesetz. Götter sind die Sterne oder lenken sie; und das bunte Bild, das sie dem Himmelsteppich eingewoben haben, ist der Ausdruck ihres unumschränkten und doch gesetzmäßigen Waltens. Dort droben also müssen die Weisungen und die Vorbilder für das Irdische zu finden sein. „Alles, was hienieden geschieht, muß zum Voraus in den Bewegungen der Sterne und Himmelskreise existieren", sagt ein arabischer Astrolog. Ja selbst jede irdische Gestalt müßte am Himmel vorgebildet sein. „Die Urbilder der auf Erden entstehenden Dinge sind die Fixsterne", lehrt ein mittelalterlicher Erklärer des Aristoteles; „in ihnen finden sich viele Bilder und Figuren, und darnach gibt es so viele Gestalten auch auf der Erde." Der himmlische Stier und Löwe ist vor dem irdischen da, nicht umgekehrt ihm nachgebildet. In der Rütliszene von Schillers „Tell", wo nicht neue Freiheit usurpiert, sondern das alte Recht wieder hergestellt werden soll, erklingt gar seltsam ein letzter Nachhall dieses alten Glaubens in dem Wort von den ewigen Rechten, „die droben hangen unveräußerlich und unzerbrechlich wie die Sterne selbst": auch sie haben ihr Urbild in der ewigen heiligen Ordnung der Gestirne. Mit so nachdrücklicher Begründung wie jener Denker des christlichen Mittelalters hat das freilich die Astrologie der alten Welt nur selten ausgesprochen; auch hat die Theorie, klüger als manche moderne Ausleger, stets auf allzuviel Beweis und Ausmalung im einzelnen verzichtet und die Praxis eine Durchkreuzung der festen Planeten- und Tierkreissystematik kaum zugelassen. Genug, daß im Prinzip die Erde als ein Ebenbild und Gleichnis des Himmels verstanden wurde.

Wenn aber das sterbliche Auge jene himmlischen Gestalten nur undeutlich zu sehen vermag, die den Geschöpfen der Erde zum Vorbild dienen sollen, so beruhigt sich der Sinn früherer Menschheit bei dem Namen, der ihr nichts weniger als Schall und Rauch ist. Sie nimmt ihn als den Niederschlag uralter geheiligter Tradition. Wenn die Sternbilder gerade so und nicht anders heißen, so wird der Heide darin ihr Wesen finden, das geheimnisvoll in den Namen eingefangen ist, und der Jude oder Christ wird sich erinnern, daß Gott selbst nach der Genesis Himmel und Erde und Meer ihre Namen gegeben hat: wie könnte da in diesen gleichgültiger Zufall herrschen? Ist also der Name etwas Wesenhaftes, in dem uralter heiliger Sinn weiterlebt, so muß er die in den Sternen waltenden Himmelskräfte unmittelbar erkennen lehren.

All das verträgt sich noch mit einer Gottheit, die nicht im All gebunden ist, sondern der Welt gebietet und in den Zeichen des Himmels den Sterblichen ihre Weisungen gibt. Aber selbst hinter dieser milderen Form der Astrologie, die auch dem christlichen Bekenner unanstößig bleiben konnte, liegt doch die Grundüberzeugung verborgen, auf der die dauernde Macht der Sternenlehre vor allem beruht: der Gedanke der großen Einheit des Alls, in die auch das Menschenleben eingeschlossen ist. Er findet seinen reifsten und konsequentesten Ausdruck in dem pantheistischen Weltbild der antiken Stoa, die eben deshalb die große Beschützerin der Astrologie sein mußte, weil ihre ganze Physik im Grunde mit ihr zusammenfiel. Der eine göttliche Hauch durchdringt nach dieser Weltanschauung gestaltend und belebend das Universum. Alles in der Welt ist zu einer einzigen ungeheuren Kette von Ursache und Wirkung verschlungen: nichts kann sein und geschehen, ohne daß es zugleich Frucht und Same für anderes, für alles andere wird. Jedes Teilchen des Weltalls ist so notwendig in diesem unermeßlichen Schicksalsbau wie das andere, das kleinste wie das größte; keines kann entbehrt und kann weggedacht werden aus diesem großen Zusammenleben, dieser „Sympathie" des Alls. „Wie alles sich zum Ganzen webt, eins in dem anderen wirkt und strebt, wie Himmelskräfte auf- und niedersteigen und sich die goldenen Eimer reichen" — das will der stoische Pantheismus aussprechen und die Astrologie beweisen; es ist nur in der Ordnung, daß Goethe gerade hier, wo er in Swedenborgs Geisteruniversum und Planetensphären sich bewegt, sein Bild der alten sterngläubigen Manichäersekte entlehnt, die einst von den „seelenschöpfenden Eimern" der auf- und absteigenden Tierkreisgestirne gesprochen hatte.

Die fortschreitende wissenschaftliche Erkenntnis kann für den stoischen Pantheismus die Bedeutung der Gestirne nur steigern; in diesem Reiche einer einzigen göttlichen und gesetzmäßigen Notwendigkeit müssen sie schon wegen ihrer immer mehr begriffenen Größe die entscheidende Rolle spielen und durch ihre Bewegungen stärker als alles andere auf Werden und Geschehen im ganzen Weltall einwirken.

Es wird sinnlos, ihnen nur die Bedeutung von Lichtern für die kleine Erde zuzusprechen. Und wenn nun diese von reinem göttlichem Feuer erfüllten Weltkörper, die „sichtbaren Götter", ihre ewige Bahn ziehen, was bleibt dem schwachen Menschenleben, das von ihren Anstößen fortgesetzt bewegt sein muß, anderes übrig, als dem großen Rhythmus der Welt widerstrebend oder freudig zu folgen?

In gemessenen Perioden kehren die Sternbilder zurück zu ihrem Lauf, und einmal — nach langer, langer Zeit — werden sie alle zusammen wieder an dem Punkte stehen, von dem sie ausgegangen sind. So muß auch alles Geschehen auf der Erde sich in der neuen Weltperiode genau so wiederholen, wie es in der alten war. Jeder wird wiederkehren und er wird wieder tun und denken und erleiden, was er in seinem ersten Leben vor undenkbaren Tausenden und Millionen von Jahren getan, gedacht, gelitten hat. Oedipus wird abermals seinen Vater ermorden und mit der Mutter Kinder erzeugen. Die großen Reiche werden wieder erblühen und wieder zerfallen ins Unendliche. Die Orphiker und Pythagoreer sind auch in dieser Lehre vom Kreislauf aller Dinge die Vorläufer der griechischen Astrologie, und die Stoiker haben sich zu der gleichen grauenhaften Konsequenz bekannt, für die die Welt, wenn ihr nicht Erlösung kommt, das sinnlose Spiel eines Kindes zu werden droht — zu jener Lehre, in der Friedrich Nietzsche in der letzten Periode seines Denkens den höchsten Triumph der Lebensbejahung erblickt hat. Hier ist denn wirklich Heimarmene, Notwendigkeit, in ihrer unbedingtesten Strenge, wie es Goethes „Urworte. Orphisch" aussprechen, die neuerdings in allem Einzelnen auf antike astrologische Symbolik zurückgeführt werden konnten;

Wie an dem Tag, der dich der Welt verliehen,
Die Sonne stand zum Gruße der Planeten,
Bist alsobald und fort und fort gediehen
Nach dem Gesetz, wonach du angetreten.
So mußt du sein: dir kannst du nicht entfliehen;
So sagten schon Sibyllen, so Propheten,
Und keine Zeit und keine Macht zerstückelt
Geprägte Form, die lebend sich entwickelt.

In keiner anderen Weltanschauung ist der Mensch so in Raum und Zeit festgebunden, so unerbittlich hineingestellt in das All der Natur, das ihm Gaben und Kräfte und Schuld und Leiden gibt. Er ist selbst eine „Kleine Welt", ein Abbild der großen, und damit ein Spiegel des Universums. Die Astrologie trägt diesen Gedanken des Mikrokosmos weiter, den die pythagoreische Philosophie frühzeitig aus gebildet hatte und die Mystik des Hellenismus und der platonischen Schule mit neuer Überzeugungskraft verkündigten. „Nechepso und

Petosiris haben bewiesen," sagt uns ein alter Berichterstatter, „daß der Mensch nach dem Bilde und Gleichnis des Kosmos geformt und von den gleichen Gesetzen wie die Welt regiert wird." Wie könnte es auch anders sein, da Welt und Mensch vom Gotte erfüllt sind und die Menschenseele vor allem anderen, was auf Erden wird und vergeht, das göttliche Feuer empfangen hat, das in den Gestirnen lebt!

Was war die Wirkung der astrologischen Weltauffassung für die zahllosen Gläubigen, die sie gewann?

Es konnte nicht fehlen, daß die Tyrannei der Sterne von den Geschlechtern, die an sie glaubten, vielfach als ein schwerer Druck empfunden wurde, und von denen, die nicht an sie glauben wollten, als eine Vernichtung aller menschlichen Freiheit und Sittlichkeit. Ein dumpfes Müssen zwang alles Leben in seinen Bann; es wird hier finstrer Ernst gemacht mit dem Wort von den himmlischen Mächten, die uns ins Leben hineinführen, die den Armen schuldig werden lassen und dann ihn der Pein übergeben — denn diese Sterne kennen in all ihrem göttlichen Glanz kein Erbarmen.

Es gab mehr als eine Art, sich von diesem Druck zu befreien. Inkonsequent genug war die Ausflucht, daß man durch Achtsamkeit auf die Drohungen der Sterne seinem Schicksal zu entgehen vermöge: denn auch das gehöre zum Fatum, das Gesetz des Fatums zu erkennen — und es dann zu vermeiden. Selbst Ptolemaeus hat, als Aristoteliker, es nicht verschmäht, sich so zu helfen. Besser war der Ausweg, den seit Origenes nach dem Vorbild der Platoniker die frommen Christen gingen. Wenn die Sterne das Bevorstehende nicht bewirkten, sondern auf Befehl Gottes, dessen allmächtiger Wille durch seine Engel auch den Sternen gebot nur andeuteten, so war dem Menschen doch noch ein Entkommen durch, Opfer, durch Reue und Buße möglich und eine Rettung aus der furchtbaren Geschlossenheit dieser Weltanschauung, aus dem Kerker gewonnen, in den die Astrologie den Menschen einschloß.

Und doch sind gerade stärkere Naturen dem Zwange nicht feind gewesen, den der Sternglaube in seiner ungebrochenen Strenge über sie zu verhängen schien. In jenem „*Certa stant omnia lege*", „Alles steht fest durch ehernes Gesetz", wie es der Dichter Manilius ausspricht, lag nicht nur der unerbittliche Zwang, sondern auch die Befreiung von der sinnlosen Willkür des Zufalls. Einem großen Feldherrn gehört vielleicht wirklich der Glaube an seinen „Stern", der noch nicht immer zur astrologischen Erkundung der Zukunft führen muß. Ernste Denker des Altertums fanden diese Sterngötter in ihrer ewig gleichen ruhevollen Bewegung erhabener als die allzu menschlichen Götter der griechischen Vorzeit; in der Kontemplation des Weltalls erzogen sie sich zum *amor fati*, zur liebenden Ergebung in das unentrinnbare Schicksal, die ihnen zugleich die Gewißheit gab, daß ihr Leben und ihr Wille einen Sinn hatte, das heißt in dem großen Zusammenhang alles Gewesenen und Werdenden an einer festen Stelle stand. Und noch in dem furchtbaren Teufels- und Hexenwahn des 16. und 17. Jahrhunderts wurde die große Gesetzmäßigkeit der Welt, die der Teufelsfratze keinen Spielraum vergönnte, in Wahrheit, wie Troels-Lund gezeigt hat, ein Element der geistigen Beruhigung und Befreiung.

Mancherlei Typen stellen sich uns unter den Menschen dar, die an die Astrologie nicht bloß glaubten, sondern sie ausübten und lehrten. Ohne Zweifel blühte zu allen Zeiten das Unwesen der skrupellosen Schwindler und betrogenen Betrüger. Mit ihnen darf man nicht die vielen achtbaren Gelehrten zusammenwerfen, die aus wissenschaftlichem Interesse sich der Astrologie zuwandten. Sie täuschten sich nicht darüber, wieviel Unsicheres in der Kunst die Sterne zu lesen noch vorhanden sei: aber sie glaubten mit reinem Willen und ruhigem Urteil doch eine Strecke weiter kommen zu können. Es galt für sie hier wie in jeder anderen Wissenschaft, zu erproben, durch vielfache Erfahrung Falsches auszuscheiden und das Wahre zu sichern. Auch sie lebten mehr oder weniger den religiösen Ursprung der Lehre mit. Für die Mystiker des Sternglaubens aber liegt darin der beherrschende Mittelpunkt ihres ganzen Wesens. Die Astrologie ist für sie ein Geschenk der Götter.

*Quis caelum possit nisi caeli munere nosse*
*Et reperire deum nisi qui pars ipse deorumst?*

(Schenkt' es der Himmel ihm nicht, wer könnte den Himmel erkennen,
Und wer fände den Gott, der nicht selber ein Teil ist der Gottheit?)

Das sind Verse des römischen Dichters der Astrologie, des Manilius, die Goethe am 2. September 1784 ins Brockenbuch geschrieben hat, wenige Tage, nachdem er in einem wundervollen Gedicht den übermächtigen Sternen gehuldigt hatte, die ihn an Charlotte von Stein banden. Die Astrologie ist für Geister wie Manilius Offenbarung und läßt sich nicht durch die Vernunft erzwingen. Sie fordert eine priesterliche Seele, die, vom Irdischen nicht herabgezogen, der Majestät ihres Ursprungs sich bewußt bleibt und mit stetig gleicher Kraft über jene himmlische Stufenleiter emporstrebt zu der lichten Gottheit. Wer den Wegen folgt, auf denen diese Gläubigen sich durch das Gestrüpp alter Überlieferung zu dem Trugbild einer oft so schalen und nichtigen Erkenntnis durchgerungen haben, den mag es wohl erschüttern, wie in allen Jahrhunderten so mancher „in der Dämmrung schwer, mit Lust nach Wahrheit, jämmerlich geirrt“. Aber sie selber haben Glauben und Hoffnung nicht verloren, denn sie vertrauten, daß der Teil ihres Wesens, mit dem sie droben die Lösung der Rätsel suchten, die ihnen die Welt bot, im Kerne eins sei mit jenem göttlichen Element, das im Äther waltet; und darum durften ihnen zuletzt die Sterne nicht stumm bleiben und nicht lügen. Sie wollen Priester der Sternreligion sein und fühlen so geheimnisvolle Kräfte in sich rege wie Lord Byrons Einsamer:

> Er durchlebte,
> Was mancher Menschen Tod gewesen war,
> Und schloß mit Bergen Freundschaft; mit den Sternen
> Und dem lebendigen Geist des Weltalls hielt
> Er seine Zwiegespräch', und diese lehrten
> Ihn die Mysterien ihrer Zauberkraft.
> Ihm war das Buch der Nacht weit aufgeschlagen,
> Und Stimmen aus dem Abgrund offenbarten
> Ihm Wunder und Geheimnis.

„Die weise Seele nimmt selbst teil an der Wirksamkeit der Sterne“, sagt einer dieser antiken Mystiker, der Verfasser einer mit Unrecht dem Ptolemäus beigelegten und im Mittelalter viel gelesenen Reihe von 100 Aphorismen unter dem Titel „Die Frucht oder die hundert Sprüche“. Das gleiche seltsam nahe Verhältnis zu den Gestirnen, dessen der Kaiser Julian, der Neuplatoniker und Christenfeind, nach seinem eigenen Bericht in ahnungsvoller Jugend genoß, schreibt Goethe seiner Makarie zu. Ihr sind die Verhältnisse unseres Sonnensystems „so gründlich eingeboren, daß sie sich in ihm als ein integrierender Teil bewegt und die Kalkuls des Astronomen auf eine unglaubliche Weise durch ihre Aussagen bestätigt“. Und so ergreift auch Dostojewskis jungen Heiligen Aljoscha Karamasoff einmal unter der mit stillen flimmernden Sternen übersäten Himmelskugel das berauschende Glück einer solchen Ekstase. „Es war, als wenn die irdische Stille mit der Stille des Himmels zusammenflösse und das Geheimnis der Erde sich mit dem der Gestirne berühre ...“ Er umfängt die Erde und küßt sie und tränkt sie mit seinen Tränen und weint in seiner Begeisterung über die Sterne, die aus dem unendlichen Raum zu ihm herniederblicken. „Ihm war, als träfen von all diesen zahllosen Welten Gottes unsichtbare Fäden in ihm zusammen, und seine ganze Seele erbebte in der Berührung mit anderen Welten. Und mit jedem Augenblick fühlte er immer deutlicher, daß etwas Festes und Unerschütterliches in seine Seele einzog.“ Die *Unio mystica* ist vollendet.

Es ist nicht schwer zu sagen, was den modernen Menschen an der Astrologie seltsam und vielfach auch töricht berühren mag. Es ist jenes allzu naive Vertrauen auf den Namen und auf die in ihm sich verbergende religiöse Tradition; es ist die unzulässige Vermengung des phantasievollen Spieles der Sternsage und Sterndichtung mit dem Versuch einer streng erweisbaren Welterkenntnis; und es ist weiter die Grundlage einer Astromonie und Kosmophysik, die seit drei Jahrhunderten überwunden sind. Aber das Große und geschichtlich Bedeutsame an der Astrologie darf darüber nicht vergessen werden. Sie trägt mit ungeheurer Kraft den Sternglauben des Ostens durch alle Jahrhunderte; sie macht einen bewundernswert kühnen Versuch, die Welt als ein Ganzes, als eine einzige große Einheit zu deuten; und sie fügt auch den Menschen in diese große Gemeinsamkeit ein, die alles Lebendige gesetzlich bindet. Die Astrologie ist tot, insofern sie mit untauglichen Mitteln Wissenschaft sein wollte; aber was dem ins Leere greifenden Wahn einst Urgrund und Sinn gab, lebt fort und wird immer wiederkehren in dem unzerstörbaren Verlangen der Menschennatur nach einem einheitlichen Weltbild und nach dem Frieden der Seele im Universum.

# LITERATURÜBERSICHT

Zu Abschnitt I. Ein speziell der babylonischen Astrologie gewidmetes Buch ist noch nicht erschienen; die Assyriologen, die sich bis jetzt mit den astrologischen Quellenwerken befaßten, suchten vielmehr in erster Linie das Maß astronomischer Kenntnisse zu bewerten, das jene zum Ausdruck bringen. Indessen haben F. X. Kugler in seinem großen Werke über „Sternkunde und Sterndienst in Babel" (Münster 1907 ff.) und M. Jastrow in dem Abschnitt über „Himmelsschaukunde" Bd. II, S. 415 ff. seines Handbuchs „Die Religion Babyloniens und Assyriens" und in der dazu gehörigen „Bildermappe" (Gießen 1909/12) auch die Astrologie in reichem Maße zu Worte kommen lassen, und der Verfasser des obigen ersten Abschnitts versucht in seinem Akademievortrag „Astronomie, Himmelsschau und Astrallehre bei den Babyloniern" (Heidelberg 1911) die Astrologie kurz zusammenzufassen. Die einschlägigen, auf H. Wincklers Theorien beruhenden Partien in A. Jeremias' „Handbuch der altorientalischen Geisteskultur" (Leipzig 1913) und „Das alte Testament im Lichte des alten Orients" (3. Aufl. Leipzig 1916) erheischen Vorsicht und Kritik. — Zu der Vertretung der Planeten durch Fixsterne (S. 5): Boll, Astronom. Beobachtungen im Altertum, Neue Jahrb. f. d. klass. Altert. 39 (1917), sowie die größere Abhandlung von Boll und Bezold, Antike Beobachtungen farbiger Fixsterne, Abh. Münch. Akad. Bd. 30 (1918). — S. 11 angeführt: Wellhausen, Reste arab. Heidentums, 2. Aufl., 1897, S. 209 f.

Zu Abschnitt II. Die älteren Hauptarbeiten von Scaliger, Salmasius und anderen können hier nicht genannt werden; s. jetzt das vortreffliche Werk von A. Bouché-Leclercq, l'Astrologie grecque, Paris 1899. — Catalogus codicum astrologorum graecorum, Brüssel 1899 ff., von Cumont, Boll, Kroll usw., bis jetzt 13 Bände mit vielen neuen Texten. — F. Boll, Studien über Claud. Ptolemaeus, Leipzig 1894; Sphaera, ebenda 1903; Die Erforschung der antiken Astrologie, Neue Jahrb. 21 (1908); Die Entwicklung des astronomischen Weltbildes im Zusammenhang mit Religion und Philosophie, in dem 1921 erschienenen Bande „Astronomie" der Sammlung „Kultur der Gegenwart". — W. Kroll, Zur Geschichte der Astrologie, Neue Jahrb. 7 (1901). — F. Cumont, Astrology and Religion among the Greeks and Romans, New York 1912: Die orientalischen Religionen im röm. Heidentum, 2. Aufl., Leipzig 1914. — R. Eisler, Weltenmantel und Himmelszelt, 2 Bände, München 1910. — K. Ziegler, Menschen- und Weltenwerden (zu Plato), Neue Jahrb. 31 (1913). — R. Reitzenstein, Poimandres, Leipzig 1904. — E. Pfeiffer, Studien zum antiken Sternglauben, Leipzig 1916. — Zur Benutzung babylonischer Vorlagen durch die griechische Astrologie: Bezold-Boll, Reflexe babylonischer Keilinschriften bei griechischen Schriftstellern, Heidelb. Akad. 1911.

Zu Abschnitt III. Altes Christentum: E. Schürer, Die siebentägige Woche im Gebrauche der christl. Kirche der ersten Jahrh. Zeitschr. f. neutestamentl. Wissensch. 6 (1905); Boll, Aus der Offenbarung Johannis, Leipzig 1914; derselbe, Der Stern der Weisen, Zeitschr. f. neutest. Wiss. 18 (1917). — M. Gothein, Die Todsünden, Archiv für Religionswissensch. 10 (1907). — Byzanz: Boll, Beitr. zur Überlieferungsgesch. der griech. Astrol. und Astron., München Akad. 1899; derselbe, Eine arab.-byzant. Quelle des Dialogs Hermippos, Heidelb. Akad. 1913. — Islam; O. Loth, Al-Kindi als Astrolog, Morgenl. Forsch. f. Fleischer, Leipzig 1875; F. Saxl, Beiträge zu einer Geschichte der Planetendarstellungen im Orient, in der Zeitschr. „Der Islam" 3 (1912); Eilh. Wiedemann, Zur Geschichte der Astrologie in der Zeitschrift „Das Weltall", 1922–23. — Abendländ. Mittelalter, Renaissance und Neuere Zeit: Carl Meyer, Der Aberglaube des MA. und der nächstfolgenden Jahrh., Basel 1884. —

Troels-Lund, Himmelsbild und Weltanschauung im Wandel der Zeiten, 4. Auflage Leipzig 1913. — L. Thorndike, A History of Magic and experimental Science, New York 1923, 2 Bände. — Wickersheimer, Figures médico-astrologiques des neuvième, dixième et onzième siècles, XVIIth. International Congress of Medicine, London 1913, Section XXIII History of Medicine (London 1914). — F. v. Bezold, Astrologische Geschichtskonstruktion im MA., Deutsche Zeitschr. f. Geschichtswissenschaft 8 (1892). — H. Grauert, Meister Johann von Toledo, Münch. Akad. 1901. — F. Lippmann, Die sieben Planeten. Berlin 1895. — F. Saxl, Verzeichnis astrol. und mythol. illustrierter Handschr. des lateinischen MA. in röm. Bibliotheken, Heidelb. Akad. 1915, wo auch ein Verzeichnis der einschlägigen kleinen Schriften von A. Warburg; vgl. zuletzt dessen Vortrag in Rom: Italienische Kunst und internationale Astrologie im Palazzo Schifanoja zu Ferrara, Sonderabdruck aus den Berichten des X. internationalen kunsthistorischen Kongresses zu Rom 1912, Roma 1922; ferner die Abhandlung: Heidnisch-antike Weissagung in Wort und Bild zu Luthers Zeiten in Sitzungsberichte der Heidelb. Akad. d. Wiss. Philol. histor. Kl. 1919, 26. Abh. — A. Hauber, Planetenkinderbilder und Sternbilder, Straßburg 1916. — Bened. Soldati, La poesia astrolog. nel Quatrocento, Firenze 1906. — Theod. Otto Wedel, The mediaeval attitude toward astrology particurlarly in England (Yale Studies in English LX), New Hawen 1920. N. B. auch H. C. Lea, Histoire de l'inquisition au moyen age III (1902) 529ff.; Gehässige Gegenüberstellung portugiesischer und deutscher Wissenschaft (d'un coté la clairvoyance, l'expérience des milieux scientifiques portugais (Gil Vicenta, Juan de Barros, Pedro Nunes), de l'autre la crédulité naïve des centres d'études allemands (Regiomontanus!) bei I. Bensaude, Histoire de la science nautique Portugaise, Genève 1917, S. 85ff., dabei muß er selbst zugeben, daß Jacuto durchaus der Astrologie ergeben war. Gil Vicenta dagegen (1470—1547) ist ihr Gegner und verhöhnt sie in seinen Dichtungen. — Zur Lichtmetaphysik: Cl. Bäumker, Der Platonismus im Mittelalter, Münch. Akad. Rede 1916. — Zu Dürers Melencolia: Carl Giehlow, Mitt. der Ges. für vervielfältigende Kunst, Wien 1904. — Kepler und Wallenstein: M. J. Schleiden, Studien II (1857). — Leibniz; H. Diels, Festrede der Berl. Akad. 1904. — Über moderne Beachtung der sog. astropsychischen Phänomene (S. Arrhenius, Möbius, Fließ, Swoboda) s. die Übersicht bei W. Hellpach, Die geopsych. Erscheinungen, 2. Aufl. (1917) S. 116f.; 282ff.

Zu Abschnitt IV. Roscher-Boll, Planeten in Roschers Lexikon der Mythologie; Boll, Sterne und Sternbilder ebda. (als Anh. zu Bd. IV bald erscheinend). — Mond: W. H. Roscher, Über Selene und Verwandtes, Leipzig 1890. — Sonne: F. Cumont, La Théologie solaire du paganisme romain, Paris, Acad. des Inscript., Mém. 12 (1909). — Finsternisse: Boll in Wissowas Realenz. Bd. VI. — Kometen: W. Gundel, Hess. Blätt. f. Volksk. 7 (1908). — Astrometeorologie: G. Hellmann, Beiträge zur Geschichte der Meteorologie II (1917). — Astrolog. Medizin: K. Sudhoff, Jatromathematiker vornehmlich im XV. und XVI. Jahrh., Breslau 1902. — Dodekaoros: Boll, Der ostasiat. Tierzyklus im Hellenismus, in der Zeitschr. T'oung-Pao, 13 (1912).

Zu Abschnitt V. Astrol. Geogr.: Cumont, Klio 9 (1909). — Palazzo Schifanoia: A. Warburg, Vortrag auf dem Internat. Kunsthist. Kongreß Rom 1912 (s. o. zu Abschnitt III). — Boll, Die Lebensalter, Leipzig 1913. — Woche: E. Maaß, Die Tagesgötter in Rom und den Provinzen, Berlin 1912. Boll, Hebdomas in Wissowas Realenz. Bd. VII. W. Gundel, Stundengötter, Hessische Bl. für Volksk. 12 (1913).

Zu Abschnitt VI. Geistvolle Bemerkungen bei H. Graf Keyserling, Sterndeutung, in der Zeitschrift „Hyperion" Heft 11 (1910) und Ernst Cassirer, Die Begriffsform im mythischen Denken in Studien der Bibliothek Warburg I (1922). — Über die heiligen Zahlen namentlich eine Reihe von Abhandlungen von W. H. Roscher in den Schriften der K. Sächs. Ges. d. Wiss. seit 1903. — Goethes „Urworte. Orphisch": Borinski, Philologus 69 (1910).

# NACHTRÄGE

*S. 1—15.* Boll hat in seinem Handexemplar zu diesem von C. Bezold verfaßten Kapitel nur zwei Literaturangaben zugefügt: S. 4 Mitte zu der Äußerung Bezolds über die babylonische Mondbeobachtung *) Mond also wichtiger als die Sonne: dazu würde passen, daß nach Sethe (Nachr. Gött. Ges. 1920, S. 141) das Mondjahr allem Anschein nach babylonischen Ursprungs ist; keine gute Erfindung, wie Sethe mit Recht bemerkt, schlechter als das ägyptische Jahr. — S. 10 unten zu der von Zimmern beschriebenen Tafel mit der trigonalen Verbindung der Monate: *) Zeitschr. f. Assyriol. Bd. 32 (1918), S. 71. — Es sind seit dem Erscheinen der zweiten Auflage und seit dem Tode der beiden Verfasser nur wenig Sonderuntersuchungen speziell dem Gebiete der babylonischen Astrologie zu teil geworden, so daß hier ein kurzer Überblick rasch folgen kann. C. Bezold hat in der Untersuchung: Szĕ-ma Ts'ien und die babylonische Astrologie, Ostasiatische Zeitschrift Bd. 8 (1919/20) auf Zusammenhänge zwischen Keilschrifttexten aus der Zeit Assurbanipals mit dem chinesischen Sammelwerk hingewiesen und neue Beweise für die Abhängigkeit der chinesischen von der babylonischen Astrologie gegeben. F. X. Kugler hat in dem 2. Teile des 2. Bandes seines großen Werkes (Münster 1924) folgende Fragen aus dem Gebiet der babylonischen Sterndeutung behandelt: S. 368—371 Der astronomisch-astrologische Charakter des I. Regierungsjahres Nabū-nāṣirs (747/6 v. Chr.), S. 372—380 Die Astrologie im Dienste der Chronologie, S. 554—562 Horoskopische Texte (ein Geburtshoroskop aus dem Jahr 141 v. Chr. und ein Empfängnis-Geburts-Horoskop aus dem Jahr 258/7 v. Chr). — In dem umfassenden Artikel „Sun, Moon and Stars" in Hastings Encyclopaedia of Religion and Ethics Bd. 12 (1921) hat v. Oefele mehrere Elemente der Astrologie, zugleich auch die babylonische Astrologie dargestellt. A. Jeremias hat in dem Artikel „Sterne" (bei den Babyloniern) in Roschers Lexikon der Mythologie IV 1427—1500 auch einige Fragen aus dem Gebiet der Astrologie angeschnitten. Über beide Untersuchungen muß dasselbe Urteil gelten, das Bezold oben zu den anderen Darlegungen von Jeremias gegeben hat, auch die Untersuchungen von A. Ungnad fordern zu Widersprüchen heraus (Babylonische Sternbilder, oder der Weg babylonischer Kultur nach Griechenland, Zeitschr. d. Deutsch. Morgenl. Gesellsch. N. F. Bd. 2 [1923], S. 81—91, Das wiedergefundene Paradies, ferner Ursprung und Wanderung der Sternsagen, beide Abhandlungen im Selbstverlag des Verfassers als Heft 2 und 3 der „Kulturfragen", Breslau 1923, erschienen). — S. 11. Für den Brauch, die Gestirne durch Kußhand oder Gruß zu verehren, gibt A. Jakoby, Monatschrift für Gottesdienst und Kirchliche Kunst Bd. 23 (1920), S. 38—42 eine Reihe interessanter Beispiele aus Altertum und Neuzeit. — Die Verdienste Bezolds auf dem Gebiete der Forschung über babylonische Astronomie und Astrologie hat Boll in dem ergreifenden Nachruf gewürdigt, den er Sitz.-Ber. Akad. Heidelb. 1923, S. 1ff. diesem seinem „liebsten Freunde und Arbeitsgenossen" gewidmet hat.

*S. 15.* Den wechselvollen Kampf zwischen der orientalischen und der griechischen Kultur hat Boll in seiner wundervollen Abhandlung „Hellenismus und Orient", Deutsche Revue Januar 1922, ausführlich behandelt. — Die kretischen Sternsagen sind in der Pisistratidenzeit von Epimenides in den „Kretika" gesammelt und zum Teil wohl auch selbst erfunden worden, sie sind später von Arat und Eratosthenes verwertet worden: H. Diels, Die Fragm. der Vorsokr. II 3a S. 192f. mit den dort gegebenen Literaturnachweisen.

*S. 16.* Aristophanes Frieden 406—413 spricht davon, daß die Barbaren Sonne und Mond opfern und daher von diesen Göttern auch bevorzugt werden; der Kult von Sonne und Mond tritt in der älteren Zeit vor dem der anderen Götter in Griechenland stark zurück, das liegt in den griechischen religiösen Vorstellungen und Kulten begründet; Jessen, Helios in Wissowas Realenz. Bd. 8 S. 62ff. gibt ein reiches Material dazu. — Beziehungen zwischen Homer und dem Gilgamesch-Epos hat A. Ungnad, Gilgam.-Epos, Kulturf ragenHeft 4/5, Breslau 1923, nachweisen wollen, doch sind seine Darlegungen wenig beweiskräftig, zu derartigen Kombinationen gilt das, was Boll in der Wochenschr. f. Klass. Philol. 1913 S. 123 gesagt hat. — Die Schiffer- und Bauernmerksterne der Griechen sind Hom. Od. V 272ff. und Il. XVIII 485ff. genannt; hier wird Orion, der große Bär, die Plejaden und Bootes hervorgehoben; später spielt dann der kleine Bär als Orientierungsstern für die Schiffahrt eine besondere Rolle, bezeichnenderweise wird seine Einführung Thales zugeschrieben, und zwar soll Thales die Kenntnis dieses Sternbilds den Phöniziern verdanken, Näheres Gundel, Kynosura in Wissowas Realenzykl. Bd. 12. Über die Verwendung der Sterne und Sternbilder zur praktischen Orientierung in Zeit und Raum bei Naturvölkern sei auf folgende Abhandlungen verwiesen: A. Kötz, Über die astron. Kenntnisse der Naturv. Australiens und der Südsee, Diss. Leipz. 1911, S. 34ff. J. Wischnewski, Afrikaner und Himmelserscheinungen, Diss. Königsb. 1915. M. P. Nilsson, Primitive Time-Reckoning, Skrifter utgivna av humanist. vetenskapssamfundet I (Lund 1920), S. 109—146; E. N. Fallaize (Primitive), Stansbury Hagar (Americain) in dem schon erwähnten Artikel Sun, Moon and Stars in Hastings Encycl. of Rel. Bd. 12 (1921), S. 62—71; endlich müssen noch die weitgehenden und wertvollen Forschungen von R. Lehmann-Nitzsche auf dem Gebiet der astronomischen Kenntnisse der Südamerikaner genannt werden. Sie sind größtenteils veröffentlicht: Rivista del Museo dela Plata Bd. 24—28 (1919—1925), vgl. auch noch Iberica, Zeitschr. f. span. u. portugies. Auslandskunde III 2, S. 41ff. und Philol. LXXX (1925), S. 202ff. Eine dankenswerte Zusammenstellung primitiver Sternmythen findet man bei F. Normann, Mythen der Sterne (1925), S. 75ff.

*S. 16* Mitte. Hom. Ilias VIII 555ff. — Nach altem volkstümlichen Glauben veranlaßt Sirius durch seine verhängnisvollen Strahlen den Menschen Fieber, Pest und sonstige Krankheiten: Homer. Il. XXII 30, Ps. Aristot. Probl. Phys. p. 859a 1ff., Schol. Arat. 332 p. 408, 14 M., Verg. Aen. X 273, Manil. V 220ff., Sen. Oed. 38ff. u. ö. Man schrieb dem Sterne die Ursache der nach seinem Frühaufgang Ende Juli eintretenden heißesten Tage des Jahres zu und glaubte, daß in den Strahlen dieses Sternes eine ganz besondere, auch sinnlich wahrnehmbare Kraft liege: Gemin. cap. 3 p. 40, 22 Man. und cap. 17 p. 190, 12 Man., Schol. Arat. 336 p. 409, 1 M., Avien. Arat. 742. Die Griechen nannten diese Tage κυνοκαύματα (Clodius Tuscus ed. Bianchi Sitz.-Ber. Akad. Heidelb. 1914. 37 und dazu Eustath. zu Ilias p. 1255, 12), die Römer *dies caniculares* (Polem. Silv. in der 2. Ausgabe von Lydus de ostent. besorgt von Wachsmuth S. 318, weitere Belege bei Gundel, Sirius in Wissowas Realenzykl.), die deutsche Bezeichnung dieser Zeit des Hochsommers als „Hundstage" ist die wortgetreue Weitergabe dieses alten Volksglaubens. — Das älteste Zeugnis dafür, daß auf Keos dem Sirius Kult und Opfer eingerichtet waren, bietet Kallimach. fr. 9 v. 33ff., S. 34 Pfeiff., wo berichtet wird, daß den Priestern des Zeus Ikmaios dieses Opfer zukam, sie sollten auf den Höhen der Berge den heraufkommenden verhängnisvollen Stern besänftigen. Die Ursache der Feuergluten des Sternes legt Apollonius Rhodius Argon. II 519ff. näher aus religiösen Gesichtspunkten dar, er bemerkt v. 526f., daß „heute" noch in Keos die Priester vor Aufgang des Sirius Opfer darbringen. Das Scholion fügt hinzu, die Bewohner der Insel hätten von Aristaios, dem es zum erstenmal gelungen sei, den Stern zu versöhnen, die Satzung bekommen, alljährlich seinen Frühaufgang bewaffnet zu erwarten und ihm zu opfern (v. 498, dazu Diodor. IV 82, Aelian. nat. an. VII 28, Nonn. Dion. V 221, 269; über die Opfer, welche dem Sirius in Rom, Ägypten, Persien und anderwärts dargebracht wurden s. Gundel a. O.). Ein Opfer, das wahrscheinlich dem Sirius gilt, ist auf einem Bronzemedaillon aus Smyrna dargestellt (Tafel XX Abb. 39), dazu Schweitzer Arch. Anz. Jahrb. d. Arch. Inst. Bd. 34 (1919) S. 39ff. — Archilochos fr. 31 S. 74 Bergk. — Worin die Verdienste der Griechen auf dem Gebiete der Astronomie bestehen, führt Boll näher aus in: Erforschung der antiken Astronomie, Neue Jahrb. Bd. 39 (1917), S. 18. — Die Erkenntnis, daß die Planeten sich in größerer Nähe zur Erde befinden als die Fixsterne, findet sich bei den älteren griechischen Astronomen noch nicht, nach Aet. plac. II 15, 6 gab z. B. Anaximander der Sonne die oberste Stelle im Weltall, ihr folgt der Mond, dann kommen die Fixsterne und die Planeten, weitere Zeugnisse für ähnliche falschen Einstufungen der Planeten und Fixsterne gibt Boll, Hebdomas in Wissowas Realenzykl. Bd. 7, S. 2565. Die primitive Anschauung, daß die Planeten über den Fixsternen stehen, haben auch die Babylonier und Perser geteilt (s. die Zeugnisse bei Boll a. O.), sie hat sich besonders in der astrologischen Sprache gehalten, welche stets den Aufenthalt der Planeten „in" einem Sternbild des Tierkreises begutachtet oder auch beobachtet, ob ein Planet „auf" ein Sternbild tritt oder die einzelnen Sterne desselben von oben her mit seinen Strahlen bewirft und so deren Wirkung modifiziert, vgl. auch unten S. 120f.

*S. 17.* Plato Tim. p. 22B, weitere Stimmen über die Hochachtung der Griechen vor der uralten Weisheit der orientalischen Völker bei Bouché-Leclercq S. 35, 1. — Über die Weltanschauung des Anaxagoras orientieren die Zeugnisse bei Diels a. O. I[3a] S. 384, dazu Boll, Vita contemplativa, Sitz.-Ber. Akad. Heidelb. 1920. 9, 28; seine Erklärung der Sonne, des Mondes und der übrigen Sterne als glühende Steine berichtet Hippolyt. Elenchos I 8, 6, S. 13, 26 We. aus Theophrast, weitere Zeugnisse gibt Diels a. O. I[3a] S. 321, 29ff. — Eine Geschichte der griechischen Aufklärung über Mondfinsternisse gibt Plutarch Nikias cap. 23; Nikias folgte dem Rat seiner Seher, infolge der Finsternis eine andere Mondperiode abzuwarten: Diodor. XIII 12, 6, Polyb. IX 19, Plutarch a. O., dazu W. Roscher, Die hippokratische Schrift von der Siebenzahl und ihr Verhältnis zum Altpythagoreismus, Ber. Sächs. Akad. Bd. 71 (Leipzig 1919) Heft 5, S. 53. Das Urteil über Nikias gibt Thukydides VII 50, dazu sei auf Plutarch. Nikias cap. 4 aufmerksam gemacht. Die bekannte Erzählung von Perikles findet sich bei Cicero Rep. I. 16, 25 und Plutarch. Perikles cap. 35. — Die Furcht vor dem herabfallenden Meteor und die Deutung auf kommendes Unglück für das ganze Heer schildert Homer, Il. IV 75; den durch das ganze Altertum und das Mittelalter lebendigen Volksglauben, daß die Kometen Unglückspropheten sind, betrachtet Gundel, Kometen in Wissowas Realenzykl. Bd. 11, S. 1145—1150 und Hess. Blätt. f. Volksk. 7 (1908), S. 109. — Pindars Lied, mit dem die Thebaner den Groll der Götter bei der Sonnenfinsternis beschwichtigen sollen, ist das Hyporchem fragment. 107 p. 291 Schroed.

*S. 18.* Gellius noct. Att. XV 20, 2 berichtet, wohl nach Theopomp, von der Weissagung der Chaldaeer, daß der junge Euripides, wenn er herangewachsen sei, in Wettkämpfen Sieger sein werde. Man muß dabei nun nicht unbedingt an Astrologen denken; immerhin wäre es doch sehr wohl möglich, daß um diese Zeit schon orientalische Sterndeuter sich in Athen herumtrieben. — Die Homerverse (Il. VI 487—489) sind nach dem Scholion Hom. AT zu Il. XVIII 251 bereits von Heraklit von Ephesos in astrologischem Sinn ausgelegt worden; sie sind dann später vor allem von den Stoikern und unter ihnen in erster Linie von Chrysipp mit anderen Homerzitaten verwertet worden; diese stützten damit ihre fatalistische Anschauung von der durch den ganzen Kosmos wirkenden Heimarmene und leisteten damit den astrologischen Doktrinen starken Vorschub: Stoic. vett. fragm. ed. von Arnim Bd. II, S. 266 f. *) Manethon. A 200 Köchly. Außer den astrologischen Ausdeutungen des Volksglaubens von dem Wirken der Moira in der Geburtsstunde werden auch Ereignisse aus der Ilias astrologisch ausgemünzt, so bemerkt Herakleitos (etwa im Zeitalter des Augustus) Alleg. Hom. cap. 53, S. 75, 21 der Ausgabe der Societ. Philol. Bonnen. Sodal. 1910, daß „einige“ die Ansicht vertraten, Homer habe durch den Streit der homerischen Götter (Il. XX, 67 ff.) eine Konjunktion der sieben Planeten geschildert; das Beilager von Mars und Venus wurde von Stoikern als Konjunktion dieser beiden Planeten ausgelegt (Ps. Lucian. Astrol. 10). — Neuerdings konnte W. Capelle, Älteste Spuren der Astrologie bei den Griechen, Hermes LX (1925) S. 373 ff. an der Hand von bislang unbeachtetem Textmaterial feststellen, daß schon im 5. Jahrhundert v. Chr. Griechen Kenntnis von verschiedenen Lehren der babylonischen Sterndeutung gehabt haben.

*S. 19.* *) nulla igitur in caelo nec fortuna nec temeritas nec erratio nec vanitas inest contraque omnis ordo veritas, ratio, constantia Cicer. de nat. deor. II 56, vgl. Ptolem. Synt. I. 1 p. 7, 19 Heib. ἀπὸ τῆς περὶ τὰ θεῖα θεωρουμένης ὁμοιότητος καὶ εὐταξίας καὶ συμμετρίας καὶ ἀτυφίας. — Die Geschichte des astronomischen Weltbildes der Pythagoreer, ihre Entdeckung der Kugelgestalt der Erde und der Planetenbewegung entwickeln neuerdings eingehend: P. Duhem, Le système du monde (Paris 1913) I S. 5—28, und E. Frank, Plato und die sogenannten Pythagoreer (Halle 1923) S. 19—46, S. 184—219. Wenn Frank S. 281 meint, Philolaus habe schon „ein ausgebildetes astrologisches System gelehrt" so scheint mir das zu weit gegriffen und ein unbeweisbares Postulat. Ebenso fordert seine Ansicht, Philolaus habe schon eine „ähnliche astrale Theologie gelehrt, wie sie Boll (Sphaera S. 472ff.) bei Eudoxus aufwies, bei dem ganz ebenso jedes Tierkreiszeichen und dementsprechend jede Planetensphäre einer der olympischen Gottheiten geweiht war", zu Widerspruch heraus. Sein Argument dafür (Plut. de Is. et Osir. 30 p. 363 A) spricht von einer Anwendung der religiösen Spekulationen, wonach verschiedene Götter die Winkel der geometrischen Figuren beherrschen, auf die Sphära und die in den Tierkreis eingezeichneten Figuren überhaupt nicht, sondern lediglich von der Geometrie. Und Boll spricht a. O. auch nicht davon, daß Eudoxus eine solche Theologie gelehrt habe, dafür fehlt uns nach wie vor jedes positive Zeugnis. Boll hat nur von einer großen „Wahrscheinlichkeit" gesprochen, daß „jene nach Göttern benannten Dreiecks- und Vierecksmittel sich schon in alter Zeit bei den Pythagoreern speziell auf den Tierkreis, also den Sternhimmel" beziehen (Neue Jahrb. 1908 S. 119), aber damit ist noch nicht die Tatsache bewiesen, daß die alten Pythagoreer (also vor Plato) bereits „astrale Theologie und ein ausgebildetes astrologisches System" gelehrt haben; hier ist alles noch ungeklärt. — Die Übereinstimmungen zwischen den religiösen Vorstellungen der Orphiker mit denen der älteren Pythagoreer untersucht E. Frank 67ff., vgl. auch O. Kern, Orpheus (Berlin 1920) S. 49. — Zur Entwicklung der Ideen, die sich von der Göttlichkeit der Gestirne in Griechenland heranbildeten, sei auf Cumont, Astrology S. 38ff., und auf die schönen Darlegungen von W. Jäger, Aristoteles S. 145ff. hingewiesen. Die Verbindung der Menschenseele mit dem Gestirnfeuer und der Glaube an die ewige Heimat der Seele auf den Sternen sind an sich wesentlich verschiedene Vorstellungskomplexe, sie gehen aber noch bei Plato völlig ineinander über, siehe Stenzel, Über zwei Begriffe der platonischen Mystik: Ζωιον und Κινησις, Beilage Johannes-Gymnasium, Breslau 1914, S. 10f. W. Jäger a. O. Die Genesis und die Weiterentwicklung dieser Ideen behandeln: P. Capelle, De luna, stellis, lacteo orte animalium sedibus, Diss. Halle 1917 und W. Gundel, Sterne und Sternbilder im Glauben des Altertums und der Neuzeit (Bonn 1922) S. 104—126, 140—165. F. Cumont,

After Life in Roman paganism (New-Heaven Yale Univ. Press. 1922) S. 92, 103—109.

*S. 20.* Eine gute Darstellung der Geschichte des astronomischen Weltbildes der Griechen gibt: Th. Heath, Aristarchus of Samos, the ancient Copernicus, Oxford 1913. — Einen Zusammenhang der pythagoreischen geometrischen Spekulationen mit den vier Elementen konstruiert Proklus in Euclid. p. 166, 25. Natürlich wurden später Pythagoras oder auch schlechthin die Pythagoreer für astrologische Traktate haftbar gemacht, besonders wurden die primitiven Elemente der Laienastrologie, die mit Vorliebe mit Buchstaben- und Zahlenmystik oder mit den heterogenen Bestandteilen der Lunare, der Wochentags- und Stundenorakel arbeitete, mit ihnen verbunden z. B. Catal. cod. astrol. VII S. 21 u. VIII 4 S. 13 u. 95 s. unten S. 173ff. Pythagoras selbst soll bei dem Chaldaeer Zaratas (= Zoroaster) studiert haben (Hippol. Elenchos I. 2, 12 S. 7, 2 We.), ja er wird sogar in seiner Bedeutung als Astrologe neben Petosiris gestellt (Catal. cod. astr. I 128, 5). Ägyptens Weisheit soll er nach Theodor. Priscillian. S. 250f. Rose übermittelt haben. Nach derselben Quelle wird ihm auch bereits die Lehre der astralen Melothesie, der astralen Krankheitserreger und deren Unschädlichmachung zugeschrieben. — Ebenso wird Plato und Aristoteles für eine Reihe astrologischer Lehren und Traktate als Urheber, letzter besonders später von arabischen Astrologen zitiert. Das ist natürlich eines der üblichen späten Behelfsmittel, um einem elenden Machwerk durch den erlauchten Namen einen Nimbus zu geben und so die Glaubwürdigkeit zu erhöhen. Für die Geistesgeschichte und besonders für die Geschichte der Astrologie ist es aber unumgänglich notwendig, daß einmal genauer herausgehoben wird, ob Plato und Aristoteles bereits die orientalische Sterndeutung oder einige ihrer wichtigsten Postulate gekannt haben und was sie von speziellen Lehren übernommen bzw. umgeformt haben. Diese Aufgabe kann hier nicht gelöst werden; es sei gestattet, wenigstens auf einige wichtige Probleme hinzuweisen, welche hierher gehören. Durch die Forschungen der jüngsten Zeit, besonders durch die Untersuchungen von Werner Jäger, ist erwiesen, daß in Platos Schule in den letzten Jahrzehnten die astronomischen und astralreligiösen Lehren des Orients besonders beachtet wurden. Das wurde einerseits durch Eudoxus und andrerseits durch Orientalen, die sich bei Plato aufhielten, übermittelt. Es ist neuerdings aus antiken Zeugnissen bekannt geworden, daß ein Chaldaeer Hörer und Schüler Platos war, und daß Plato in seinem reiferen Lebensalter einen Gastfreund aus Chaldaea beherbergte (Akad. philos. Index Herculan. ed Mekler 1902 S. 13 Col. III 36—41, W. Jäger, Aristoteles S. 133). Pausanias IV 32, 4 spricht davon, daß Plato ganz besonders stark sich in seiner Auffassung der Unsterblichkeit der Seele habe von den Chaldaeern und den Magiern der Inder beinflussen lassen. Ein wichtiges Dokument für die Geschichte der Astrologie und für die Fixierung der Überstrahlung ihrer Doktrinen nach Griechenland dürfte auch die Nachricht bei Diogenes Laertius sein, der hierbei auf Aristoteles fußt, daß ein syrischer Magier dem Sokrates einen gewaltsamen Tod prophezeit habe (Diog. Laert. II 5, 24, vgl. Cumont, Catal. cod. astr. VIII 4. 199 adn. 1). Es läßt sich ferner aus Platos Werken selbst der Nachweis erbringen, daß Plato verschiedene Postulate der orientalischen Sterndeutung gekannt und wohl zum Teil mit seinen eigenen Ideen durchtränkt hat. So konnte Kerenyi, Astrologia Platonica, Archiv f. Religionswiss. Bd. 22 (1923—24) S. 245 ziemlich sicher erschließen, daß das elfteilige Götterheer (Phaedrus p. 246 ff.) mit den orientalischen Vorstellungen in Zusammenhang stehen muß, nach denen die großen Götter über je eines der Tierkreisbilder als deren *tutelae* gebieten. Das ist zugleich für die Geschichte der Tierkreisbilder ein wichtiges Zeugnis dafür, daß die griechische Astronomie noch um diese Zeit nach orientalischem Vorbild nur elf Tierkreisbilder gekannt und nur mit diesen gerechnet haben muß, daß also erst nach Plato das Sternbild der Wage in den Tierkreis gekommen sein kann. Von Maximen der universalen Astrologie darf wohl die Timaeosstelle p. 38 D, wo Plato von der Bahn der Planeten Merkur und Venus spricht und sagt, daß sie an Schnelligkeit der Sonne gleich sind, τὴν δ' ἐναντίαν εἰληχότας αὐτῷ δύναμιν, ein anderes Licht erhalten, wenn man dazu die universale Wirkung des Merkur stellt, der nach chaldaeischer Theorie im Winter gesichtet Kälte, im Sommer aber Hitze bedeutet. Darüber unterrichtet Theophrast, der Schüler Platos, bei Proklus in Tim. III S. 151, 1 ff. Diehl. Auf die Theorien der universalen Sterndeutung weist auch Timaeus p. 40 D, wo Plato von den Verhältnissen der Planeten zueinander im Laufe ihrer Bewegung redet und am Schlusse bemerkt, daß die Konjunktion denjenigen, „die nicht richtig urteilen können, Zeichen für die nach diesen Bewegungen eintretenden Begebenheiten“ sind. Hier ist deutlich eine Anspielung auf das wichtige Element der babylonischen Sterndeutung erkennbar, das die Beurteilung nicht nur der Finsternisse, sondern auch der Konjunktionen der Planeten, besonders von Jupiter und Mars seit alters bildet (vgl. Kugler a. O. Bd. 2, 2 (1924) S. 368). Und gerade diese Seite der orientalischen Sterndeutung hat Eudoxus nicht nur anerkannt, sondern auch in Anerkennung der scheinbar uralten Erfahrungen der babylonischen Sterndeuter selbst angewandt, wie Boll, Reflexe S. 8 ff. nachgewiesen hat. In demselben Dialog p. 39 D erkennen wir eine dritte wichtige Lehre der orientalischen Astralreligion, welche die Weltkatastrophen mit dem Umlauf der Planeten in Verbindung brachte. Das Weltenjahr läuft ab, heißt es an dieser Stelle, wenn alle acht Sphären ihre großen Umlaufsperioden vollendet haben und alle zugleich wieder in ihrer Anfangsstellung sind, die sie bei Erschaffung der Welt inne hatten. Das erinnert von selbst an die Kataklysmentheorie, welche zwei Generationen später Berossos, der berühmte Gründer der Astrologenschule auf Kos, etwas präziser mit dem Umschwunge aller Planeten und mit bestimmten Tierkreisbildern in Einklang gebracht hat. Weiter hat Plato die Verbindung großer Weltkatastrophen mit dem Planetenlauf gekannt. Es ist wohl nicht ohne Absicht gerade dem ägyptischen, altersgrauen Priester (Timaeus p. 22 A–D) die Lehre in den Mund gelegt, daß der Weltbrand und die Sintflut ebenso wie andere Katastrophen kleinerer Epochen mit den Planeten in Kontakt stehen und als eine τῶν περὶ γῆν καὶ κατ' οὐρανὸν ἰόντων παράλλαξις, d. h. doch wohl als eine Folge von Störungen in den Planetenbewegungen zu deuten sind. Auch der Mythus des Politikos (p. 268 D ff.), den Boll in einer Randnotiz oben zufügt, weist auf orientalische Ideen, welche die Weltkatastrophen und die Weltalter mit den Vorgängen der Sternenwelt, insbesondere mit den Planetenläufen in inneren Konnex stellte. Die Zusammenhänge sind neuerdings von Reitzenstein und Schaeder, Studien zum antiken Synkretismus, Aus Iran und Griechenland, Studien der Bibl. Warburg Bd. 7, S. 3, nachgewiesen worden. Daß Plato aber auch Kenntnis gehabt haben wird von den Lehren der Chaldaeer, welche Geburt und Tod der Menschen mit den Sternen und speziell mit den Planeten in Beziehung brachten, darf man wohl schon daraus erschließen, daß sein Schüler Eudoxus diese Doktrinen gekannt hat (s. u. S. 95). Aber wir brauchen nicht bei dieser naheliegenden Schlußfolgerung stehen zu bleiben, denn verschiedene seiner Äußerungen geben uns den Beweis, daß Plato diese Ideen nicht nur gekannt, sondern sich auch mit ihnen stark beschäftigt haben muß. In Timaeus erhalten p. 41 A—D die Gestirngötter (ὅσοι τε περιπολοῦσι φανερῶς) mit den übrigen Göttern der Volksreligion von dem Weltschöpfer die Aufgabe zugewiesen, das Sterbliche mit dem Unsterblichen zu verweben, Lebewesen zu erschaffen und zu zeugen, ihnen Nahrung zu geben, sie zu vermehren und nach ihrem Tode wieder aufzunehmen. Nicht nur die persönliche Anteilnahme der Sterngötter an dem Individualschicksal muß Plato hier der orientalischen Sternreligion entnommen und in einer vor ihm noch nicht von einem Griechen ausgesprochenen Form weitergegeben haben, sondern er hat sehr wahrscheinlich auch die andere astrologische Lehre, welche das Einzelleben völlig mit dem Planetenlauf und dem Fixsternhimmel verkettete, gekannt und wohl auch selbst weitergebildet. In dem Mythus des Er, den Boll so trefflich zu greifen weiß, liegen in den κλῆροι καὶ βίων παραδείγματα neben der Verkettung mit den Schicksalsmächten des griechischen Volksglaubens, den Moiren, in dem Einfügen dieser Lebenslose in die Planetensphären und in den Fixsternhimmel die wichtigsten Elemente der orientalischen Nativitätslehre klar zutage. Es ist bereits darauf hingewiesen worden, daß Plato Bestandteile der orientalischen Sterndeutung, und zwar sowohl ägyptischer, als auch babylonischer und iranischer Lehren gekannt haben muß. Gerade der Mythus des Er wurde von dem Epikureer Kolotes und anderen, wie uns Proklus in remp. II 109, 9ff. Kroll mitteilt, auf Zoroaster zurückgeführt. Proklus sagt, er selbst habe ein Werk des Zoroaster in vier Büchern περὶ φύϲεωϲ in der Hand gehabt, in dem dieser Mythus sich fand; allerdings sei dort niemand mit Namen genannt außer der Ananke: ἀϲτρολογικῶν δέ ἐϲτι θεαμάτων τὰ βίβλια γέμοντα. καί που ἀντιλέγειν δοκεῖ πρὸϲ τὴν ἐν Πολιτικῷ ἀνακύκληϲιν. Astrologische Machwerke unter dem Namen Zoroasters tauchen später in großer Zahl auf, so gut wie unter dem Namen Platos und anderer großer Persönlichkeiten, so daß es verkehrt wäre, aus der Notiz des Proklus voreilige Schlüsse zu ziehen. Aber so ganz darf wohl die Vermutung nicht von der Hand gewiesen werden, daß Plato vielleicht schon ein griechisch geschriebenes Werk gekannt hat, in dem der Name Zoroasters mit iranischen Mythen und mit Doktrinen der orientalischen Individualastrologie verbunden war. Daß damals gerade Zoroaster, dessen Lehren nach den überzeugenden Forschungen von W. Jäger und R. Reitzenstein geradezu im Brennpunkte der Akademie standen, in engsten Zusammenhang mit der Sternreligion und Sterndeutung des Orients rückte, zeigt auch die Etymologie: Zoroaster = ἀϲτροθύτηϲ = Sternanbeter, welche Hermodoros damals aufstellte (W. Jäger a. O. S. 134). Außer Proklus spricht auch Porphyrius davon, daß Plato die Kenntnis der orientalischen Sterndeutung und auch speziell der Nativitätslehre gehabt habe. Er läßt allerdings nicht iranische Vorbilder gelten, sondern behauptet, Plato habe den Kern des Er-Mythus von ägyptischen Weisen übernommen, welche die Lebensschicksale aus den Horoskopen deuteten (Porphyr. bei Stob. II 8, 42 S. 169W. ff.), d. h. wie er zufügt, nach der Stellung der Planeten in der Geburtsstunde in den Zeichen des Tierkreises. Jedenfalls darf die Nachricht, daß Plato wirklich die Individualastrologie der Orientalen gekannt hat, nicht mit Bouché-Leclercq a. O. S. 63, 3 und 601, 2 als reine Legende und späte Astrologenmache abgetan werden. Denn Platos Äußerungen beweisen uns, daß er in seinen späteren Jahren mit verschiedenen Doktrinen der Sterndeutung bekannt gewesen sein muß. Ob er nun die Kenntnis im einzelnen ägyptischen oder iranischen Quellen verdankt, hat für unsere Frage insofern sekundäre Bedeutung, da gerade iranische Lehren durch ägyptische Priester übernommen und umgeformt worden sind (Reitzenstein-Schaeder a. O. S. 75ff.). — Die Beziehungen, welche nach Plato zwischen der Menschenseele und den Sternen bestehen, behandelt ausführlich *) J. Stenzel, Über zwei Begriffe der Platonischen Mystik: Ζωιον und Κινηcιc, Beilage Johannes-Gymnasium, Breslau 1914. Weiter zitiert Boll am Rande zu seinen Ausführungen über Aristoteles: *) W. Jäger, Aristoteles S. 140 (vgl. auch noch die Bemerkungen von Diels bei der Besprechung von Bolls Sternglaube in der Deutschen Literaturzeitung 1918 S. 278).

*S. 21.* Eudoxus, Platonis auditor, in astrologia iudicio doctissimorum hominum facile princeps, sic opinatur, id quod scriptum reliquit, Chaldaeis in praedictione et in notatione cuiusque vitae ex natali die minime esse credendum: Cicer. de div. II 42, 87. Andrerseits scheint Eudoxus die astrometeorologischen Ideen und Empirie der orientalischen Sterndeuter gebilligt zu haben: Bezold-Boll, Reflexe a. O. S. 9 ff. — Θαυμαcιωτάτην δὲ εἶναί φηcιν ὁ Θεόφραcτοc ἐν τοῖc κατ' αὐτὸν χρόνοιc τὴν τῶν Χαλδαίων περὶ ταῦτα θεωρίαν, τά τε ἄλλα προλέγουcαν καὶ τοὺc βίουc ἑκάcτων καὶ τοὺc θανάτουc, καὶ οὐ τὰ κοινὰ μόνον, οἷον χειμῶναc καὶ εὐδίαc ... Proklus in Tim. p. 40C, D = III p. 151, 1—5 Diehl. — *) Abbildung des Steinbocks als Legionsignum bei Koepp, Die Römer in Deutschland S. 99 Abb. 72.

*S. 22.* Seleukos von Seleukia hat nach Plutarch. Plat. quaest. VIII 1 das heliozentrische System, das Aristarch von Samos nur als Vermutung ausgesprochen hatte, bewiesen. Sein Name ist weiter mit der Entdeckung des Zusammenhanges der Gezeiten mit den Mondphasen verknüpft: Plut. phac. phil. III 17, Strabo I 6, Gossen, Seleukos in Wissowas Realenzykl. 2. Reihe, Bd. A S. 1249, N. 38 und Duhem a. O. Bd. 2 S. 272f. — Die Frage, was ist nun bei Poseidonios positiv an astrologischen Lehren nachzuweisen, bedürfte noch der genauen Untersuchung an Hand des Zeugnismateriales; das schöne Buch von K. Reinhardt, Poseidonios (München 1921) erschöpft dieses Problem nicht; eine ausgezeichnete Untersuchung über des Posidonios Kometen-Lehre führt A. Rehm, Das siebente Buch der Naturales Quaestiones des Seneca und die Kometentheorie des Poseidonios, Sitz.-Ber. Akad. München 1922. — Über die Astrologenschule des Berossos auf Kos spricht Vitruv. de architect. IX cap. 6, 2, und Plinius nat. hist. VII 123 berichtet von ihm, daß die Athener ihm ob divinas praedictiones im

Gymnasion ein Standbild mit vergoldeter Zunge aufstellten. Eine wertvolle Aufkärung über die dämonischen astralen Mischgestalten des Berossos und ihr Weiterleben in der griechischen und römischen Literatur konnte Boll und Bezold geben in der Abhandlung: Eine neue babylonisch-griechische Parallele, Aufsätze zur Kultur- und Sprachgeschichte, vornehmlich des Orients, Ernst Kuhn gewidmet, Breslau 1916, S. 226f.; zu Berossos vgl. noch Schnabel, Berossos 1923, und dazu Kugler a. O. II 2. Teil 2. Heft (1924) S. 603—630. Herondas III 54, worauf mich Herr Herzog aufmerksam macht, dürfte wohl eines der ältesten und wichtigsten Zeugnisse dafür bilden, daß bereits in der 1. Hälfte des 3. Jahrh. v. Chr. auf Kos von Astronomen Elemente des alten Aberglaubens von den guten und den bösen Tagen mit Gegeben-heiten des gestirnten Himmels in Einklang gebracht wurden.

*S. 23.* Die Elemente der ägyptischen Tagewählerei sind besprochen von: Th. Hopfner, Griechisch-Ägyptischer Offenbarungszauber Bd. 1, Stud. z. Palaeogr. und Papyruskunde, herausgeg. von C. Wessely 1921, § 829—835 S. 228ff, und Erman-Ranke, Ägypten (1923) S. 403; einen guten Durchblick durch die Literatur, die für das Fortleben der „ägyptischen Tage" in Frage kommt, gibt I. Köck, Handschriftl. Missalien in Steiermark, Graz 1916, S. 173, 1.

*S. 24.* *) Daß es im 7. Jahrhundert v. Chr. einen ägyptischen König Nechepso gegeben hat, ist sehr fraglich, vgl. Spiegelberg, Eine neue Spur des Astrologen Petosiris, Sitz.-Ber. Akad. Heidelb. 1922, Abh. 3 S. 1, 2. — Die Vermutung von Spiegelberg, daß zwischen dem Priester des Thot, Petosiris, dessen Grab neuerdings erschlossen worden ist, und dem berühmten Astrologen dieses Namens ein Zusammenhang besteht, wird von G. Lefebure, Le Tombeau de Petosiris 1924 Bd. 1 S. 9 als wenig wahrscheinlich bezeichnet; keiner der vielen inschriftlichen Texte, welche Lefebure transkribiert und übersetzt, bietet dafür eine Handhabe. Auch die interessanten Sonnenhymnen S. 95ff. enthalten nichts, was an irgendein astrologisches System erinnern könnte. — Die Fragmente dieses wichtigen Quellenwerkes bedürfen dringend einer neuen Bearbeitung, da seit der Sammlung von Rieß (Philol. Suppl. 6. 1891—1893 S. 327—394) durch die griechischen astrologischen Handschriften viel neues wertvolles Material hinzugekommen ist; einige Elemente beleuchtet Darmstadt, De Nechepsonis-Petosiridis Isagoge quaestiones selectae, Diss. Breslau 1916; hoffentlich erscheint die Fortsetzung dieser wertvollen Dissertation bald, sie ist als besonderes Heft für die von Boll herausgegebenen Stoicheia vorgesehen. — Der Glaube, daß die Geheimnisse der Sterndeutung durch göttliche Offenbarung vermittelt wurde, hat sich mit zäher Kontinuität durch Jahrhunderte hindurch gehalten. Von der göttlichen Stimme, die vom Himmel herabtönte und die den Nechepso über die Geheimnisse der Sternlehre aufklärte, redet Valens VI praef. p. 241, 15ff. Kroll, vgl. dazu Reitzenstein, Poimandres S. 4ff. 70, 1, und Boll, Aus der Offenbarung Johannis S. 5f. Eine mit dem großen Werk des Nechepso rivalisierende Lehre, die in dem sogenannten Brief des Astrologen Harpokration an den Kaiser Augustus mitgeteilt wird, beruft sich dagegen auf die besseren Unterweisungen des Gottes Asklepios: Catal. cod. astrol. VIII 3 S. 135f. und VIII 4 S. 256f.; daß es sich hier um ein Machwerk des Astrologen Thessalus handelt, konnte Cumont, Écrits hermétiques, Revue de Philologie Bd. 42 (1918) S. 85ff. erschließen. Offenbarungsweisheit ist auch alles, was Manilius von astrologischen Lehren weiß; im Prooemium des 1. Buches wird Vers 30 der Gott Hermes der princeps auctorque sacri tanti genannt. Daraus hat Cumont a. O. S. 68f. wohl mit Recht geschlossen, daß der Dichter seine divinas artes nicht nur aus dem Werk der gleich darauf genannten regales animi, d. h. des Nechepso-Petosiris, sondern auch aus hermetischen Lehren geschöpft hat. Scheint dem Dichter selbst das einzelne zu unerklärlich, dann betont er, daß die Lehre von Gott kommt, und daß dieser allein um den wirklichen Sinn des Geheimnisses weiß; z. B. sagt er bei der Darlegung der ihm rätselhaften Lehre der *partes damnandae*, er müsse auf göttlichen Befehl hier die heiligen Gesetze des Himmels dartun: ostendisse deum nimis est, dabit ipse sibimet pondera (IV 439). Nach Firmicus Math. V 1, 36 hat der Stern Merkur dem Aesculap die Lehre der Myriogenesis überliefert. Der Astrologe Berossos lehrte, daß die Aufklärung über die kommende Sintflut dereinst durch den Planeten Saturn gegeben wurde: Fragm. Histor. Graec. II 501 Didot, und Blochet, Le gnosticisme musulman S. 142. Eine auffallende Parallele, ja man dürfte fast an eine Entlehnung denken, ist es, wenn nach den Lehren der chinesischen Astrologie ebenfalls der Planet Saturn dem Tschang-tsze-fang ein kostbares Buch über Astronomie und andere Wissenschaften übergibt; der Planet hatte dabei die Gestalt eines Greises angenommen: G. Schlegel, Uranographie chinoise Bd. 1 S. 629, 2. In einem anonymen astrologischen Traktat, dessen Autor vielleicht Adelard von Bath (1. Hälfte des 12. Jahrhunderts) ist, heißt es, daß zu Aristoteles im Traum ein Geist des Planeten Venus gekommen sei, dieser habe ihn über ein Opfer aufgeklärt, das er unter einer bestimmten Konstellation bringen solle: Thorndike a. O. Bd. 2 S. 43. Petrus von Abano wurde angeklagt, daß er sieben böse Geister habe, die ihm seine Kenntnisse zubrachten (Burges, La ragione de Padoue, Annales Archéol. XVIII S. 338).

und Faust erhält von seinem stellaren Geiste die sicheren astrologischen Prophezeiungen (Widman, Fausts Leben I cap. 28, dazu A. von Keller, Bibl. des literar. Vereins in Stuttgart (CXLVI S. 223 und 233, s. auch unten S. 104). Forscht man nach der Herkunft dieser verschiedenartigen Vorstellungen, dann wird man zwei an sich verschiedene Ideen fassen müssen: einmal den Glauben an die conscia fati sidera (Manil. I 1); die ewigen Gestirngötter sind erhaben über jede Katastrophe, sie wissen aus den früheren Weltperioden und den früheren Konstellationen im voraus jedes universale und auch jedes individuelle Geschehen. Sie unterhalten sich darüber, und ihre Dämonen, später sind es dann die bösen Engel, hören das Gespräch und teilen diese Geheimnisse den Menschen mit. Dann trennt sich davon die mehr mathematisch-linear gerichtete Sterndeutung, wonach die Dämonen und auch die Gottheiten der vornehmsten Orakelstätten ihre Kenntnis der Zukunft aus den Sternläufen ablesen. Das ist besonders im ausgehenden Altertum verbreitet gewesen, vgl. Euseb. praep. evang. VI 1 ff. Dieser Glaube, daß die Doktrinen der Astrologie insgesamt und auch einzelne Prophezeiungen im besonderen von dem Himmel kommen, geht in den verschiedensten Formen durch die Zeiten weiter. Neben den vornehmsten Göttern der orientalischen Sternreligion, den Planeten, stehen als die Überbringer solcher astrologischen Offenbarungen die Sterngeister. Dämonen lehren nach dem Mythus, den Sulla bei Plutarch de facie in orbe lunae cap. 26 erzählt, auf der Insel des Kronos unter anderen Wissenschaften auch die Astrologie. Bei Henoch (VIII 3) und bei Origenes sind es nicht gute Sterngeister, die diese Offenbarungen geben, sondern die gefallenen Engel, eine Anschauung, die nicht nur bei anderen Kirchenvätern begegnet, sondern welche auch in breiten Kreisen der folgenden Jahrhunderte kanonische Geltung hatte, vgl. Bousset, Zur Dämonologie der späteren Antike, Arch. f. Religionswiss. Bd. 18 (1915) S. 159 und Thorndike a. O. Bd. 1 S. 343. Dementsprechend sind die astrologischen Prophezeiungen, besonders wenn sie scheinbar zutrafen, immer wieder als Dämonen- oder Teufelswerk angegriffen worden, z. B. von Augustin. de civ. dei V 7, weitere Zeugnisse aus dem Mittelalter bei Wedel S. 16, 23, 64, 69 f., 122, und die okkulten astrologischen Texte klären von den antiken Zauberpapyri an bis hinein in unsere Tage den Adepten darüber auf, wie man einen Sterngott oder einen untergeordneten Astralgeist zu sichtbarer Erscheinung zwingen und von ihm universale oder individuell gefärbte Offenbarungen erhalten kann. Gerade diese dämonisch-religiöse Lehre der Sterndeutung hat im Grunde auf die Massen eine viel stärkere Anziehungskraft ausgeübt als die zu linearen und mathematischen Glaubenssätzen verflüchteten Axiome der wissenschaftlichen Astrologie. Ihre Normen und ihre Geschichte sind in vollem Umfange noch zu schreiben. — Über die verschiedenen Anordnungen der Planeten bei Babyloniern, Ägyptern und Griechen orientiert Boll, Hebdomas in Wissowas Realenzykl. Bd. 7 S. 2561—2570, und Neues zur babylon. Planetenordnung, Zeitschr. f. Assyriol. Bd. 28 (1913) S. 340—351. — Für die Datierung des großen astrologischen Werkes des Nechepso-Petosiris sind die Ausführungen Bolls, Catal. cod. astr. VII S. 129—131 grundlegend.

*S. 24/25.* Für die Geschichte der Astrologie hat Boll, Neue Jahrb. 21 (1908) S. 105ff. eine gute Unterlage geschaffen. — Karneades selbst ist schriftstellerisch wenig produktiv gewesen, alles was wir über ihn und seine Argumente, mit denen er die Lehren der Astrologie bekämpfte, wissen, verdanken wir den Mitteilungen seiner Schüler, unter denen Kleitomachos besonders hervorragt, Näheres: von Arnim, Karneades in Wissowas Realenzykl. Bd. 10 S. 1973ff. und ders. Kleitomachos ebend. Bd. 11 S. 656ff. Von den späteren Gegnern der Astrologie, die ihre Waffen aus dem Arsenal des Karneades holen, ist noch besonders zu nennen: *) Sextus Empiricus (seine speziellen Angriffe gegen einzelne Lehren der Astrologie bedürfen noch der genaueren Klärung, sie dürfte wohl zu dankbaren Aufschlüssen darüber führen, ob Sextus oder seine Quelle nicht einen ganz bestimmten Astrologen und sein Werk im Auge hat, vgl. auch A. Müller, Berlin. philol. Wochenschr. 1919 S. 1132), auch Favorinus darf genannt werden, von dem Gellius noct. Attic. XIV 1, 8 eine bemerkenswerte Kontroverse mitteilt. — Die Angriffe des Karneades und seine Argumente gegen die Astrologie untersuchen: Boll, Studien über Cl. Ptol. a. O. S. 181ff.; Kroll, a. O. S. 559, 562; Cumont, Fatalisme astral et religions antiques, Revue de l'histoire et de littérat. relig. 1912 S. 513ff.; Gundel, Beiträge zur Entwicklungsgesch. d. Begriffe Ananke und Heimarmene, Gießen 1914, S. 83ff.

*S. 25.* Verschiedene Daten für das hohe Alter der Astrologie geben Cicer. de div. II 97 (470000 Jahre), Plin. nat. hist. VII 193 (720000 Jahre nach dem Berichte des Epigenes, 490000 Jahre nach Berossos und Kritodemos), Diodor. II 31 (473000 Jahre); weitere Angaben bei Bouché-Leclercq a. O. S. 39, 1 u. S. 575, 2. — Zu dem Verhalten der Stoa gegenüber den Lehren der Sterndeutung notiert Boll, *) vgl. Wetter, Φῶς S. 101f.; Nilsson, Gött. gel. Anz. 1916 S. 42, 44 (Nilsson glaubt, die Astrologie habe die stoische Philosophie schon in ihrem Werden bestimmt). — Das Verhalten des Poseidonios gegenüber der Astrologie und seinen nachhaltigen Einfluß auf die Ausbreitung der Astrologie beleuchtet Cumont, Astrology S. 83 und After Life in Roman Paganism S. 28. — Quam multa ego Pompeio, quam multa Crasso, quam multa huic ipsi Caesari a Chaldaeis dicta memini, neminem eorum nisi senectute, nisi domi, nisi cum claritate esse moriturum! dieser Ausspruch Ciceros de divin. II 47, 99 zeigt, welchen Einfluß die Sterndeuter um die Mitte des 1. Jahrh. v. Chr. in Rom hatten; daß Augustus ein gläubiger Adept der Astrologie war, zeigt die schon erwähnte Veröffentlichung seines Horoskopes und seines Geburtsgestirnes sowie die dramatische Szene bei dem Sterndeuter Theogenes (Sueton. August. cap. 94). — Das Treiben der niederen Sterndeuter am Zirkus, die mit den übrigen Zukunftsaposteln sibi semitam non sapiunt, alteri monstrant viam, geißelt Cicero de divin. I 132, ihr aufdringliches Benehmen zeichnet besonders hübsch Properz V I, dazu Bouché-Leclercq a. O. S. 552 uud A. Dieterich, Kleine Schriften S. 179ff. Die Persönlichkeit, das Gebaren und die Aufmachung des Sterndeuters in Altertum und Neuzeit bildet ein wichtiges Kapitel der Kulturgeschichte, das leider noch nicht geschrieben ist.

*S. 26.* Boll streicht am Ende des oberen Absatzes den letzten Teil des Satzes, der in der 2. Auflage lautet: „die Platonische Akademie schon darum, weil Poseidonios, der Stoiker, einen einflußreichen Kommentar zu Platons Timaeus mit diesen Vorstellungen durchtränkt hatte". Boll bemerkt dazu am Rande *) „den es nach Reinhardt gar nicht gibt". Diese Ansicht Reinhardts wird aber beanstandet von Reitzenstein-Schaeder a. O. S. 145 Anm. 5, er ist der Ansicht, daß Poseidonios einen Kommentar zum Timaeos geschrieben haben muß („gerade ein solches Werk paßt auch zu dem Bilde des Mannes, das Reinhardt entworfen hat, ja gibt ihm erst die volle Ausrundung"). — Die Bedeutung des Nigidius Figulus als Sterndeuter in Theorie und Praxis erhellt Boll, Sphaera S. 361—363, zu Varro weist Boll auf: *) K. Maas, Neue Jahrb. Bd. 33 (1914) S. 401, 4, Varro hat das ganze VI. Buch der disciplin. libr. IX der Darstellung der Astrologie gewidmet, s. Ritschl, De M. Ter. Varronis discipl. libr. comm. (1845) p. 18—21. — *) Gegen die astrologische Spekulation Sat. Menipp. p. 280. — Die verschiedenartige Auslegung des Kometen vom Jahre 44 v. Chr. vermerkt Plinius nat. hist. II 93 und Servius Verg. Aen. VIII 681, dazu Gardthausen, Augustus II 24, 26. — Über die Bedeutung der astrologischen Lehren im Leben des Tiberius orientieren: Sueton. Tiber. cap. 69, Tacit. ann. 6, 20f., Cassius Dio LV 11; Häbler, Astrologie im Altertum, Progr. Gymn. Zwickau 1879 S. 24f., Bouché-Leclercq a. O. S. 554f., Gelzer, Julius (Tiberius) in Wissowas Realenzykl. Bd 10 S. 480 und 504f. — Die antiken Astrologenverfolgungen in Rom besprechen

Häbler a. O. und Bouché-Leclercq a. O. S. 560ff. Die doppelsinnigen astrologischen Orakel bieten von den babylonischen Prophezeiungen an bis in unsere Zeit eine Fülle interessanter Typen, die einer Untersuchung wert wären; auch die Ausflüchte bei nicht eingetroffenen Weissagungen und die entgegengesetzten Auslegungen miteinander rivalisierender Sterndeuter liefern hierzu ein wertvolles Material, das auch durch die literarische Karrikatur der Astrologie und ihrer Vertreter eine reiche Erweiterung bekommen dürfte, einiges hierüber bei Jastrow a. O. Bd. 2 S. 600, 643ff., 703ff.; Bouché-Leclercq a. O. S. 563, 2; J. Burckhardt, Die Kultur der Renaissance in Italien II (12. Aufl.) S. 188, 313; Bensaude a. O. S. 85ff.; E. Friedrich, Die Magie im französischen Theater (1908) S. 131ff. Es hat zu allen Zeiten neben den zünftigen Astrologen Dilettanten gegeben in allen Kreisen, die sich und anderen aus den Sternen das Schicksal lesen konnten. Den Kaiser Tiberius nennt z. B. Cassius Dio 55, 11 ἐμπειρότατος τῆς διὰ τῶν ἄστρων μαντικῆς; auf Rhodos beschäftigte er sich fast ganz mit astrologischen Studien (Tac. ann. VI 21), und als Kaiser hatte er dem damaligen Konsul Galba aus den Sternen im Jahre 33 n. Chr. prophezeit, daß er dereinst Kaiser werde (Tac. a. O. cap. 20). Der Kaiser Titus konnte jede drohende Gefahr aus dem Sternenstand ablesen (Sueton. Titus cap. 9), von dem Kaiser Hadrian wird erzählt, er habe am 1. Januar eines jeden Jahres durch das Horoskop festgestellt, was im Verlauf des ganzen Jahres sich ereignen werde, ja in seinem Todesjahre habe er bis zu seiner Todesstunde alles vorher erkannt, was ihm zustoßen werde (Aelius Spartian. de vita Hadrian. cap. 16). Für die gebildeten Stände, denen es mit den wirklichen Erfordernissen der wissenschaftlichen Astrologie ernstlich zu tun war, war ein direktes Studium des Geheimnisses der Sterndeutekunst erforderlich; die Laien der breiten Masse dagegen klärten eine Reihe primitiver astrologischer Wegweiser auf, welche ihre Bestandteile aus zum Teil uralten vulgären Aberglauben nahmen und in der überwiegenden Mehrzahl recht wenig auf den wirklichen Himmelsstand Bezug nahmen. Die Hauptsache war, daß sie diese Ratgeber lesen und richtig anwenden konnten. Wenn Boll hier von den Damen der römischen Gesellschaft spricht, von denen so manche ihr ganzes Tun und Lassen von dem astrologischen Kalender abhängig machte, so kann dafür Juvenal. VI 569ff. als Zeuge genannt werden. Auch andere Berichte, z. B. Plin. nat. hist. XXIX 1, 9 und Ammian. Marcell. XXVIII 4, 24, sprechen für die Beliebtheit solcher Wahrsagetexte in Rom bei Männern und Frauen.

*S. 27.* Das Armband, auf dem die Göttin Tyche und die Planetengötter mit ihren griechischen Bezeichnungen zu sehen sind, ist in Syrien gefunden worden, näheres De Witte, Gazette archéol. III 1877 Tafel 8, 5. Die Planetengötter wurden im Altertum auf Amuletten als Schutzheilige getragen, ebenso wie auch andere Astralgötter, von denen vornehmlich die Dekangötter in der astrologischen Heilkunde in dieser Form Verwendung finden, näheres Gundel, Sterne und Sternbilder S. 281, zu den antiken Astralamuletten A. Delatte, Études sur la magie grecque, Le Musée Belge Bd. 17 (1913) S. 321 ff. und ebd. Bd. 18 (1914) S. 16ff., 23ff., 60 und 94f., ferner Cumont, Le Jupiter Héliopolitain et les divinités des planètes, Revue Syria 1921 S. 40f., zu der Verehrung der Planeten und ihrer Darstellung auf den Wochengöttersteinen die Literaturübersicht bei: E. Wessén, Zur Geschichte der Germanischen N-Deklination, Diss. Upsala 1914 S. 177 bis 179. — Die neueste Deutung des Septizonium als einer Art monumentalen Wochentagskalender stellt Dombart, Septizonium in Wissowas Realenzykl. II. Reihe Bd. 2 S. 1584, auf. — *) Manetho A. 196 ff. — S. 34. *) zu Plotinos' Stellung zur Astrologie H. F. Müller, Neue Jahrb. 32 (1914) S. 465 ff. — Die Vorstellungen von der Gottheit, die über den Sternen thront, behandelt Cumont, After Life S. 109. — Einen kurzen Durchblick durch die astrologischen Schriftsteller und ihre Werke, welche durch den Catalogus codicum astrologorum wieder ans Licht gefördert worden sind, gibt Boll, Neue Jahrb. Bd. 21 (1908) S. 104f., und Cumont, Écrits hermétiques a. O. S. 63 ff. — Ob Manilius dem Kaiser Augustus oder Tiberius sein Gedicht gewidmet hat, ist eine nicht definitiv gelöste Streitfrage, wahrscheinlich sind die ersten Bücher unter Augustus geschrieben und diesem Kaiser auch gewidmet worden.

*S. 28.* Zu den göttlichen Mittlern und Propheten, welche die Geheimnisse der Astrologie ihren Ausersehenen mitgeteilt haben, sei auf die Ausführungen von Bouché-Leclercq S. 551 und 576—578 verwiesen, vgl. noch Catal. cod. astr. V 1. S. 118, V 3, S. 140, 1 ff. VII S. 87. — Von den astrologischen Lehren Hipparchs, die vielleicht seiner Jugendzeit zuzuweisen sind, sind nur einige Fragmente aus der astrologischen Geographie durch Valens I cap. 2 und Hephaestio von Theben S. 47, 19 E. bekannt, weiteres bei Rehm, Hipparchos in Wissowas Realenzykl. Bd. 8 S. 1680f., und Cumont, Catal. cod. astr. II 85, 2. Nach Firmicus II Praef. 4 hat ein sonst nicht weiter bekannter Fronto in der Lehre der antiscia dem Hipparch recht gegeben, während andere diese Lehre umgebildet haben, ebd. II 29,2. Hipparch muß auch an einen Zusammenhang der Seele mit den Sternen geglaubt haben; leider sind wir nur auf die dürftige Mitteilung des Plinius angewiesen, der von ihm sagt, quo nemo magis adprobaverit cognationem cum homine siderum animasque nostras partem esse caeli (nat. hist. II 95).

*S. 29.* Die Disputation über das Schicksalsproblem, sei es nun Tyche, Moira, Heimarmene, Genesis oder Fatum genannt, bildete den wichtigsten Faktor zur Verteidigung oder Ablehnung der damit eng verflochtenen Lehre vom Sternenschicksal; Literatur hierzu gibt Gundel, Beiträge zur Entwicklungsgeschichte der Begriffe Ananke und Heimarmene S. 61, 1, vgl. noch Ps. Quintil. declam. maior. 4, 10. 9, 16 minores p. 94, 17 R. Mamert. Paneg. Genethl. Maxim. XIX, zur Erklärung und Entwicklung des astrologischen Fatalismus sind die Äußerungen von M. P. Nilsson, Nordisk Tids-skrift for Filologi 1918 S. 119f., zu beachten. — Den Einfluß der Sterndeutung am römischen Kaiserhofe zeichnet Bouché-Leclercq a. o. S. 549—560, Kroll a. o. S. 562, F. Cumont, Die Oriental. Religion im röm. Heidentum, übers. von Gehrich S. 193ff., dazu 280, 6ff. Kulturhistorisch ist es von besonderem Interesse, daß die ersten besoldeten Professuren für Astrologie der Kaiser Alexander Severus einrichtete (Lamprid. Alex. Sev. cap. 27 und 44). — Daß breite Schichten der römischen Stadtbevölkerung von dem Glauben an die Astrologie ergriffen waren, markiert Boll durch den Zirkustroßknecht. Es sind spezielle Deutungen für den Ausgang der Zirkusspiele erhalten, teils ganz banaler Art, wie der Zirkel des Petosiris u. a. (s. u.), teils aus der gelehrten Sterndeutung, z. B. Catal. cod. astr. V 3 127, 26 und VI 65, 22 nebst der Anmerkung Krolls. Auch an den astrologischen Inhalt der Verwünschungstäfelchen von Zirkusspielern z. B. Audollent, Defixionum tabellae (1904) 15, 8. 9 S. 22 u. a. möge erinnert werden, ferner an die Tatsache, daß seit alters gerade am Zirkus die Dreikreuzerastrologen ihr Wesen trieben (s. o.), und daß die Zauberhandlungen der astrologischen Magier im Zirkus vorgenommen wurden, vgl. Delatte, Études sur la magie grecque, I. Sphère magique du Musée d'Athènes, Bull. corr. hell. Bd. 37 (1913) S. 278. Für die Verbreitung astrologischer Lehren im römischen Volke ist es kennzeichnend, daß bereits Anfangs des 2. Jahrhunderts v. Chr. Cato de agricult. 5, 4 seinen Pächter vor den Prophezeiungen der Chaldaeer warnt. Ihre Ausbreitung fand die Astrologie einmal durch die primitiven astrologischen Texte, unter denen etwa die astrologischen Bauernregeln des Praxidicus des Accius (Plinius nat. hist. XVIII 200) dem vulgären Bedürfnis Rechnung trugen. Dazu kommen die Vermittler der Lehre selbst, die vielfach dem Sklavenstande angehörten, wie etwa der von Plin. nat. hist. XXXV 199 als astrologiae conditor bezeichnete Sklave Manilius Antiochus. — Magie und Astrologie sind durch die ganzen Jahrhunderte hindurch, in denen die Astrologie in Geltung stand, unzertrennlich verbunden geblieben. In den Axiomen der astrologischen Zauberei lebt die alte Sternreligion ungebrochen weiter, sie bildet mit einen der wichtigsten Faktoren, welchen die Astrologie ihr ungemein zähes Leben verdankt. Astrologe und Magier sind oft geradezu identische Begriffe. Schon Agrippa vertreibt im Jahre 33 v. Chr. die Magier und Astrologen (Cass. Dio XLIX 43), auch der Kaiser Tiberius läßt durch einen Senatsbeschluß 16 n. Chr. die Astrologen und die Zauberer aus Rom treiben (Tac. Ann. II cap. 32). Für die Kirchenväter ist es eine unverbrüchliche Wahrheit, daß Dämonen und die gefallenen Engel den Menschen in den Geheimnissen der Zauberei und der Astrologie unterrichtet haben, die beide eng zusammengehören (scimus magiae et astrologiae inter se societatem, sagt Tertullian. de idol. cap. 9, s. o. S. 22). Auch in den Dekreten der Konzilien und in den Bußordnungen der Kirche erscheinen die beiden nebeneinander als verdammenswerte Künste, die der Christ zu meiden hat (z. B. Cod. Theodos. IX 16, 4). In Toledo studierte man neben der Astrologie die Dämonenlehre, und im lateinischen Mittelalter ist der Astrologe mit dem Nekromant und Zauberer auf dieselbe Linie gestellt. Das wird bereits Gerbert, dem späteren Papst Silvester II. (999—1003) vorgeworfen, daß er dank seiner Kenntnisse in der astrologischen Magie diese höchste Stelle der Kirche erhalten habe (J. Döllinger, Die Papst-Fabeln des Mittelalters, München 1890 2a S. 184ff.). Er war ein großer Astrolog und Maestro di Nigromanzia heißt es von Kardinal Bianca im 13. Jahrhundert; ein Astrolog, Prophet und Nigromant war auch Meister Johann von Toledo (H. Grauert, Meister Johann von Toledo S. Ber. Akad. München 1901 S. 142 und 144). Wenn sich schließlich mit Ausgang des Mittelalters die Kirche veranlaßt sah, gegen einzelne hervorragenden Astrologen mit Bann und Feuertod vorzugehen, so war daran weniger deren Glaube an die Doktrinen der mathematischen und geometrischen Astrologie schuld, als die Tatsache, daß sie mittels der dämonischen Astrologie mit den Sterngeistern in verbotenem Konnex standen. Und das ist bis heute besonders in dem orientalischen Sternglauben lebendig geblieben, daß der Astrologe mittels seiner astralen Zauberkunst sich die Sternenmächte dienstbar machen kann. Sonne, Mond und Sterne von dem Himmel herabzuziehen, gehört zum Repertoire des antiken und des modernen Hexenkünstlers, man darf wohl sagen, der Kulturvölker so gut wie der Primitiven. Es werden uns die verschiedensten mehr oder weniger komplizierten technischen Mittel genannt, wodurch der Zauberer plötzlich den Himmel mitsamt den Sternen auf der Erde sichtbar werden läßt (Gundel, Sterne und Sternbilder S. 301—305). Religionsgeschichtlich weitaus wertvoller aber sind die magischen Zitationen der Sterngötter, der Sterngeister oder Sternengel. In den Texten, welche rein theoretisch die bis ins einzelne gehenden Vorschriften der Anrufungen und Opfer dazu bieten, lebt ein Jahrtausende alter Glaube beharrlich weiter. Gerade die astrologische Magie hat am getreusten uralte kultische Elemente der Astralreligion weiter gegeben, die im einzelnen noch einer schärferen Untersuchung bedürfen. Boll greift aus diesem umfassenden Gebiete den Glauben heraus, daß man einen Sterngeist zur Erscheinung zwingen und sich dienstbar machen kann. Boll hat in seiner Untersuchung Aus der Offenbarung Johannis S. 50 diese Idee weiter verfolgt und ihre Spiegelung in der Apokalypse Johannis nachweisen können. Diese Aufgabe, einen Sterngeist zur Epiphanie und zur Dienstleistung zu zwingen, spielt auch in der arabischen und dann in der abendländischen Astrologie eine wichtige Rolle. Theoretisch klären uns vor allem die Zaubervorschriften des von Warburg entdeckten arabischen Zauberbuches Picatrix ausführlich darüber auf, wie man die Sterngeister zur leibhaftigen Erscheinung und zum Gehorsam zwingen kann, vgl. H. Ritter, Picatrix, ein arabisches Handbuch hellenistischer Magie, Vorträge der Biblioth. Warburg, herausgeg. v. Fritz Saxl 1923 S. 105ff., 117ff. und über die Weiterformung in den astrologischen Zauberbüchern Gundel a. o. S. 313ff. Von tatsächlichen Erscheinungen und Dienstleistungen der Sterngeister wissen uns antike und mittelalterliche Erzählungen zu berichten (Gundel a. o. S. 322); eine interessante Episode dieser Art hat H. Ritter, Der Islam Bd. 14 (1924) S. 150 Anm. aus der Einleitung des Handbuches der Magie von Rāzī mitgeteilt. — Eine geschichtliche und systematische Darstellung der astrologischen Amulette und Talismane sowie der vielgestaltigen Anordnungen über die Herstellung, das Material und die praktische Verwendung desselben fehlt; einige wesentlichen Gesichtspunkte sind behandelt von Gundel, Sterne und Sternbilder S. 281ff. und S. 335—346, dazu A. Dieterich, Kleine Schriften S. 37ff. Blochet, Le gnosticisme musulman 69ff. 179, 3. P. Delatte a. O. (oben S. 102). Thorndike a. a. O. die einzelnen Nachweise in dem General-Index s. v. images, stars und astrological, Hopfner a. O. Bd. 2 (1924) S. 68ff. und 99; die arabischen Planetenquadrate (mensulae) der talismanischen Astrologie untersuchen Deonna, Revue des étud. grecques XX (1907) S. 364—382, und W. Ahrens, Magische Quadrate und Planetenamulette, Naturwiss. Wochenschr. N. F. Bd. 19 (1920) S. 465ff und Magische Quadrate an Bauwerken, Das Weltall Bd. 19 (1919) Heft 13 und 14, dazu Panofsky-Saxl, Dürers ‚Melencolia. I', Stud. der Bibl. Warburg Bd. 2 (1923) S. 52, 2. — Den offiziellen römischen Kultus des Sonnengottes erörtert F. Cumont, Astrology S. 97, 133 und La celebration du natalis invicti en Orient, Revue de l'histoire des relig. Bd. 82 (1920) S. 85. — Zu der Sehnsucht, welche im ausgehenden Altertum die Massen beseelt, von dem Druck des Sternenschicksals befreit zu werden, vgl. Reitzenstein, Poimandres S. 75ff, und 78ff., und F. Cumont, Fatalisme astral, Revue d'hist. et de lit. relig. 1912 S. 534, 538, 540f. — Die Beschwörung an den Morgenstern mit den genauen kultischen Vorschriften enthält der große Pariser-Zauberpapyrus, herausgegeben von Wessely, Denkschr. d. Wien. Akad. d. Wiss. 1888 S. 118 v. 2901ff. —

*S. 30.* Paulus Epist. Galat. IV. 9, weitere einschlägige Stellen weist in der Bibel für den Einfluß der Sternreligion nach: Maas, Südd. Blätter f. Kirche und freies Christentum 1918, 4 S. 13—15, Jacoby, Monatsschr. f. Gottesdienstl. und Kirchl. Kunst 1919 S. 265 f., und Scheftelowitz, Die altpersische Religion und das Judentum (1920) S. 226f. Die Untersuchung über die Einwirkung der Astrologie auf die Bibel und das werdende Christentum ist leider ein Desideratum geblieben, auch die Darstellung der Einflüsse der Sternreligion auf die übrigen Erlöserreligionen harrt noch der Bearbeitung. — Ein Gebet an den Sonnengott und die übrigen Planeten spricht Firmicus I 10, 14 p. 38 Kr., das Gebet an den großen Weltengott und die Planeten steht V praef. 3 Bd. 2. p. 2, 20 Kr., die totale Umänderung seiner religiösen Anschauungen erhellt die von Boll angeführte Scheltrede des Helios de error. profan. relig. cap. 8. — Das Horoskop der Stadt Konstantinopel erwähnt Zonaras XIII 3 (III p. 180 Dind.), Cedrenus I p. 497, 18 Bonn., Glykas p. 468 Migne. Diese Zeugen behaupten, daß der Astrologe Valens das Horoskop gestellt habe, das ist natürlich ein Unding. Daß Konstantin sich in dieser Frage an mehrere Astrologen gewandt hat, macht Preger, Hermes Bd. 36 (1901) S. 339f. wahrscheinlich. Der Krebs beherrschte die Stunde der Gründung, die Sonne stand im Zeichen des Schützen; der Grundstein der westlichen Ringmauer wurde am 26. November unter großer Feierlichkeit gelegt. — Von der Gründung der Stadt Seleukia erzählt Appian. Syr. 58, daß die Astrologen den Tag und die Tagesstunde zu bestimmen hatten, in der man mit dem Ausheben der Fundamente beginnen sollte. Aus nationalen Motiven verheimlichten diese aber den richtigen Moment; durch irgend ein Mißverständnis begannen jedoch die Soldaten den Bau. Als die Astrologen zur Rechenschaft gezogen wurden, gaben sie zur Antwort: τὴν πεπρωμένην, ὦ βασιλεῦ, μοῖραν χείρονά τε καὶ κρείccονα οὐκ ἔcτιν οὔτε ἀνδρὸc οὔτε πόλεωc ἐναλλάξαι. μοῖρα δέ τιc καὶ πόλεών ἐcτιν ὥcπεc ἀνδρῶν. Der Glaube, daß für eine Stadt und ein Volk ebenso wie für einen Menschen das abrollende Schicksal durch die Konstellation der Geburts- resp. Gründungsstunde vorgezeichnet sei, gehört immer wieder mit zum Ferment der Astrologie. Sowohl die einfachen Texte der Laienastrologie als auch die subtilen wissenschaftlichen Systeme des Altertums und der Neuzeit markieren die günstigen Momente für die Grundsteinlegung.

Zur Zeit Varros berechnete Tarutius Firmanus, der vor allem in chaldaeischen Systemen bewandert war, das Horoskop der Stadt Rom, er fixierte die Wage als das Geburtsgestirn derselben: Cicero, De divin. II 98, dazu Manil. IV 773 und Lydus, De mens. I 14. Die Feststellung und Deutung des Stadthoroskops genoß bei Dilettanten und bei Berufsastrologen ein großes Ansehen bis in die Neuzeit. Bei Gauricus, Cardanus und Junctinus finden sich Stadthoroskope aus allen Zeiten und Zonen. Von deutschen Astrologen kann hierfür A. Goldmayer genannt werden, er hat in besonderen Abhandlungen das Horoskop und das zukünftige Schicksal der Städte Bamberg, Marburg, Straßburg, Würzburg und der hessischen Völker beschrieben, näheres W. Hess, Archiv d. hist. Vereins von Unterfranken und Aschaffenburg 1916 S. 73—152 und Jahrb. d. hist. Vereins Bamberg 1917 S. 1—32. Dieser wunderliche Glaube, daß das Horoskop eines Gebäudes, eines Schiffes, einer Stadt und eines Volkes in den Sternen zu lesen ist, treibt auch in den Handbüchern der modernen Astrologie sein Unwesen. Ja auf den Astrologentagungen werden neuerdings die Probleme „Das Horoskop der deutschen Republik“ und „das Horoskop der Stadt Berlin, d. h. Groß-Berlin“ mit komisch anmutendem Ernst erörtert, vgl. Astrolog. Blätter, Jahrg. 6 (April 1924) S. 31. — Daß die Priester des Sonnengottes der Statue des Konstantin Opfer und Verehrung erwiesen haben, berichtet Sokrates I 17, weiteres hierüber bei Philostorgius II 17, Burckhardt, Zeit Constantins des Großen S. 442, 445, und Preger a. O. S. 457, 462. *) Mommsen, Röm. Gesch. Bd. 5 S. 348. — Zu dem Verlegen des Geburtstages Christi auf den 25. Dezember *) Joh. Chrysostomos, vgl. das Zitat bei Norden, Geburtstag des Kindes, Studien der Bibliothek Warburg III (1924), S. 101, 3.

*S. 31.* Der Astrologe Antiochos (2. Jahrh. n. Chr.) notiert in seinem Kalender, herausgegeben von Boll, S. Ber. Akad. Heidelb. 1910, zum 25. Dezember: γενέθλιον Ἡλίου, αὔξει φῶς (S. 40). In der Liturgie heißt es: ἡ παρθένος τέτοκεν, αὔξει φῶς dazu Holl, Der Ursprung des Epiphanienfestes, S. Ber. Akad. Berl. 1917 S. 422 ff., Sethe, Die Zeitrechnung der alten Ägypter, Nachr. d. Gesellsch. d. Wiss. Götting. 1920 S. 38. — Die antiken christlichen Zeugnisse, welche die Wahrheit der Astrologie durch den Stern Christi und die Sonnenfinsternis bei Christi Tod beweisen wollen, gibt Bouché-Leclercq S. 611 ff., für das Mittelalter *) Thorndike II S. 611 ff. (Thomas von Aquino und andere) und auch Jacoby a. O. S. 265. Das wird natürlich auch heute noch von den zünftigen Astrologen ausgemünzt, ohne daß aber irgend ein wesentlich neuer Gedanke dazu kommt. — Varro erzählt nach Servius Verg. Aen. II 801, daß dem Aeneas von dem Tage an, da er Troja verließ, ein Stern auf seiner Fahrt vorausleuchtete; er folgte ihm, bis er nach Italien kam. Ähnlich soll den Timoleon im J. 345/44 ein Komet nach Sizilien geführt haben: Diodor. XVI 66, 3. — Nach hellenistischem Wunderglauben, der sich übrigens auch bei Naturvölkern gelegentlich findet, werden öfters Kometen, Meteore, am Himmel gesichtete helle Sterne oder auch auffallende Lichterscheinungen in der unmittelbaren Nähe mit der Geburt hervorragender Menschen in inneren Zusammenhang gestellt. Der Stoiker Chairemon stützte seine Doktrin, ein Komet bringe nur Gutes, durch das Argument, daß ein Komet meist dann erscheine, wenn ein König oder sonst ein ausgezeichneter Mensch geboren werde: Origenes contra Celsum I 59. Und ganz in diesem Sinne erklärt Origenes im Anschluß an Chairemon den Stern Christi durch die Erfahrung, daß solche neuen Sterne beim Entstehen neuer Reiche und anderer universalen Ereignisse gesichtet werden. Da dürfe es nicht erstaunlich sein, daß die Sternerscheinung die Geburt desjenigen begleitete, der eine völlige Neugestaltung in dem Menschengeschlecht vollziehen und seine Lehre nicht bloß den Juden, sondern auch den Griechen und vielen barbarischen Völkern offenbaren sollte. — Als Zeichen werden die Gestirne, man darf sagen bei allen Völkern, auch wenn sie zeitlich und kulturell keinen Zusammenhang miteinander haben, in doppeltem Sinne aufgefaßt, einmal als Zeichen der Zeit, der Jahreszeiten, der Nacht und der Jahreswitterung, und dann als Vorzeichen kommender politischer Ereignisse, wenn auffällige Veränderungen an ihnen bemerkt werden. Dagegen ist die wörtliche Deutung der Gestirne als eine Schrift, durch die Gott seinen Willen zu erkennen gibt, hauptsächlich nur von solchen versucht worden, welche von babylonischen Ideen und deren Nachwirkungen beeinflußt sind und in den Sternen das Schicksal „lesen" wollen; es sei hierzu auf F. Dornseiff, Das Alphabet in Mystik und Magie, Stoicheia Heft 7, 2. Aufl. 1924, S. 89—91, verwiesen. — Daß die Sternenschrift nur für Engel und die seligen Geister lesbar ist, wird als Ansicht des Origenes von Eusebius Praep. evang. VI 11, 30ff. mitgeteilt, weitere christliche Äußerungen dieser Art verzeichnet Bouché-Leclercq S. 614, 2 u. 615 und E. Pfeiffer a. O. 73f. Wir haben es hier mit einer Anerkennung und zugleich noch mit einer Umbildung der auch sonst im ausgehenden Altertum verbreiteten Anschauung zu tun, daß die Götter oder die Dämonen das richtige Horoskop droben am Himmel lesen und die daraus sich ergebenden Ereignisse dem Menschen im Schlaf oder auch in wirklicher Epiphanie mitteilen; sie können auch auf dem bereitgestellten astrologischen Himmelsbrett durch die richtige Einsetzung der Planetensteine und des sog. Horoskopos den tatsächlichen Himmelsstand offenbaren (siehe unten S. 197f.). Und wie die Götter, so schauen gemäß der bemerkenswerten Auslegung des platonischen Er-Mythus, welche Porphyrius bei Stob. II 8, 42 p. 169 f. Wa. ff. gibt, die Seelen der zukünftigen Tiere und Menschen in den Sternbildern die Horoskope und Lebensarten, welche durch die Aspekte vorgezeichnet sind. Sie lesen die Lose, die wie auf einer Tafel in der Himmelserde eingetragen sind, und müssen, nachdem sie eines der Lose für ihr künftiges Leben gewählt haben, das Geschriebene unerbittlich vollenden.

*S. 32.* Tertullian. de idol. cap. 9: *De Christo scilicet est mathesis hodie; stellas Christi, non Saturni et Martis et cuiusque ex eodem ordine mortuorum observat et praedicat. at enim scientia ista usque ad Evangelium fuit concessa, ut Christo edito nemo exinde nativitatem alicuius de caelo interpretetur;* dazu Jo. Chrysostom. Homil. VI in Matth. und *) z. B. auch Catal. cod. astr. V 1 S. 135, 1 *) vgl. auch die gnostischen Erlösungen bei Anz, Urspr. d. Gnostizismus S. 44f. — Lactant. Divin. Instit. II 16 und Augustin. Civ. Dei V 7: *non immerito creditur, cum astrologi mirabiliter multa vera respondent, occulto instinctu fieri spirituum non bonorum, quorum cura est has falsas et noxias opiniones de astralibus fatis inserere humanis mentibus atque firmare,* dazu Bouché-Leclercq S. 618ff. — Daß der freie Wille des Menschen und andererseits Gottes Gnade die Macht der Astraldämonen und somit des Sternenschicksals überwinden können, ist ein in unendlichen Varianten immer wiederkehrendes Thema, solange die Astrologie ihre dominierende Stellung behauptete (s. u. S. 169). Seltener, aber auch desto interessanter, sind dagegen Äußerungen wie etwa die von Benvenuto Cellini II cap. 2 (nach Goethes Übersetzung): „Gott hat diesmal den ungünstigen Lauf der Sterne unterbrochen und mich Ew. Heiligkeit erhalten.“ — *) Der Philosoph Stephanos, der in Konstantinopel um 700 die Astrologie wiedererwecken will: Catal. cod. astr. II 181 ff., vgl. 182, 5. — Von dem Philosophen Leon sind einige Astrologumena aus griechischen Handschriften veröffentlicht: Catal. cod. astr. I 139 und IV 92, seine astrometeorologische Prognose erläutert E. Pfeiffer a. O. S. 103. — Abb. 11 auf Tafel VI zeigt in besonders anschaulicher Weise den Sieg der christlichen Religion über die feindlichen Planetenmächte, die unter dem Kreuzesarm von ihren Säulen herabstürzen.

*S. 33.* Die völlige Abhängigkeit des Kaisers Manuel Komnenos von den Doktrinen der Astrologie beleuchtet Cumont, Catal. cod. astr. V 1 S. 106f., der hier auch die Erörterung dieses Kaisers über die Wahrheit der Astrologie und die Angriffe des Michael Glykas S. 125 bis 140 herausgegeben hat. — Griechische Übersetzungen persischer Traktate sind veröffentlicht Catal. cod. astr. II 122 u. 153 (Achmet), V 1 156 (Varahamihira scil. Apomasar), I 85—89 (Sampsuchar), II 192

(Zoroaster); von sonstigen Übersetzungen seien genannt I 81 (Masala), V 1 142 (Apomasar), V 3 90f. (arabische Prognosen nach Mondstationen), ebd. S. 98 u. 103 (Zahel Judaeus). — Zu Theodoros Meliteniota vgl. J. Heeg, Catal. cod. astr. V 3, S. 133. — Vor dem Eindringen der arabischen Literatur, mit der zugleich auch das Hauptwerk der griechischen Literatur, das Vierbuch des Ptolemaeus, dem Abendland zugeführt wurde, vermittelten dem frühen Mittelalter die Elemente der gelehrten Astrologie einmal die lateinischen Kommentatoren von Platos Timaeus, unter denen ein besonderes Ansehen Chalcidius hatte, dann die kurzen Darstellungen der astrologischen Ideen bei Isidorus von Sevilla und Beda; auch Macrobius ist mit seinen philosophischen Erörterungen einzelner Axiome der Astrologie eine wichtige Autorität.

*S. 34.* Außer dem Sternkultus des arabischen Heidentums hat wohl auch der Schicksalsglaube desselben einen nachhaltigen Einfluß gehabt, vgl. Cumont-Gehrich, Oriental. Religion S. 290, und O. Rescher, Über fatalistische Tendenzen in den Anschauungen der Araber, Der Islam Bd. 2 (1911) S. 337—344. Die Entwicklung der astrologischen Weltanschauung im Islam, ihre Gegner und Verteidiger und die Literatur derselben würdigt Nallino in dem schon erwähnten Artikel 'Sun, Moon and Stars' in Hastings Encycl. of Religions Bd. 12 S. 88ff., wo auch dessen weitere Studien und die ältere Literatur über arabische Astrologie und arabischen Schicksalsglauben verzeichnet sind; weiter ist hier *) Wiedemann, Zur Geschichte der Astrologie in der Zeitschrift „Das Weltall" 1922 S. 109—114 und 121—126 und 1923 S. 1—7 zu nennen, ferner die Untersuchungen von Wedel a. O. S. 61ff. und Thorndike a. O. Bd. 2 S. 66ff. — Der Ausspruch des Theophilos von Edessa steht in einem astrologischen Traktate desselben, den Cumont, Catal. cod. astrol. V 1 S. 235, 10 herausgegeben hat; zu seiner Stellung als oberster Astrolog am Hofe des Kalifen Al-Mahdi vgl. ebd. S. 230 Anm. 5, 231 Anm. 2 und 234, 1 und zu seinen Werken, Catal. cod. astr. IV S. 122 und VIII 4 S. 15, 51f., 58 und 76. — Den Einfluß von Abu Ma'schar im christlichen Mittelalter bespricht ausführlich Thorndike, er weist auch die wichtigsten Übersetzungen ins Lateinische und deren handschriftliche Überlieferung nach a. a. O. Bd. 1 S. 649ff. — *) Al Buruni (973—1045) ebenfalls astrologiegläubig vgl. Suter, Beitr. z. Gesch. d. Mathem. S. 80. — Zu den experimentellen Träumen Roger Bacons gibt Thorndike Bd. 1 S. 649ff., 654 und 655, 1 die Belege, die Abhängigkeit desselben von Al-Kindi beleuchtet er S. 646f. Sudhoff macht in den Mitteil. z. Gesch. der Medizin 1919 S. 328 geltend, daß vor Roger Bacon sein Landsmann Daniel von Morley zu nennen ist, der die arabische Astrologie dem Abendlande zuführte; Thorndike Bd. 2 S. 254f.

gibt die näheren Einzelheiten über dessen astrologische Anschauungen. Daß übrigens die arabische Astrologie schon viel früher, als bislang angenommen wurde, dem Abendlande zugeführt wurde, zeigt Thorndike in seinen wertvollen Untersuchungen Bd. 1 S. 698ff. aus Handschriften des 10. und 11. Jahrhunderts. Vor allem erwähnenswert und wichtig für die Geschichte des Einflusses der arabischen Astrologie ist in diesem Sinne der sog. Alhandreus oder Alcandrus, die Übersetzung eines arabischen astrologischen Traktates ins Lateinische, die wohl in das 8. Jahrhundert n. Chr. gehört. Sie findet sich in einer Pariser Handschrift des 10. Jahrhunderts (Ms. Bibl. nation. Nr. 17 868), über dieselbe vgl. Cumont, Astrologica, Revue Archéolog. 1916, I, S. 17ff., der auch eine ausführliche Inhaltsausgabe gibt, dazu Wickersheimer a. O. S. 321 und Thorndike Bd. 1 S. 710ff. — Zu der Bedeutung der Planetenkonjunktionen in der arabischen Astrologie bemerkt Boll, daß dieser Gedanke auch schon antik ist *) vgl. Schol. B. zu Il. Υ 67 (IV 232, 27) ἐνίοις μὲν οὖν ἀρέσκει λέγειν τὴν τῶν ἑπτὰ πλανητῶν ἀστέρων ἐν ἑνὶ ζῳδίῳ συνόδον ὑφ' Ὁμήρου διὰ τούτων δὴ λεχθεῖσαν· φθορὰ δὲ παντελὴς ὅταν τοῦτο γένηται. Im übrigen Berossos und die Stoa (ἐκπύρωσις und ἐξυδάτωσις) bei Planetenvereinigung. (Daß Plato schon die Konjunktion aller Planeten gekannt hat, ist oben bereits vermerkt worden, auch der astrologischen Erklärung verschiedener Homerstellen als Planetenkonjunktion sei hier nochmals gedacht. In der babylonischen Sterndeutung wurde ebenfalls schon in alter Zeit der Planetenkonjunktion, besonders der des Mars und des Jupiter eine große Bedeutung zugemessen, wie Kugler a. O. II 2 S. 368 neuerdings hervorgehoben hat.) — Daß Mohammeds Geburt mit einer Planetenkonjunktion zusammenhing, lehrte Al-Kindi (Thorndike a. O. Bd. 1 S. 648, vgl. auch zu dem Horoskop Mohammeds die interessanten Ausführungen des Stephanos von Alexandria ed. Usener, Kl. Schriften Bd. 3 S. 279, 18). Der schwarze Tod vom Jahre 1348 wird auf eine Konjunktion der Planeten Saturn, Jupiter und Mars im Wassermann zurückgeführt, näheres Grauert a. O. S. 201 ff. S. 250, 264f. Die Kombination von Luthers Auftreten mit der Konjunktion der großen Planeten Saturn und Jupiter im Skorpion, der zuliebe Luthers Geburtstag um ein ganzes Jahr verschoben wurde, behandelt ausführlich Warburg, Heidnisch-antike Weissagung, a. O. S. 12ff.

*S. 35.* Zur Stundenwahl für Bad und Schachspiel *) Catal. cod. astr. IV 127 (Apomasar); Kleiderwechsel ebd. V 3 S. 90ff. dazu noch Cumont-Gehrich, Oriental. Relig. S. 195, Boll, Byzantin. Zeitschrift Bd. 8 S. 527 und Neue Jahrb. Bd. 21 S. 110. — Die Astrologie in 1001 Nacht bespricht O. Rescher, Studien über den Inhalt von 1001 Nacht, Der Islam Bd. 9 (1919) S. 35f. — Der Posten des Astrologen bildet unter dem Kalifat eines der wichtigsten Ämter. Bei Geburt eines Prinzen, beim Beschneidungsfest, bei der Hochzeit und der Thronbesteigung wird erst der Sterndeuter befragt, näheres Rescher a. O. S. 35, 1. Nallino a. O. Wiedemann a. O. (1922) S. 113ff. — Boll fügt zu dem Eindringen der Astrologie im Abendlande und ihrem stetig wachsenden Einfluß zu: *) Bernardus Silvesters ‚de Philosophia mundi', zwischen 1145 und 1153 geschrieben, ist beinahe völlig heidnisch nach Wedel a. O. S. 32 ff.; er ist „*the principal representation of neoplatonic astrology in the Middle Age*", und sein Werk könnte nach Wedel von einem Humanisten des 16. Jahrhunderts geschrieben sein. — Die Ansicht Bolls, daß die Angriffe gegen die Astrologie schon ins frühe 12. Jahrhundert fallen, darf nach den Forschungen Thorndikes etwas früher datiert werden. Denn Thorndike konnte nachweisen, daß wissenschaftliche Angriffe gegen die Astrologie — auf die Verdikte der Kirche gegen die Laienastrologie ist bereits hingewiesen worden — ebenso wie der literarische Einfluß der Astrologie bedeutend früher gesetzt werden muß. Es sind vor allem die Gegner Gerards, des Erzbischofs von York, zu nennen und Marbod (1035—1123); Peter Abelard und Hugo von St. Victor geben die astrologia naturalis d. h. den Einfluß der Planeten auf Witterung und Menschenleib zu, die astrologischen Prophezeiungen aber sind für sie Einflüsterungen des Teufels, näheres Thorndike a. O. Bd. 2 S. 5ff.

*S. 36.* Den Einfluß der Astrologie auf das italienische Leben des 13. Jahrhunderts zeichnet vortrefflich J. Burckhardt, Kultur der Renaissance, 12. Aufl. (1919) Bd. 2 S. 183ff., für die literarische Weitergabe der astrologischen Systeme ist besonders anregend Manfred, der König von Sizilien, gewesen, näheres Thorndike Bd. 2 S. 221, 254, 757, 2, 930, 965. — Auf einem beiliegenden Zettel notiert Boll *) Sforza wird von Astrologen sein plötzlicher Tod vorausgesagt, seinem Gegner Braccio, daß er bald nachfolgen werde: Platen ed. Cotta Bd. IV, Geschichte des Königreichs Neapel II 7 S. 206 Schluß (Quelle: Jovius). Dazu darf an das Werk von H. Ranzovius, Catalogus imperatorum regum ac virorum illustrium, qui artem astrologicam amarunt, ornarunt et exercuerunt Leipzig 1584 erinnert werden, der eine Menge derartiger glücklicher Prophezeiungen aus Altertum, Mittelalter und seiner Zeit zusammenschreibt. — J. Burckhardt a. O. S. 188 bemerkt, daß die Florentiner sich noch im pisanischen Krieg von 1326 durch ihren Astrologen die Stunde des Auszugs bestimmen ließen. Vielleicht hat Boll dieses Ereignis im Auge, dann wäre die Jahreszahl 1362 entsprechend zu ändern. — Das Schicksal des großen Astrologen Guido Bonatti und seine Tätigkeit bespricht J. Burckhardt a. O. Bd. 2 S. 187f. und

Thorndike a. O. II S. 825—838. — Besonders starke astrologische Einschläge finden sich in den Werken Hildegards von Bingen, siehe den Überblick bei Thorndike a. O. Bd. 2 S. 150f. — Aus den Carmina burana macht Boll Synastria, Sokrates Bd. 5 (1917) S. 458 auf das hübsche Beispiel aufmerksam, das Nr. 62 der 2. Auflage S. 152 Schmeller für den Begriff der Sternenfreundschaft gibt. — Hinter den Worten „Alberts des Großen“ hat Boll die Worte: „oder nach neuester Forschung vielmehr Roger Bacons“ der 1. und 2. Auflage eingeklammert mit der Randbemerkung *) nach Thorndike (gemeint dürfte wohl sein Bd. 2 S. 638f.) ist diese Hypothese Mandonnets nichts weniger als gut begründet. —

Die große Bedeutung der Astrologie im Leben der Päpste und der italienischen Großen charakterisiert J. Burckhardt a. O. Bd. 2 S. 185 und 312. Von weiteren Universitäten, an welchen die Astrologie als offizielles Lehrfach gelesen wurde, kann noch Mantua und Pavia genannt werden, letzteres besoldete seit 1374 dauernd Professoren der Sterndeutekunst: K. Rathe, Ein unbeschriebener Einblattdruck und das Thema der Ährenmadonna, Mitteil. der Gesellsch. für vervielfältigende Kunst, Beilage der graph. Künste, Wien 1922 Nr. 1 S. 21, Zur Bedeutung der Astrologie an der Universität Padua: A. Barzon, I cieli e la loro influenza (Padua 1924) S. 190. — Daß Sol und Jupiter im Heidelberger Ottheinrichsbau über den übrigen Planeten erhaben stehen, dürfte wohl mit dem Horoskop der Gründungsstunde oder der Fertigstellung des Baus zusammenhängen. Ein monumentales Horoskop, sei es nun der Stadt selbst oder des Gerichtssaales, scheint mir auch in den Fresken im Salone zu Padua mit eingeschlossen sein. Die hervorragende Darstellung des Löwen in der Westwand spricht dafür und auch die Tatsache, daß die Sonne im Löwen steht. A. Barzon a. O. legt darauf allerdings keinerlei Wert, er erwägt nicht einmal diesen naheliegenden Gedanken. Nach Lucas Gauricus Tractatus Astrol. Venedig 1552 p. 11 ist der Löwe das Horoskopgestirn der Stadt Padua! — Über antike monumentale Horoskopdarstellungen von Ländern, Städten und Tempeln siehe Cumont, Zodiacus bei Daremberg Dictionn. d. ant. S. 1047 f. und ders., Le Jupiter Héliopolitain a. O. S. 45f. F. Saxl, Frühes Christentum und spätes Heidentum in ihren künstlerischen Ausdrucksformen, Jahrb. für Kunstgeschichte Bd. 2 (1923) 2. Heft spricht S. 102ff. über die antiken kosmischen Darstellungen.

*S. 37.* Die Ansicht, Dürer habe die Melencolia Kaiser Maximilian zum Trost gegen dessen Saturnfürchtigkeit geschaffen, scheint Boll zuletzt nicht mehr beibehalten zu haben, darauf deutet seine Randbemerkung: *) dagegen Panofsky-Saxl, S. 54, 1 (die Verfasser lehnen eine Beziehung des Stiches zu Maximilian ab: „sie ist trotz Giehlows und Warburgs scharfsinniger Argumentation nicht erwiesen", es wird dem Stiche eher die Bedeutung eines Warnungsblattes als die eines Trostblattes beigemessen). — Auch seine Anschauung, daß Ficino ein Gegner der Sterndeutung war, hat Boll später geändert, das zeigt das Notat: *) muß wohl nach Panofsky-Saxl S. 32 ff. modifiziert werden. — Für die Charakteristik des Melancholikers notiert Boll: *) Saxl, Repertor. f. Kunstwiss. Bd. 63 S. 232 f. — Zu dem „Meer" auf Dürers Blatt und der entsprechenden Deutung im Text *) Saturn und Wasser z. B. Catal. cod. astr. VIII 4 S. 127, 2 f. (Wassermann das Haus des Saturn). — Vielleicht darf man noch daran erinnern, daß Saturn Hochwasserkatastrophen aller Art im Gefolge hat: Ptol. tetrab. II cap. 8 fol. 84, Hephaest. I cap. 20 S. 79, 17 E., Catal. cod. astr. X S. 249, 2 ff. Wasser und Erde wird Saturn als Element zugewiesen von Agrippa De occulta philosophia I cap. 35 S. 39 der Ausgabe vom J. 1531, und die Beschäftigung mit Künsten, die mit dem Wasser zusammenhängen, zeichnet nach einem antiken System Catal. cod astr. VIII 4 S. 212, 15 die Saturnkinder aus. Auf eine Überschwemmung durch Dammbruch oder eher nach einem Wolkenbruch dürfte auch der Komet und der Regenbogen deuten. Der Komet ist mit dem Kopfe nach der Erde zu gerichtet. Die Keilinschriften prophezeien bereits, daß eine Hochflut eintritt, wenn der Komet diese Richtung einnimmt: Jastrow, Rel. Babyl. und Assyr. Bd. 2 S. 696, 1. Das wird als Begleiterscheinung des Saturnkometen öfters notiert, ausführlich spricht darüber Junctinus, Speculum astrologia e 1573 S. 317 a, und ähnlich zählt M. G. Caesius als Folgen desselben auf in seiner „Chronik ... aller Kometen", Leutershausen 1579, Anhang: erstlich ein Melancholisch / dunckels / nublichs / ungesundes Wetter / trübe dicke wolken / böse nebel / Item große schedliche Kelt / ungewitter Hagel / gewesser / ungestüme wind / Schiffbruch / ... darauf dann allerley Melancholische und Phlegmatische krankheiten erfolgen / ... Die Form des Kometen erinnert an einen Schwert- oder Lanzenkometen; das entspricht allerdings nicht den antiken Schilderungen der Saturnkometen, vgl. Gundel, Kometen a. O. S. 1178. — Zu der Ableitung des Hundes aus der Deutung ägyptischer Hieroglyphen durch Horapollon, auf welche Giehlow gewiesen hat, vgl. Panofsky-Saxl a. O. S. 69, 2. Sollte man nicht einfach hier ebenfalls an ein astrologisches Axiom denken, das den Hund als saturninisches Tier bezeichnet hat? Vgl. etwa Catal. cod. astr. V 1 S. 182, 10, wo unter den Patrocinia Saturns von den Vierfüßlern nur die Hunde genannt werden. Auch die Fledermaus auf dem Bilde ist ein saturninisches Tier; in einem Traktat des Theophilus von Edessa (8. Jahrh. n. Chr.) werden wie bei Rantzau, auf den von Panofsky-

Saxl a. O. S. 50, 2 aufmerksam gemacht wird, alle Vögel der Nacht (τὰ τῆϲ νυκτὸϲ πετεινά Catal. cod. astr. IV S. 122, 3 f.) dem Saturn zugeschrieben. Unter den saturninischen Tieren ist die Fledermaus von Agrippa zweimal genannt, vgl. I cap. 25 S. 40: *inter aves vero Saturniae sunt, quae sunt longi colli et grossae vocis, ut grues, struthiones et pavones Saturno et Iunoni sacrae. Item bubo, noctua, vespertilio, upupa, corvus, et origis avis invidiosissima.* Für ein Rauchopfer an Saturn empfiehlt Agrippa 1. cap. 44 S. 62 folgendes: *pro Saturno capitur semen papaveris nigri, semen hyoscyami, radix mandragorae, lapis magnes et myrrha, et conficiuntur cum cerebro cati vel sanguine vespertilionis.* Zur Erklärung der Werkzeuge sind die Ausführungen von G. F. Hartlaub, Giorgiones Geheimnis (1925) S. 78 zu vergleichen. — Die „neue" Theorie, welche Ficino vom Wesen des melancholischen Temperaments gegeben hat, modifiziert Boll durch den Zusatz *) N. B. Saturn und Jupiter vereint in östlicher Stellung ergeben bei Ptolem. tetrab. S. 18, 5 χαριϲτικοί τε καὶ μεγαλόφρονεϲ, vgl. auch ebd. S. 19, 10. (dazu darf noch auf Catal. cod. astr. VIII 4 S. 210, 29, 211, 29 und 218, 7 verwiesen werden). — *) Zu den wahren Träumen des Melancholikers vgl. Aristoteles Eth. Eud. 1248 a 39f. διὸ οἱ μελαγχολικοὶ καὶ εὐθυόνειροι.

*S. 38.* Paul Verlaine, Poèmes Saturniens übersetzt von Otto Hauser Berlin, Concordia, deutsche Verlagsanstalt (von Boll auf einem beiliegenden Zettel notiert). — Eklatante Beispiele dafür, daß die Großen und auch Stadtgemeinden sich um diese Zeit völlig nach den Sternen gerichtet haben, findet man bei Grauert a. O. S. 217ff., 246, Burckhardt a. O. Bd. 2 S. 184ff., Troels-Lund a. O. S. 198 und 205, Wiedemann a. O. 1922 S. 121f. Ebenso lassen sich aus dem Altertum und auch aus unseren Tagen reichlich Beispiele dafür bringen, wie verhängnisvoll die Sterndeutung unschlüssiger und haltloser Menschen Tun dirigiert hat. Für das Altertum bringt das eine Reihe sarkastischer Gedichte zum Ausdruck, wie etwa das auf den Astrologen Aulus, von dem Lucillius behauptet, daß er sich selbst seine Todesstunde vorausgesagt habe; und als diese Prophezeiung nicht zur richtigen Stunde eintraf, erhängte er sich (Anthol. Palat. XI 164). Andrerseits weiß uns die Geschichte eine Menge wichtiger Ereignisse aus dem Leben der römischen Kaiserzeit zu berichten, die lediglich auf Grund von astrologischen Ratschlägen sich abspielten. Dafür und ebenso für die schon von Tiberius befolgte Methode, verdächtige Menschen nach den Sternen, das heißt nach ihrem Horoskop, das er ausfindig machen ließ, zu beurteilen, mag man Dio Cassius LVII cap. 19 und Bouché-Leclercq a. O. S. 554f. und für das Mittelalter Burckhardt a. O. Bd. 2 S. 186ff. nachlesen. Neben der strengen Form, die irgend eine Änderung des durch die Sternenmächte bestimmten Schicksals nicht zuließ, lief eine mildere Abart des Sternglaubens; danach war es dem Menschen möglich durch geeignete und rechtzeitig angewandte Gegenmittel den verhängnisvollen Momenten zu entgehen oder durch Unterlassen gewollter Vorhaben das Verhängnis zu meiden s. u. S. 169f.

*S. 39.* Daß Roger Bacon lediglich wegen seiner von Apomasar abhängigen astrologischen Sterndeutung bestraft wurde, bezweifelt wohl mit Recht Thorndike a. O. Bd. 2 S. 672 vgl. noch ebd. S. 949. — Auch Cecco von Ascoli ist nicht bloß auf Grund seiner astrologischen Anschauungen getötet worden, sondern bei ihm spielen ebenso wie bei Peter von Abano persönliche Gegnerschaften und auch die Anklagen wegen Zauberei eine größere Rolle: Thorndike Bd. 2 S. 948 bis 968 — *) zu den verhältnismäßig seltenen Verurteilungen wegen Astrologie: Thorndike Bd. 2 S. 968. — Für die Billigung der astrologia naturalis durch Thomas von Aquino weist Boll auf *) Thorndike Bd. 2 S. 600ff.; übrigens finden sich solche lauen Gegner der Sterndeutung schon im 11. und 12. Jahrhundert, es ist oben bereits in dieser Hinsicht auf Hildegard von Bingen, auf Peter Abelard und Hugo von St. Victor hingewiesen worden. — Außer der von Boll genannten Sentenz, die auch Bacon von Verulam de augmentis scientiarum III 4 anerkennt, bringt der in Texten des 13. und 14. Jahrhunderts häufig begegnende Spruch Sapiens homo dominatur astris diesen Gedanken der menschlichen Willensfreiheit treffend zum Ausdruck, die Nachweise bei Wedel a. O. S. 68. — Am unteren Rande der Seite fügt Boll hinzu *) Selbst Margarete von Navarra neigt zur Astrologie, die Sorbonne geht nur gegen die Astrologia iudicaria, aber nicht gegen die futuros eventus particulares astrorum vor. — Rabelais dagegen ist ihr Gegner; ebenso Des Périero, der Sekretär der Königin Margarete von Navarra; vgl. über all das E. Walser, Zwingli 1922 S. 1.

*S. 40.* *) vgl. jetzt auch O. Behrens, Calderons Schicksalstragödie, Roman. Forsch. Bd. 39 (1921) 1ff. bes. 5ff., 14ff. — Eine ansehnliche Rolle spielt die Astrologie, d. h. ihre zünftigen, dilettantenhaften und auch falschen Vertreter im französischen Theater (E. Friedrich, Die Magie im französichen Theater 1908 S. 131ff.); in der schönen Literatur Spaniens kommen ebenfalls häufig die astrologischen Doktrinen, die vor allem durch den starken astraldämonischen Einschlag religionsgeschichtlich bedeutsam sind, vor: E. von Lippmann, Entstehung und Ausbreitung der Alchemie 1919 S. 498ff. — Ähnliche Erscheinungen wie Morin nennt und rückt in ihren geschichtlichen Zusammenhang Bouché-Leclercq, a. O. S. 624, 2. — *) Darstellung der Madonna im Ährenkleid bes. in Salzburg, darüber Al. Schultz, Legende der Jungfrau Maria; siehe jetzt aber besonders den Aufsatz von K. Rathe, Ein unbestimmbarer Einblattdruck a. O. S. 16. — In Tafel V Abb. 9 ist aus der lateinischen Apomasarhandschrift (Sloane M. S. Nr. 3983, Photographie im Besitz der Bibl. Warburg) das Sternbild der Jungfrau mit der Ähre aufgenommen, es zeigt deutlich, wie das ursprüngliche Astralsymbol in die Hände der Gottesmutter gekommen ist. — Aus den Predigten des Bruders Berthold sind besonders charakteristisch die Stellen Bd. 1 S. 50ff., 392ff. Bd. 2 S. 232ff. der Ausgabe von I. Pfeiffer-Strobl (Wien 1862). Auch nach antiken Lehren verleihen die Planeten gelegentlich die sieben Tugenden: Reitzenstein, Poimandres S. 52, 2 und Reitzenstein-Schaeder a. O. S. 114ff.

*S. 41.* Das Horoskop Petrarcas gibt Cardanus Libri duo 1543 fol. K. IV r., die eigenartige Haltung Petrarcas der Astrologie gegenüber erhellt Grauert a. O. S. 259, 264 und Burckhardt a. O. S. 191 Anm. 1. — *) (zu Pico della Mirandola) noch dazu war er ein Schüler des Marsilius Ficinus, vgl. auch Panofsky-Saxl a. O. S. 47. — Cardanus a. O. fol. CC III sagt, der Astrologe, der gegen Pico geschrieben habe, habe seinen Tod für dieses Jahr prophezeit. Nach Gauricus, Tractatus Astrologiae Vened. 1552 S. 58 wurde Pico von drei Sterndeutern vorausgesagt, Mars werde ihn im 33. Lebensjahre bedrohen und töten. Rantzau a. O. S. 171 nennt die Astrologen: *Bellantius Senensis*, *Antonius Syrigatus Florentinus* und *Angelus de Catastinis Carmelita*, vgl. auch Tycho Brahe de discipl. math. oper. Bd. 1 (ed. Dreyer, Kopenhagen 1913) S. 168, Troels-Lund a. O. S. 199 und Thorndike a. O. Bd. 2 S. 970. — *) Pietro Aratino ist ebenfalls ihr Gegner.

Luthers kernige Abwehr der astrologischen Lehren mögen noch folgende Aussprüche kennzeichnen: „ich gläube, daß Magister Philippi Astrologia und Sternkunstlehre gleich sei, als wenn ich einen starken Trunk Wein oder Bier trinke, wenn ich Gedanken habe“ (Luthers Tischreden, Weimar. Ausg. Bd. 5 [1914] S. 336 N. 5734, vgl. auch Bd. 1 [1912] S. 7 N. 17), ferner: „Der Astrologiae und Sternkücker gemahnet mich gleich wie eines, der Würfel feil trägt und saget: Siehe ich habe gute Würfel, sie werfen stets 12. Nu, du wirfest oft hin, wenn einem 12 kommen, so ist die Kunst recht; man siehet aber nicht, wie oft man zuvor 2, 3, 4 5, 6 geworfen hat. Also thun auch die Astrologi: wenns ein Mal oder zwey zutrifft und geräth, so können sie die Kunst nicht gnug rühmen, loben und erheben; aber vom Andern, da so oft gefehlet hat, schweigen sie still: Luthers Tischreden, Weimar. Ausg. Bd. 1 S. 421 N. 855, Bd. 4 N. 5013. Weitere treffliche Aussprüche Luthers gegen die Astrologie bei Warburg, Heidnisch-antike Weissagung a. a. O. S. 16f. 34f. und die wertvollen ausführlichen Belege S. 76—86. Dort findet sich S. 80 auch

Luthers Außerung über die große Konjunktion vom Jahre 1524. — Melanchthons Vorlesungen über Astrologie haben den Titel: Initia doctrinae physicae dictata in Academia Witenbergensi, sie sind 1559 in Wittenberg in zweiter Auflage erschienen, vgl. Troels-Lund S. 201ff. und zu Melanchthons Sterngläubigkeit Warburg a. O. S. 12, 17ff., 61f., 68f. — Die Horoskope, welche Tycho Brahe den dänischen und schwedischen Prinzen gestellt hat, finden sich oper. Bd. I S. 179ff., 209ff., 251ff.

*S. 42.* *) In der deutschen Romantik finden sich astrologische Grundgedanken bei A. W. Schlegel und Caroline (s. j. die Bemerkung zur Sternfreundschaft, Sokrates 1917 S. 9). — Wohl als Zusatz zu den (unbewußten) Reflexen astrologischer Ideen in der modernen deutschen Literatur ist Bolls allgemein gehaltene Bemerkung zu fassen *) N. B. Raabe, Leute vom Walde.

*S. 43.* Zu dem astrologischen Erbe, das in unserem Sprachschatz enthalten ist, fügt Boll hinzu *) Massel (Mazzâ) ist aus dem Assyrischen ins Aramäische und Hebräische gedrungen und heißt „Sternbild, Planet, Schicksal, Glück". Das Schlamassel ist das Gegenteil von Massel; wie die ältere Form Schlimassel und die entsprechende jüdisch-deutsche Form, ist dies Wort aus schlimm mazzâl, d. i. „unglückbringende Konstellation" entstanden (Littmann, Morgenländ. Wörter im Deutschen 1920 S. 17). — Einen Überblick über die modernen „um 300 Jahre zu spät geborenen" Astrologen gibt *) G. Hellmann, Beiträge zur Gesch. d. Meteorol. II (1917) S. 237, 1, dazu kann noch auf E. v. Lippmann S. 512 und A. Müller, Philologische Wochenschrift 1924 S. 153ff. und 651 verwiesen werden. — Den astralen Ideen in der neuesten Kosmophysik und Biologie fügt Boll den Satz bei: *) Die groteske Naivität der Astrologie ist es freilich, auch an den Einfluß der Fixsterne zu glauben, während doch die Erde soweit von den Sternen entfernt ist, daß deren Einwirkung auf die terrestrischen Phänomene durchaus vernachlässigt werden kann (H. Poincaré, Die neue Mechanik S. 9) und doppelt naiv, ja völlig mythologisch, die Planeten in irgendein Verhältnis zu den Sternbildern zu bringen, von denen sie jeweils, von der Erde aus gesehen, zufällig stehen.

*S. 44.* Boll spricht hier und im folgenden von der dominierenden physikalisch-dynamischen Sterndeutung, nach welcher die Planeten in nur gedachten Kugeln rotieren, von wo aus sie durch ihre Strahlen den Makro- und Mikrokosmos beherrschen. In einzelnen astronomischen Spekulationen, vor allem aber in der mehr priesterlich-religiösen und in der mystisch-magischen Astrologie werden dagegen die Sphären zum Teil durchaus real vorgestellt. Schon bei Plato sind die Planetenwirbel mit ihren verschiedenen Färbungen real gedacht, Aristoteles spricht von den gläsernen Sphären, und in einzelnen astrologischen Systemen, vor allem aber in vielen Religionen des sinkenden Altertums sind die sieben Sphären zu sieben, meteorologisch und elementar ganz verschiedenen, aber sinnlich wahrnehmbaren Zonen, ferner zu sieben festen Gewölben oder auch zu sieben Himmeln erweitert, die mit den Planetengöttern, ihren zugehörigen Dämonen, Geistern und Seelen in der üppigsten Fauna bevölkert werden. Die einzelnen Himmel sind durch Tore miteinander verbunden, an denen astrale, meist nach iranischen Vorstellungen zu bösen Wesen herabgesunkene Planetendämonen Wache halten. Daneben geht, teils für sich gesondert, teils mit der eben gezeigten Weltanschauung zu einem bunten Gewebe verflochten, die Vorstellung, daß die Planeten riesige Behälter oder auch Welten sind, auf denen sich ein ganz eigenartiges Geisterleben entsprechend den astrologischen, religiösen oder astrophysikalischen Maximen entwickelt. Die Entstehung, Entwicklung und Ausartung dieser heterogenen Anschauungen im Lauf der Jahrtausende in den religiösen, philosophischen, astronomischen und astrologischen Systemen zu verfolgen, ist ein Postulat, dessen Lösung nach den vortrefflichen Vorarbeiten von Anz, Bousset, Albrecht Dietrich, Franz Cumont und Richard Reitzenstein nicht allzu große Schwierigkeiten bereiten dürfte, zumal wir nun auch die Entwicklung bei den Arabern und im Mittelalter dank der tiefgreifenden Forschungen Thorndikes leichter übersehen können. — Die einzelnen Daten für die Planetenumläufe gibt z. B. Plin. nat. hist. II 32ff., Rhetor., Catal. cod. astr. VII 215, 3ff. — Die Reihenfolge der Planeten ist die allgemein anerkannte, daneben finden sich aber auch noch spätere Anordnungen, welche etwa Sonne und Mond über die Fixsternsphäre stellen oder die verschiedenen Abweichungen der griechischen Systeme weitergeben, die Boll in den oben S. 99 genannten Untersuchungen erläutert hat — Die auch heute noch üblichen Zeichen für die Planeten ♄, ♃, ♂ usw. gehen teilweise auf das Altertum zurück, sicher ist das bei den Siglen für Sonne und Mond, die sich bereits in ägyptischen Dokumenten (vor 2300) und dann auch in den griechischen Zauberpapyri (3. Jahrh. n. Chr.) finden: Brugsch, Ägypt. S. 318, 330 u. ö., von Lippmann S. 347ff.; die übrigen Siglen sind jüngeren Datums, sie rühren wahrscheinlich nach einer auf Salmasius zurückgehenden Erklärung von den Abkürzungen der kursiv geschriebenen griechischen Planetennamen her; über deren Entwicklung orientiert Wessely, Bruchstücke einer antiken Schrift über Wetterzeichen, Sitz.-Ber. Akad. Wien 142, 1 (1900) S. 12 Anm. 2 und von Lippmann a. O. S. 351 und 674. Sie entsprechen Siglen und Abkürzungen astrologischer Termini wie des Horoskopos, der Isomerien, des Kentron u. ä., die zum Teil ebenfalls bereits in griechischen Zauberpapyri vorkommen und wovon sich Zusammenstellungen in griechischen Handschriften finden, z. B. Catal. cod. astr. VII 13 fol. 25 der Münchener Handschrift Nr. 287, dort gibt auch Boll weitere Zeugnisse dieser Art. Die Ableitungen, die z. B. Agrippa de occulta philosophia II cap. 52 für die einzelnen Symbole gibt, haben nur für die Geschichte der Deutungen, die diese Zeichen erhalten haben, ein Interesse. — Der Mond hat nicht nur die Aufgabe, die Erddünste aufzunehmen und wieder zur Erde zu senden, sondern er ist zugleich auch nach einer oft wiederkehrenden und sich zähe haltenden Lehre der Strahlensammler und das Strahlenfilter der von oben herabkommenden Planeten- und Fixsternstrahlen. Diese werden von ihm mit seinem Licht vermischt und derart modifiziert zur Erde weitergeleitet; vgl. beispielshalber Antiochos Catal. cod. astr. VIII 3 S. 112, 2ff., VII 127, 24; Julian. von Laodikea ebenda I S. 137, 2.

*S. 45.* Daß die Fixsterne innerhalb der Sternbilder eine verschiedene Tiefe im Weltenraum einnehmen, darüber sagt bereits Geminus Isag. cap. 1 S. 12 Manitius: „man darf nicht annehmen, daß die Fixsterne insgesamt unter einer einzigen sichtbaren Fläche liegen, sondern die einen liegen höher, die anderen tiefer. Weil unsere Sehkraft nur nach einer gleich großen Entfernung zu reichen vermag, wird die Verschiedenheit des Höhenunterschiedes für uns nicht mehr sinnlich wahrnehmbar". Das wird uns als spezielle Doktrin der Stoiker überliefert (Diels Doxogr. S. 344), der auch Manilius wiederholt Ausdruck verleiht, vgl. I 408: *vix sole minor* (*sc. canicula*), *nisi quod procul haerens frigida caeruleo contorquet lumina vultu*, und ebenso sagt er I 393, daß die drei Sterne im Kopfe des Orion weniger deutlich erkennbar sind: *non quod clara minus, sed quod magis alta recedunt.* — Für die primitive Vorstellung, daß die Planeten inmitten der Tierkreisbilder stehen, wählt Boll *) Ovid. fast. III 851f.: *nunc potes ad solem sublato dicere voltu, hic here Phrixeae vellera pressit ovis.* Wörtlich gefaßt trifft dieses von Boll gewählte Zitat außerdem sehr gut die naive Vorstellung, daß die Planeten auf den Fixsternen stehen. Diese Anschauung hat sich trotz der verschiedenen Angriffe und Aufklärungen (vgl. etwa Achill. Isag. cap. 18, 5 S. 45, 12ff. Maass, Hygin. de astron. IV cap. 14 S. 116, 23 Bunte) in der astrologischen Ausdrucksweise und besonders auch in der darstellenden Kunst jahrtausendelang gehalten. Die Planeten gehen oder stehen auch zur Zeit ihres Stillstandes oder der Konjunktionen auf den Sternen der Tierkreisbilder und schauen von dort, wie von einer Empore herab auf die Ereignisse, die sich durch ihre Strahlenmischung auf der Erde entwickeln. Gegen die vulgäre Vorstellung des Wanderns oder des Reitens der Planeten auf den Fixsternen wendet sich Hyginus a. O. Sie ist natürlich uralt, denn bereits Homer spricht von dem Helios, der unter dem Himmel hinwandert, und es ist der griechischen und römischen Kunst seit sehr alter Zeit geläufig die großen Gestirne auf Tieren reitend oder auf einem Gespann am Himmel einherfahrend darzustellen. Dieses Reiten der Planeten auf den Tierkreisbildern veranschaulichen besonders schön die Abbildungen auf Tafel II, die eine arabische und eine christliche Darstellung der Sonne im Löwen geben. Auch die von Boll berührte Idee, daß die Planeten in den Tierkreisbildern stehen, behält die astrologische Sprachweise und die Kunst getreulich bei. Besonders ist dies zu beachten bei der Lehre der zodiakalen Häuser der Planeten. So erklärt etwa der Mönch Paulus (Lebenszeit unsicher, sie schwankt zwischen 11./15. Jahrh.) die Häusertheorie damit: Häuser nennt man die Tierkreisbilder, weil die Planeten in sie hineingehen und aus ihnen herausschreiten, wie aus Häusern, und in ihnen verrichten und ordnen sie die Leitung der Welt (Catal. cod. astr. VIII 4 S. 109, 28). Wie ganz wörtlich das aufgefaßt wurde, zeigt Abb. 30 auf Tafel XVI, wo der Krebs mit den Dekanen in seinem Hause weilt. Auch die spätere Auffassung der Häuser als Türme (vgl. Joh. Kamater v. 146) wird von der bildenden Kunst wörtlich gefaßt, wie Abb. 5 auf Tafel III beweist. Diese sinnlich plastische Auffassung uralter naiver Vorstellungen hat sich weiter in der sprachlichen und bildlichen Wiedergabe der astrologischen Fachausdrücke von den Konjunktionen der Planeten bis in unsere Zeit lebendig erhalten, s. unten S. 157. — Daß die Sterne um den Nordpol tanzen, ist eine im Altertum oft wiederkehrende Vorstellung, es sei etwa dafür als Zeuge genannt Sophokl. Antig. 1146, Plato Tim. p. 40C, Epinomis p. 982E, Lukian. de saltat. cap. 7. Diese Idee ist weiterhin in dem Beinamen Reigenführer, Vortänzer erhalten, den bei den Griechen zwei Sterne im kleinen Bären führen: Eratosth. Catast. ed. Robert S. 58ff. Boll, Sphaera S. 259; zum Weiterleben ähnlicher Vorstellungen im Neugriechischen vgl. K. Dieterich, Hellen. Volksreligion und byzantinisch-neugriechischer Volksglaube, Ayyελoc, Archiv. f. neutest. Zeitgesch. Bd. 1 (1925) S. 4. — Seneca berichtet nat. quaest. VII 3, Demokrit habe die Vermutung ausgesprochen, daß es ziemlich viele Planeten gebe: *sed nec numerum illarum posuit nec nomina nondum comprehensis quinque siderum cursibus.* Diese Theorie finden wir auch in der von Chaldaeern und von Griechen ausgesprochenen Vorstellung, daß die Kometen Weltkörper mit bestimmten Umlaufszeiten sind (Seneca nat. quaest. VII 3. 2, Zeller, Gesch. d. griechisch. Philos, I 1[5a] S. 423, Gundel, Kometen in Wissowas Realenzykl. Bd. 11

S. 1170) und in der in verschiedenen Formulierungen vorgetragenen Erklärung der Finsternisse, wonach ein dunkler Irrstern sich vor die großen Gestirne stellt und sie verdunkelt (Boll, Finsternisse in Wissowas Realenzykl. Bd. 6 S. 2342 ff.).

*S. 46.* Die überaus zahlreichen Ideen vom physikalischen Einflusse des Mondes untersucht Roscher in seinem Buche: Über Selene und Verwandtes, Leipzig 1890, und in dem Artikel Mondgöttin und Selene in Roschers Mythol. Lexikon; einen sehr wertvollen Überblick über die Literatur, die für die Glaubensformen der primitiven Völker in Betracht kommt, gibt Drexler, Men in Roschers Mythol. Lexikon; doch sind hier noch nicht die speziell astrophysikalischen und astrologischen Anschauungen berücksichtigt. — Den sympathischen Zusammenhang des Mondes mit Austern, Seeigeln und Mäuselebern markiert Lucilius bei Gellius Noct. Att. XX 8, 4 folgendermaßen: *luna alit ostrea et implet echinos, muribus fibras | et iecur addit*, vgl. dazu Manil. II 93 ff., Aelian. de nat. an. II. 56, Plin. nat. hist. XI 196. Daß die Katzenaugen mit dem Monde größer und kleiner werden, steht bei Gellius a. O. Von weiteren Einflüssen des Mondes auf die Tierwelt berichten die Alten, daß bei einer Mondfinsternis der Ibis die Augen solange schließt, bis der Mond wieder aufleuchtet: Aelian. de nat. an. X 29. Die Elefanten nehmen bei Neumond nach einem eigenartigen Instinkt aus dem Walde, in dem sie weiden, abgerissene Zweige auf, heben sie in die Höhe und schauen dabei den Mond an. Lautlos bewegen sie diese Zweige, als ob sie so die Göttin um Schutz anflehten, daß sie ihnen gnädig und wohlgesinnt sei, sagt Aelian. a. O. IV 10. Ein ägyptischer Fisch (φῦϲα) weiß die Zeit des abnehmenden und des zunehmenden Mondes, seine Leber schwindet und wächst mit dem Gestirn und mit dem Mond ist er bald fett, bald recht mager (Aelian. a. O. XII 13). Auch von den Ameisen, von dem Pavian und dem Scarabaeus wird ein geheimnisvoller Zusammenhang mit den Mondphasen berichtet: Aelian. a. O. I 22, Plin. a. O. II 109, Horapollo I 15 und 10. Eine Masse von Einzelheiten von der Wirkung des Mondlichtes auf die Bäume und Pflanzenwelt verzeichnet vor allem, natürlich zum Teil auf Grund alter volkstümlicher Beobachtungen, Plinius (als besonders wichtige Stelle dafür sei II 109 und 221 genannt). Neben den speziellen Einzelbeobachtungen orientieren uns eine Reihe zum Teil voneinander abhängiger Aufzählungen über die vielfachen Wirkungen des Mondes auf die irdische Flora und Fauna, davon sind hervorzuheben: Lydus de ostentis cap. 7 S. 16 Wa.², de mensibus III 11 S. 51, 5 Wünsch, Galen. Bd. IX S. 903 und Bd. XIX S. 188 Kühn, Apomasar Catal. cod. astr. V 1 S. 25 fol. 70 und Manuel Komnen. ebenda S. 109, 36 ff. — Die Einwirkung des Mondes legt Kepler,

De fundamentis astrologiae certioribus nova dissertatiuncula ad cosmotheoriam spectans 1602, oper. omn. ed. Frisch Bd. 1 S. 422 Thesis XV dar. Den Zusammenhang von Ebbe und Flut mit den Mondphasen soll zuerst Seleukos von Seleukia wissenschaftlich mit der Anziehungskraft des Mondes begründet haben: Plutarch. Plac. philos. III 17, Strabo I 6. Diese Lehre wurde vor allem von den Stoikern geteilt, vgl. Plutarch. de facie in orbe lunae p. 940A, von sonstigen Anhängern dieser Theorie sei auf Plinius nat. hist. II 200, Ptolem. tetrab. I cap. 1 fol. 3, Galen. Bd. XIX S. 189 Kühn, Julian. von Laodikea Catal. cod. astr. I S. 137, 12 und auf Macrobius Somn. Scip. I 6, 61 gewiesen, der besondere Regeln über die Übereinstimmung der Gezeiten mit den Mondphasen hinsichtlich ihrer Stärke mitteilt, die wohl auf Seleukos zurückgehen. — Mondsüchtige kennen die antiken Sprachen ebenso wie die modernen. Den unangenehmen Einfluß des Mondlichtes während des Schlafes hat wohl jeder schon konstatieren können; die Alten rechnen Kopfschmerzen und Augenleiden und bei Säuglingen Krämpfe darunter, z. B. Plutarch. quaest. conv. III 10 p. 658 E. F., Macrob. Sat. VII 16, 25. Zur Epilepsie, die direkt als νόϲοϲ ἐκ τῆϲ ϲελήνηϲ bezeichnet wird (z. B. Aelian. de nat. an. XIV 27, dazu Evang. Matth. 4, 24. 17, 15), kann auf Hippokr. περὶ ἱερῆϲ νόϲου I p. 591f. Kühn und auf Galen. oper. IX 903 Kühn hingewiesen werden, weitere Literatur gibt Roscher, Selene S. 69ff. und Mondgöttin S. 3155. — Die Sympathie des weiblichen Geschlechtslebens mit den Mondphasen bringen die Griechen mythisch dadurch zum Ausdruck, daß sie die Mondgöttin als die Herrin der Weiber bezeichnen (Homer. Il. Φ 483 mit den Scholien, weiteres bei Roscher, Mondgöttin S. 3151). In der medizinischen Literatur wird diese Ansicht vertreten bei Ps. Hippocrat. I. S. 451 und S. 459 Kühn. Gegen diesen vulgären Aberglauben wendet sich bereits Aristot. hist. anim. VII 2, 1, dagegen billigt er die verschiedenartige Wirkung des Mondlichtes auf die Geburt de anim. gen. IV, 10, ein Glaube, der in mythischen und in physikalischen Deutungen sich bis in die Neuzeit gehalten hat und sich auch bei Naturvölkern in vielen Formen findet. Er hat weiter die zahllosen Texte περὶ γενέϲεωϲ der Laien- und der gelehrten Astrologie, wenn nicht veranlaßt, so doch wesentlich begünstigt. — Bei Erkrankungen haben den Ausfall der Krankheit nach dem Mondlicht und dem Mondstand Hermes, Petosiris und Protagoras begutachtet, heißt es Catal. cod. astr. I S. 126, 5ff., und von den Ärzten wird die Mondphase in der Praxis im Altertum und im Mittelalter immer wieder beobachtet. Auf die diesbezüglichen Texte der Laienastrologie ist unten S. 177 und 187 hingewiesen, dazu kann noch V. Fossel, Studien zur Gesch. der Medizin 1909 erwähnt werden, der S. 1ff. besonders den

Aderlaß in der astrologo-medizinischen Praxis untersucht. — Daß man sich heute noch in der Landwirtschaft nach dem Monde richtet, dafür gibt Boll folgenden interessanten Beitrag: *) In Überlingen: wenn der Mond im Zeichen der Wage ist, muß man die Bohnen strippen; die Kartoffeln, wenn er im Löwen oder der Jungfrau ist — so macht es noch heute meine Tante, erzählte mir ein junger Mensch im Museum in Überlingen. (Diese volkstümlichen Bräuche lassen sich natürlich aus den Werken der Volkskunde auch anderweitig feststellen; das hat schließlich historischen und volkskundlichen Wert. Aber durch nichts gerechtfertigt ist es, wenn moderne Astrologen zum Teil durch Übersetzungen englischer Machwerke diesem überlebten Aberglauben neues Leben und Glauben einflößen wollen; man findet solche Traktate in den emporschießenden astrologischen Zeitschriftorganen gerade in der neuesten Zeit als bare Wahrheit angezeigt.) — Römischer Bauernglaube ist es, das Haar- und Nägelschneiden nach dem Mond zu richten: Cato de agricult. cap. 37, 3f., Varro rer. rust. I 37, über modernen deutschen Volksglauben dieser Art: Roscher, Selene S. 63, Mondgöttin 3153. Zu dem gleichen Aberglauben des Tiberius nennt Boll als Zeugen *) Plin. nat. histor. XVI 194. — Die alte Beobachtung, daß der Tau in hellen Mondnächten reichlicher fällt, hat einmal zu der mythischen Prägung geführt, daß Herse, die Göttin des Taus, eine Tochter der Mondgöttin ist (z. B. Alkman, P. L. G. III S. 54 Bergk), andrerseits zu der astrophysikalischen Deutung, daß die Substanz des Mondes wasserreicher ist als die der übrigen Gestirne und daß sein Licht eine feuchtende Kraft habe: Ps. Aristot. Probl. 24, 14, Theophr. Caus. plant. III 22, 2, IV 14, 3, Plin. nat. hist. XVIII 275, 282, Plutarch. quaest. conv. III 10 p. 659Bf., weitere Literatur bei Roscher, Selene S. 49ff., u. Drexler, Men a. O. S. 2765. Das ist vor allem aber ein festes Dogma der physikalischen Sterndeutung, vgl. etwa Ptolem. tetrab. I cap. 4 fol. 17; Julian. von Laodikea, Catal. cod. astr. I S. 137, 1 ff. — *) Das ist die Hauptsache, wenn man älter wird und die Haare grauen, auf sich zu achten, daß man kein Schweinehund wird. Zuweilen eine Nacht unter dem fallenden Tau zu schlafen bei zunehmendem Monde ist gut dagegen — so schließt ein Brief G. Kellers an Heyse vom 24. Januar 1872 (hrsg. von Kalbeck S. 88ff.). — Das Blut des Körpers nimmt mit dem Monde zu und ab, behauptet Plinius nat. hist. II 221, und Firmicus sowie die meisten Astrologen des Altertums bringen die ganze Körpersubstanz mit ihm in Kontakt (Firm. IV 1; Antiochos Catal. cod. astr. VII S. 127, 26, VIII 3 S. 112, 4; Mythogr. Vatican. III 1. 7; Macrob. Somn. Scip. I 11, 7). Andere lassen nur die feuchten Teile des Körpers von dem Mond beherrscht werden und noch Melanchthon, Tycho Brahe und Heinrich Rantzau stellen mit dem Mondlicht Blut, Hirn und Mark in sympathischen Zusammenhang: Troels-Lund S. 221. — Als Mutter des Kosmos gilt der Mond, als Vater die Sonne: Plutarch, De Isid. et Osir. 43; Macrob. Sat. I 17, 53. Daher bedeutet im Horoskop die Sonne den Vater, der Mond die Mutter des Neugeborenen und künden deren Schicksale an: Firmic. V praef. 5 und Rhetor. Catal. VIII 4 S. 219, 8 ff. mögen als Beispiele aus vielen genügen.

*S. 47.* Den verschiedenen Vorstellungen, die mit der Sonne verbunden wurden, hat Boll eine ausgezeichnete Monographie gewidmet: Die Sonne im Glauben und in der Weltanschauung der alten Völker, Astron. Schriften des Bundes der Sternfreunde, Stuttgart 1922. — Wie die neuplatonische Philosophie die Sonne als ψῶς νοερὸν mit der Seele verknüpft, so gilt dieses Gestirn in der Astrologie als ψυχῆς ταμίας, δεσπότης: Rhetor. Catal. cod. astr. VII S. 219, 12 f. und ähnlich Valens I cap. 1 S. 1,4 Kroll. — Den Volksglauben und die astrologischen Anschauungen, welche mit den Finsternissen von Sonne und Mond verbunden sind, führt Boll, Finsternis in Wissowas Realenzyklopädie Bd. 6. S. 2331 ff. weiter aus.

*S. 48.* Die verschiedenen Namen der Planeten (Saturn = Nemesis, Jupiter = Osiris, Venus = Hera, Isis oder Mâter Deum, Mars = Herakles, Merkur = Apollo) teilt Plin. nat. hist. II 34. 37. 39 f. und Achilles Isag. cap. 17. S. 43, 15 ff. Maass mit. Die Gleichsetzung des Saturn mit der Sonne bespricht Boll, Kronos-Helios, Archiv f. Religionswiss. Bd. 19 (1919) S. 342—46. Andere Identifikationen gibt Kosmas Catal. cod. astr. VIII 2 S. 121, und eine Masse von verschiedenen Gottheiten stellen die magischen Beschwörungen der Planeten nebeneinander. So teilen schon griechische Zaubertexte z. B. für Saturn 10, für Jupiter 9 und für die übrigen Planeten ebenfalls eine Reihe von zauberkräftigen Namen mit: Catal. cod. astr. VIII 2, 173. 3. 21 ff. In der ganzen astrologischen Magie ist es bis in die letzten Ausläufer der modernen occultistischen Winkelliteratur eine wichtige Aufgabe der Texte und ebenso der Gebete, die richtigen Namen der Planetengötter mitzuteilen. Das hat natürlich zu allen Zeiten als Offenbarungsweisheit gegolten. Demselben Glauben begegnen wir in den Listen, welche den heiligen Namen der Tierkreisbilder, der Dekane und auch der bedeutenderen Sternbilder und der hellsten Sterne in oder außerhalb der Ekliptik mitteilen. Das hat sein Gegenbild in dem heiligen Namen, welchen in der primitiven Mythologie ein Sterngeist vor seinem Aufstieg mitteilt; meist heißt es in solchen Sternmythen, in der Not solle den Stern sein auf der Erde zurückbleibender Sohn, seine Familie oder auch sein Stamm mit diesem seinem himmlischen Namen rufen, dann werde er persönlich wiederkommen und helfen. Denn wer den wirklichen Namen kennt und nennt, zwingt den Gott zur Erscheinung; und wie ein Mensch darauf reagiert, wenn er mit seinen Namen gerufen wird, so reagiert auch der Sterngeist darauf ebenso wie jedes göttliche Wesen. Das ist der ursprüngliche Sinn der vielen seltsamen Namen und der mehr oder weniger zahlreichen Vokal- und Konsonantenadditionen, welche in den occulten astrologischen Texten der vom Orient abhängigen Kulturvölker den Astralgeistern beigelegt werden, und hinter denen natürlich wieder eine lange Entwicklung und eine zähe Tradition steht. Das sind ursprünglich Fermente der alten Sternreligion gewesen, sie treten als solche uns besonders stark in den Planetengebeten der von den Babyloniern abhängigen Völker des Abendlandes und des Ostens entgegen. Die heiligen Namen, welche die antike Sternreligion und dann die Abart derselben, die astrologische Magie uns erhalten hat, ihre zähe Fortexistenz und ihre Transmutation in den verschiedenen religiösen Systemen, verdient eine Monographie, ebenso wie auch die Sterngebete und Sternhymnen noch einer eingehenderen Untersuchung bedürfen. Einige generelle Linien sind hierfür von Gundel, Sterne und Sternbilder S. 256ff. 283ff. 307ff. aufgerissen worden; zu den heiligen persischen, arabischen und anderen Namen der Planeten sei dazu noch verwiesen auf: Catal. cod. astr. VII S. 49. X 76ff., ferner auf von Lippmann S. 374 und 676 Thorndike a. O. Bd. 2 S. 323 (Michael Scotus) 820 (Picatrix) 900 (Petrus von Abano) 953—963 (Cecco von Ascoli).

*S. 49.* Boll schreibt auf den oberen Rand dieser Seite: *) z. T. umarbeiten. Weiter unterstreicht er in dem zweiten Satz (von oben gezählt Zeile 5 f.) das Wort erst und macht ein Fragezeichen dazu am Rand. Es war also wohl Bolls Absicht aus dem Altertum Zeugnisse zuzufügen, wonach Saturn auch günstige Prognosen ermöglicht. Dazu kann jetzt auf die ausgezeichnete Darstellung des Doppelwesens dieses Planeten von Panofsky-Saxl S. 10ff. 25. 34. 47 und 54 gewiesen werden. Als ein markantes Beispiel dafür, daß den Saturnkindern auch in astrologischen Systemen des Altertums ein günstiges Geschick beschieden wird, möge die Charakteristik der Saturnkinder aus einer Cheiromantie stehen, welche Boll Catal. cod. astr. VII S. 236ff aus einer griechischen astrologischen Handschrift zu Erlangen veröffentlicht hat und deren Text, wie Boll ebd. bewies, zweifellos auf alte antike Quellen zurückgeht — derselbe Text findet sich auch in einer Pariser Handschrift des XIII. Jh. — es heißt hier S. 239, 20; οἱ δὲ τῆς τοῦ Κρόνου γενέσεως μετειληχότες ἔσονται ἀγαθοὶ ἄνδρες τε καὶ γυναῖκες, κοινοὶ φίλοις, ἁπλοῖ τε καὶ τὰ ἄριστα συμβουλεύοντες, βαρεῖς τῇ διανοίᾳ, οὐ ταχὺ συνίεντες, εὐχερῶς πιστεύοντες τοῖς πράγμασι. βλάπτονται δὲ οἱ τοιοῦτοι μάλιστα ὑπὸ τῶν ἰδίων τέκνων, γῆρας δὲ λιπαρὸν ἕξουσι. Weitere günstige Prognosen finden sich Catal. cod. astr. V 1 S. 12, fol. 39, S. 14, fol. 44 v, VIII 4 S. 147,13, 152,15, 165,1, 212,14, 215,1, 229,31, Manetho IV 14ff., Proklus in remp. p. 616 E (Bd. 2 S. 224 Kroll). — Daß Saturn Landarbeiter und Landleute hervorbringt, wird z. B. von Valens a. O. gelehrt, vgl. auch Catal. cod. astr. V 1 S. 189,3. — Die Marskinder zeichnet Boll nach Valens Anthol. I cap. 1 pag. 3, 6 Kroll. — *) Planetenkinder: Panofsky-Saxl, Dürers Melencol. a. O. S. 120ff. Die Entwicklung der Planetenkinderdarstellung.

*S. 49 Mitte.* *) Zu Saturns eigentümlichem Doppelwesen vgl. jetzt Panofsky-Saxl a. O. — Genau genommen ist das Gespann des Saturn ein Drache und ein Krokodil, beide Tiere gehören, wie übrigens auch das Schwein, zu den saturnischen Tieren: Catal. cod. astr. VII S. 96,5ff. und IV S. 122. — Antike Zeugnisse für die Arbeit der Saturnkinder an Fluß und Brunnen und überhaupt am nassen Element (Seefahrer, Schiffer, Fischer, Gärtner), z. B. Catal. cod, astr. VIII 4 S. 216,17, 212,14, 211,29, für Rheumatiker, Lungenkranke u. a. Valens a. O. — *) Gerade umgekehrt bei Marsilius Ficinus (ist die Schilderung der Saturn- und Jupiterkinder, als sie Wallenstein zeichnet), vgl. Panofsky-Saxl S. 46 (Saturn der Beschützer der vita contemplativa!).

*S. 50.* Die Einteilung der Planeten in gut, böse und neutral findet sich z. B. bei Ptolem. tetrab. I cap. 4 fol. 19 Sextus Empir. adv. math. V S. 733 Bekker (s. u. S. 180). Die lateinische Bezeichnung *bonus nefastus, communis* wendet der Chronograph vom Jahre 354 an (ed. Mommsen a. O. S. 565). Von den beiden großen Gestirnen wird die Sonne in diesen Einteilungen und der Mond als anschlußbedürftig vorgestellt, d. h. ein guter Planet fördert ihre guten, ein böser Planet dagegen ihre schlimmen Eigenschaften, wie sie selbst auch in demselben Sinne die entsprechenden Kräfte des sich ihnen gesellenden Planeten verstärken: Ptolemaeus und Sextus Empiricus a. O. — Die Qualität der Planeten gibt Ptolem. tetrab. I cap. 4 fol. 17f. Die Abhängigkeit der elementaren Beschaffenheit und der entsprechenden Wirkung der Planetensubstanz von der Sonne betont Vitruv. IX 1,16. Eine andere Theorie macht die Materie der Planeten von der verschiedenen Lage im Weltall abhängig, schon Cicero bespricht dieselbe de nat. deor. II 118. Danach erfüllt der kalte Saturn die obersten Schichten des Universums mit eisiger Kälte, der heiße Mars setzt die mittleren Teile in Glut, der milde weiße Jupiter, der zwischen diesen beiden Planeten rotiert, mildert beider Einflüsse und belichtet, Venus und Merkur sind von der Sonne abhängig, diese erfüllt die ganze Welt mit ihrem Licht und beleuchtet den Mond. Cicero bezeichnet das ausdrücklich als eine chaldaeische Doktrin; eine andere chaldaeische Lehre von der Planetensubstanz hat Epigenes, einer der ältesten Vermittler chaldaeischer Lehren, der in Babylon selbst studiert hatte, übermittelt (Seneca nat. quaest. VII 4,2). Das ist folgerichtig auf die Planetensphären übertragen worden, danach sind dieselben von gleicher Beschaffenheit wie die Planeten selbst; wie es etwa auf der Erde verschiedene Zonen mit starken Temperaturunterschieden gibt, so unterscheiden sich die Planetensphären durch Wind, Temperatur, Lichtart, Qualität und mehr oder weniger dicke Luft, vgl. Julian von Laodikea Catal. cod. astr. I 134—137. Wie nun die Mischung und das proportionale Verhältnis der Elemente in den einzelnen Planeten beschaffen ist, darüber gibt die Astrophysik im ausgehenden Altertum verschiedene Aufklärungen. Teils hat man aus der Größe, teils aus der Farbe und dem Licht eine besondere elementare Zusammensetzung des Planetenkörpers erwiesen. Man schreibt später Pythagoras zu, er habe von dem Chaldaeer Zaratas (d. h. Zoroaster) die Lehre übernommen, daß in dem himmlischen Feuer auch Luft, Wärme und Kälte vorhanden sei (Diels Doxographi S. 557, 18). Alle vier Elemente hatte Plato in dem Gestirnfeuer postuliert (Tim. p. 32 B, dazu Stenzel a. O. S. 7,3). Das wird nun im ausgehenden Altertum so spezifiziert, daß die Astrologen entweder allen Sternen die sämtlichen vier Elemente in mehr oder weniger starken Mischungsunterschieden zuwiesen; das überwiegende Element gab den Ausschlag für die Erklärung der Farbe, der Lichtstärke, der Qualität und der Wirkung des Sternkörpers. Oder man hat jedem Stern nur ein einziges Element als Substanz zugrunde gelegt; dabei werden die Elemente selbst teils völlig den irdischen Grundstoffen angeglichen, teils hat man ihnen eine völlig übersinnliche, rein geistige, himmlische Beschaffenheit, bald einen überirdischen Aggregatzustand zugesprochen, näheres Gundel, Sterne und Sternbilder, S. 131f., ferner die feinen Ausführungen von W. Jäger a. O. S. 157f. über die Genesis der kosmischen Physik ohne Sternseelen und mythische Zutaten bei Aristoteles. Es möge noch auf die sehr beachtenswerte Lichttheorie aufmerksam gemacht sein bei Proklus in Tim. p. 40B (Bd. 3 S. 128 Diehl), in Remp. p. 616 E, 617 A (Bd. 2 S. 222ff. Kroll). Auch diese Erklärung überträgt die elementare Beschaffenheit der Planetensubstanz auf die Sphären. So kommt nach Proklus den Sphären ein zarteres und durchsichtigeres Substrat als den Sternkörpern zu, überall aber, so fügt er in Tim. p. 40B (Bd. 3 S. 128 Diehl) hinzu, herrscht das Feuer vor, jedoch nicht das brennende oder das zerstörende Feuer, sondern mit lebenschaffender Wärme und Lichtkraft, mit völliger Reinheit und

Durchsichtigkeit intensiv leuchtendes Licht ist das dortige Feuer. — *) vgl. Catal. cod. astr. VIII 3 S. 97,8 aus Paulus Alexandrinus (die Stelle findet sich in den beiden Ausgaben Schatos nicht): Merkur hat die 6. Zone ὑγρὰν οὖcαν, der Mond die 7. καὶ αὐτὴν ὑγρὰν οὖcαν. Lucan. X 209 *Immensae Cyllenius arbiter undae est*, 204 *Luna suis vicibus Tethyn terrenaque miscet.* — Über die Einteilung der Planeten in Tages- und Nachtgestirne u. ä. vgl. Ptolem. tetrab. I 7 und Valens I cap. 1, S. 2 ff. Kroll, Paulus Alexandrinus fol. D 2 v., Bouché-Leclercq a. O. S. 103.

*S. 51.* Den sehr alten Volksglauben, daß die Kometen ungewöhnliche Trockenheit verursachen und Epidemien erregen, sucht noch in der neuesten Zeit wissenschaftlich zu begründen der französische Arzt François Vincent Raspail, vgl. Hellmann, Beiträge z. Geschichte d. Meteor. II (1917), S. 290. Diese Wirkung der Kometen hat zuerst Aristoteles durch die Erklärung der Entstehung der Kometensubstanz naturwissenschaftlich zu erweisen gesucht; er ist hierdurch auf nahezu zwei Jahrtausende hin für unzählige Gelehrte und für die populären Vorstellungen die Autorität geblieben. — Aristoteles gibt de meteor. I cap. 6 einen Überblick über die Theorien, die vor ihm über die natürliche Beschaffenheit der Kometen aufgestellt waren und entwickelt dann seine eigene Lehre. Sie bedeutete für die Weiterentwicklung der wissenschaftlichen Kometenforschung einen verhängnisvollen Rückschritt, da Aristoteles die Kometen nicht als Weltkörper, sondern lediglich als atmospärische Bildungen ansah und die vulgären Vorstellungen von den Wirkungen der Kometen sanktionierte. Dadurch gab er dank seiner wissenschaftlichen Autorität vor allem der Kometomantik und den damit zusammenhängenden weiteren astrologischen Detaillierungen den Weg frei und versperrte ihn für die Weiterentwicklung der rein astronomischen Erklärungen. Die Philosophen und Astronomen, welche vor und nach Aristoteles bereits zu der richtigen Erkenntnis gekommen waren, vermochten mit ihrer Ansicht ebensowenig durchzudringen, wie etwa die großen Astronomen Aristarch von Samos und Seleukos von Seleukia mit ihren heliozentrischen Ideen. Zu der Kometenlehre des Aristoteles gesellten sich dann später die orientalischen Doktrinen, unter denen vor allem die astrologischen Lehren des Nechepso-Petosiris hervorragenden Einfluß auf das Abendland gewonnen haben. Auch die Einteilung der Kometen in sieben Klassen nach den Planeten geht auf Nechepso-Petosiris zurück, vgl. Boll, Antike Beobachtungen farbiger Sterne, Abh. Akad. München Bd. 30 (1918), 1, S. 26ff. — Ein wichtiges Problem, das noch nicht geklärt ist, aber eine eingehende Behandlung sicher lohnen würde, bildet die Geschichte der ikonographischen Darstellung der Kometenarten und ihrer Folgen; ein wichtiges Hilfsmittel bildet der Nachweis der Kometenillustrationen in den mittelalterlichen lateinischen astrologischen Handschriften, den F. Saxl, Abh. Akad. Heidelb. 1915, S. 138 (Index) gibt; eine wertvolle Reihe von mittelalterlichen Kometendarstellungen, die sich sonst nicht findet und die ebenfalls wohl auf antiken Vorbildern beruhen dürfte, enthält eine französische Handschrift (16. Jahrh), deren Photographie sich in der Bibliothek Warburg befindet, vgl. auch Warburg, Heidnisch-antike Weissagung, S. 69, Abb. 30. Wichtig sind weiter die Kometenbilder bei Gemma, Hevelius, Riccioli, Lycosthenes und die Einblattdrucke des 16. und 17. Jahrhunderts, vgl. die Neudrucke von W. Hess, Himmels- und Naturerscheinungen in Einblattdrucken des XV. bis XVIII. Jahrhunderts, Zeitschrift d. Vereins f. Bücherfreunde, N. F. II, 1911, P. Gulyás ebd. N. F. III, 1912, S. 328ff., Archenhold, Alte Kometen-Einblattdrucke, Verlag der Treptow-Sternwarte, 1925, Blatt 1ff. — Statt mit dem Löwen, dem Krebs und mit dem Widder beginnt gelegentlich die Reihe der Tierkreisbilder auch mit dem Steinbock: Theon v. Alexandria Ὑπόμνημα εἰς τοὺς Πτολεμαίου προχείρους κανόνας ed. Halma (Paris 1822), Bd. 1, S. 148, dazu Norden a. O. S. 18 Anm. 3. —

Die üblichen internationalen Siglen für die zwölf Tierkreisbilder geben entweder die plastische Gestalt wie z. B. das Symbol für Widder, Stier, Zwillinge, Löwe, Wage, Schütze, Steinbock, Wassermann (hier ist es der Wasserguß, der aus seiner Urne strömt) und Fische oder Abkürzungen, deren Geschichte allerdings noch zu geben wäre. In den Handschriften finden sich bisweilen auch Abweichungen, z. B. wird das übliche Zeichen des Krebses durch einen Stern gegeben in einer Berliner astrologischen Handschrift Catal. cod. astr. VII S. 212,21. Die griechischen astrologischen Handschriften geben unter den Tabellen, in denen sie die astronomischen Charaktere verzeichnen, auch die Abkürzungen der zwölf Tierkreisbilder, vgl. die Photographie einer derartigen Liste aus einer Florentiner Handschrift (Ausgang des 14. Jahrh.) am Ende von Catal. cod. astr. IV; sie stimmen außer dem Zeichen für Jungfrau, Skorpion und Steinbock mit den modernen Symbolen überein. Scaliger hat in seinem Kommentar zu Manil. S. 140 aus den Worten II 456 *singulaque propriis parentia membra figuris* herausgelesen, daß hier Manilius bereits auf die Charaktere anspiele, die man gewöhnlich in den Zeichnungen der Almanache bei der Verteilung des menschlichen Körpers an die Zodiakalbilder den einzelnen Körperteilen aufschreibe. Doch läßt sich diese Interpretation nicht halten; denn *figurae* kann hier unmöglich mit Scaliger als *characteres signorum* aufgefaßt werden, sondern es handelt sich nur um die einzelnen Tierkreisbilder, in denen die einzelnen Körperteile am Himmel sichtbar werden. Richtig ist wohl die Idee Scaligers, daß man für Manilius bereits die Kenntnis dieser Symbole voraussetzen darf. Denn in den Papyri werden diese Abkürzungen der Tierkreisbilder gebraucht, sie dürften also schon in hellenistischer Zeit üblich gewesen sein: Cumont, Zodiacus a. O. S. 1046,3. — Ein wertvolles Material der antiken Darstellungen der Tierkreisbilder sowohl in ihrer Gesamtheit als auch der einzelnen Typen gibt F. Cumont, Zodiacus a. O. S. 1050ff.; für den Widder, Löwe, Wage und Skorpion verzeichnet Gundel in den Artikeln Krios, Leo, Libra und Skorpios in Wissowas Realenzyklopädie die einschlägige Literatur und die verschiedenen Varianten. — Ptolemaeus macht wohl in der Syntax und auch in der Tetrabiblos (z. B. III 11, fol. 135f.) auf das allmähliche Fortrücken der Tierkreiszeichen von den ihnen eigentlich adhärierenden Sternen aufmerksam, ohne aber diesen mit der Zeit sich immer stärker bemerkbar machenden Unterschied in Rechnung zu stellen. Zuerst hebt der Kirchenvater Origenes (Ende des 2. Jahrh. n. Chr.) hervor, daß mit dem Vorrücken der Tag- und Nachtgleiche der Unterschied der rein gedachten Zeichen von den ursprünglich damit eng verbundenen Sternbildern immer größer werde, so daß damit die ursprünglich an die Sternbilder und ihre Sterne angeknüpften Prognosen der Astrologen allmählich ganz illusorisch würden, da sie ja schließlich nur noch mit ganz verschobenen imaginären Werten rechneten: Origen. Comm. in genes. I Vers. 14, Patrol. Gr. Bd. 12, S. 80 Migne und Euseb. praep. evang. VI 11, 78f., dazu Duhem, Le système du monde (Paris 1914), Bd. 2 S. 191ff., 200ff. Kulturgeschichtlich außerordentlich wertvoll ist die Bemerkung des Origenes, daß sie, d. h. die Astrologen, behaupten, die Wirkungen leite man nicht von dem tatsächlichen Sternbild, sondern von dem rein gedachten Tierkreiszeichen ab, eine Erklärung, die, wie Origenes treffend hinzufügt, man doch gar nicht irgendwie begreifen könne. Einige Jahrhunderte später greift Apomasar diesen Einwand der antiken Astrologie auf; in der „großen Einleitung" spricht er IV cap. 1 (S. 495 der Übersetzung Dyroffs bei Boll, Sphaera) über die Präzession; dabei erklärt er, sie komme für die Dekane und die Paranatellonta der Inder, Perser, Ägypter und anderer nicht in Frage: „denn sie meinen, daß die (astrologischen) Deutungen dieser Gestalten und Dinge diesen Dekanen inhärierend eigen und ... nur zum Zwecke der Belehrung da seien". Im 16. Jahrhundert begegnet der gefeierte Astrologe Junctinus in seiner Verteidigung der Astrologie dem Einwurf, daß die Sterndeuter ihre Deutungen von den Himmelsbildern ablesen, welche die menschliche Phantasie geschaffen habe, mit der Antwort: mögen das auch fiktive Bilder sein, wie Apomasar zugibt, so sind doch die Wirkungen dieser Phantasie-Sternbilder durch die Erfahrung bestätigt, und nach diesen Erfahrungstatsachen urteilt der Astrologe (Speculum Astrologiae 1573, S, 6 v. XIX). Die ganze Torheit der modernen Astrologie kennzeichnet die Tatsache, daß sie ganz nach den antiken Spekulationen mit den Tierkreiszeichen operiert, obwohl heute z. B. das Tierkreiszeichen des Widders völlig in das Sternbild der Fische geraten ist, und die Sterne des Widders ganz von dem Zeichen des Stiers überlagert sind. Während dem antiken Sterndeuter naturgemäß die Sterne selbst die Träger und Künder des Schicksals waren, sind sie heute verdrängt durch die „Kraftfelder" der modernen Astrologie, die mit den Kräften der nunmehr 30⁰ von ihnen entfernten Fixsterne geladen sind. Und in Theorie und Praxis hört man von dem modernen Sterndeuter auch die alten Argumente, die bereits vor über 2000 Jahren von den Astrologen angeführt worden sind, daß die Wahrsagungen aus den Tierkreiszeichen, mit denen der moderne Astrologe genau so operiert wie der antike mit den wirklichen Tierkreisbildern, durch uralte Erfahrung bewiesen sind.

*S. 52.* Die Systematik verwertet die äußeren Merkmale der Bilder, von denen Boll hier menschliche Wesen, See- und Landtiere nennt, zu analogen Deutungen sowohl in Geburtsgutachten als auch in Augenblicksentscheidungen. Das Schema dafür hatte wohl schon das große astrologische Sammelwerk des Nechepso-Petosiris gegeben, und zahllose Listen dieser Art zeichnen mit kurzen Stichworten den Einfluß der Sternbilder nach solchen primitiven Analogieschlüssen in Altertum und Neuzeit. Von antiken Erzeugnissen dieser Schablonenarbeit mögen genannt sein die Listen: Catal. cod. astr. I S. 164, IV S. 152, VII S. 212, Maxim. et Ammon. rell. S. 105 Ludw., Manil. II 150—269, Ptol. tetrab. II fol. 80f., IV fol. 181f.; auf der zuletzt genannten Ptolemaeusstelle fußen die von Boll gegebenen Geburtsprognosen. Ein eigentümliches Zeichen der Armut menschlichen Geistes ist es, daß auch diese einfache Systematik sich bis auf heute gehalten hat; man kann diese Spezialisierung der Tierkreisbilder heute noch in denselben Stichworten und mit denselben Wahrsagenotaten lesen und hören, wie sie die antiken Astrologen aufgestellt hatten. — Dasselbe, was Boll hier von der Verstirnung der ehemaligen Menschen und deren Motivierung gibt, erzählen die griechischen Sternsagen auch von den Sternbildern, welche Tiere und Sachen bezeichnen. Es sind verstirnte Lebewesen oder Gegenstände der Vorzeit, welche ein Gott aus irgendeinem Grunde an den Himmel stellte. Sie sind teils dereinstige Freunde oder Feinde von Menschen eines früheren Zeitalters und Gebrauchsgegenstände, die zugleich mit ihren irdischen Besitzern an den Himmel kamen, teils sind sie als erste Typen ihrer Art verstirnt und in das Himmelsmuseum gestellt worden. So steht etwa Argo als das erste Schiff, der Altar und der Wagen als der erste seiner Art am Himmel, ebenso sehen wir dort den ersten Pfeil, die erste Lyra und das erste Dreieck. Aus diesem freien Spiel der griechischen Sternsagendichter erwächst aber der Glaube, daß der konventionelle Name das wirkliche Wesen des Sternbildes trifft, und daß in den Sternbezirken solche Kräfte aufgespeichert sind, wie sie der Name andeutet. Diese Kräfte faßt die systematische Sterndeutung in derselben Weise, wie sie die Influenzen der menschenartigen Sternbilder präzisiert.

*S. 53.* Wie die neuzeitlichen Handbücher der Astrologie, so orientieren die antiken Texte genauer über das Schicksal, das die Kinder der Tierkreisbilder erwartet. Wie innig das Leben der Menschen an den astralen Schicksalsgott von der Sterndeutung angeglichen ist, zeigt die antike Trennung der Menschen in Löwen und Skorpionmenschen oder in Kinder der Jungfrau, des Schützen u. ä. Dafür hat die griechische Astrologie Bezeichnungen wie οἱ Λεοντιανοὶ καὶ Παρθενιανοὶ καὶ Σκορπιανοὶ καὶ Τοξιανοί (z. B. Antiochos Catal. cod. astr. VII S. 112, 7 und VIII 4 S. 191, 7), die kaum in ihrer scharfen Formulierung durch ein entsprechendes deutsches Wort wiedergegeben werden können. Man kann unter diesen Gutachten Texte lesen, welche die Eigenschaften der Sternkinder stärker nach dem Namen und der äußeren Charakteristik der Tierkreisbilder richten (z. B. Hephaestion II 2 in Catal. cod. astr. VIII 2 S. 58ff., Hippolyt. Elenchos IV 15, 4 S. 49, 14 We.), und solche, die mehr den mythischen und religiösen Kern berücksichtigen (Valens II cap. 36 S. 110, 20 Kroll, Manil. IV 123ff., Firm. VII 25, 14). Die Texte selbst orientieren meist über das Schicksal der männlichen Wesen, z. B. Manil. IV 123—291 und 502—584; Valens I cap. 2 S. 5ff Kroll; Teukros-Rhetorius, Catal. cod. astr. VII S. 194—212. Später scheint man dann auch den Mädchen eine größere Beachtung geschenkt zu haben, ob das durch den Einfluß des Christentums, das der Frau eine höhere Einschätzung gab, erfolgt ist, oder ob schon von den antiken Astrologen auch derartige Tabellen für die weiblichen Wesen ausgearbeitet wurden, entzieht sich dem sicheren Urteil. Denkbar wäre das; denn in der römischen Kaiserzeit sind gerade die Frauen des Kaiserhauses und der Gesellschaft eifrige Anhängerinnen der Sterndeutung. Genituren, Prophezeiungen und Anfragen von weiblichen Personen sind aus dieser Zeit überliefert. Die älteren griechischen Texte dieser Art, welche das Schicksal der Mädchen aus den Tierkreisbildern deduzieren, sind bereits christianisiert; denn am Schlusse der Prognose wird irgend eine Heilige genannt, zu der die Mädchen eines Zodiakalbildes beten sollen, falls sie erkranken. Zweifellos lebt hierin ein sehr wichtiger Bestandteil der alten Astralreligion weiter, nämlich der Glaube, daß eine tutela, d. h. eine Schutzgottheit, je einem Tierkreiszeichen vorsteht, die auf Gebet und Opfer hin die schädlichen Wirkungen desselben aufheben kann. Texte dieser Art sind Catal. cod. astr. IV S. 158—169, X S. 171ff., 211ff., dazu kommt ein bis jetzt unveröffentlichter lateinischer Traktat in dem Codex Mutinens. Estens. DCXCVII (a. W. 8, 20), wovon sich eine Photographie im Besitz der Bibliothek Warburg befindet. — Die Tabelle mit den physikalischen Eigenschaften der Tierkreisbilder hat Boll, Catal. cod. astr. VII 104 veröffentlicht, eine weitere Tabelle dieser Art gibt Cumont, Zodiacus a. O. S. 1062.

*S. 54.* Für die Anwendung dieser rein physikalischen Deutung der Tierkreisbilder in der Astrometeorologie finden sich Beispiele: Catal. cod. astr. IV S. 83, 16ff. und German. progn. frg. III und IV. Die meteorologische Wirkung der einzelnen Tierkreisbilder innerhalb des Jahres, in dem sie als Jahresregenten dominieren, begutachten in verschiedener Breite die Dodekaeteriden (z. B. Catal. cod. astr. VII S. 183ff. und Boll, Aus der Offenbar. Johann. S. 81 und 90). Eine Reihe von Wetterprognosen richten die antiken Donnerbücher nach dem Aufenthalt des Mondes in den verschiedenen Tierkreisbildern, so die Texte Catal. cod. astr. VII S. 163ff., VIII 3 S. 195ff.; ebenso geben die Gutachten der Sonnen- und Mondfinsternisse, der Erdbeben, der Kometen und anderer Phänomene aus den herrschenden Zodiakalbildern eine Menge von Richtlinien für die Wettervoraussage. — Seuchen und Krankheiten werden seit sehr alter Zeit mit den Gestirnen z. B. mit Sirius, Arkturus und den Plejaden in inneren Kontakt gebracht, und auch von den älteren griechischen Ärzten wird dieser vulgäre Glaube gebilligt. Auch Sonne und Mond, den Finsternissen und Kometen schrieb man einen verhängnisvollen Einfluß auf die Gesundheit der Menschen zu. Einen nachhaltigen Einfluß auf das Abendland gewannen die altbabylonischen Prognosen, welche eine Menge von Krankheiten und Seuchen an diese auffallenden Phänomene knüpften, vgl. Boll, Reflexe a. O. S. 18. Das hat sich mit zäher Kontinuität auch in den astrologischen Jahresprognosen gehalten, welche aus dem astralen Jahresregenten die gesundheitlichen Verhältnisse des kommenden Jahres erschließen. Die astrologischen Tabellen, welche diese Wirkungen der Planeten und Tierkreisbilder charakterisieren, zählen mehr oder weniger ausführlich auch die verschiedenen Krankheiten auf, welche diese Gestirne hervorrufen, z. B. Ptolem. tetrab. II cap. 8 fol. 83ff., Catal. II 161, 19ff., IV 158ff. u. ö. Eine besondere Rolle spielen im Altertum, und zwar vornehmlich in Ägypten die Augenkrankheiten; sie werden sowohl mit speziellen Partien innerhalb der Zodiakalzeichen als auch mit der Einwirkung einzelner heller Fixsterne außerhalb der Ekliptik in Zusammenhang gebracht, vgl. Antiochos Catal. cod. astr. VII S. 111f., Anon. v. J. 379 ebenda V 1. 208 und Apomasar ebenda S. 169. Den schwarzen Tod v. J. 1345 leiteten die Astrologen von der Konjunktion der Planeten Mars, Jupiter und Saturn im Wassermann ab: Grauert a. O. S. 250 und 264f., die Syphilis wurde mit der Konjunktion der großen Planeten im Skorpion des Jahres 1484 in Verbindung gebracht. Ein Einblattdruck des Jahres 1496 veranschaulicht die vermeintlichen Folgen dieser großen Konjunktion nach Ulsenius, und der Holzschnitt, den Dürer gezeichnet hat, gibt das Bild eines Syphilitikers Tafel VII Abb. 13; über ihm ist eine Himmelskugel mit den Bildern des Tierkreises, und im Skorpion sieht man die verhängnisvollen Planeten vereinigt: Warburg, Heidnisch-antike Weissagung a. O. S. 53 Abb. 23, dazu Boll, Der Ursprung des Wortes Syphilis, Neue Jahrb. Bd. 25 S. 72f., 168 und K. Sudhoff, Aus der Frühgeschichte der Syphilis, Stud. z. Gesch. der Medizin Heft 9 (1912) S. 159ff. — Influenza s. Grimm, Wörterbuch Bd. 4, 2. Abt. S. 2113. — Außer den physikalischen Ansichten vom astralen Fluidum und seiner Einwirkung auf den menschlichen Organismus hat gerade die Jatromathematik besonders ausgeprägt den Glauben von dem persönlichen Nahewirken der astralen Krankheitsdämonen erhalten, die in den Körper eingehen und in dem kranken Körperteil hausen; darüber s. Gundel, Sterne und Sternbilder S. 285ff. Das von Boll S. 68 (Abb. 9) als „Aderlaßmännchen" bezeichnete Bild, das in der Handschrift „der Lasman" genannt wird, ist, wie Sudhoff, Mitt. zur Gesch. der Medizin 1919 S. 328 mit Recht bemerkt, ein Tierkreis-Männlein und hat mit Aderlaß eigentlich nichts zu tun. Denn in dem Typus des Aderlaßmännchens wird durch eine Linie markiert, welche Ader man unter dem Regiment des sie beherrschenden Ekliptikbildes schlagen soll. Ein weiterer Unterschied besteht darin, daß der Tierkreismann die Obhut der einzelnen Tierkreisbilder über den menschlichen Körper darstellt, also mit Aderlaß und auch überhaupt mit speziell-medizinischen Ideen an sich nicht zusammenhängt. Er geht einmal auf den Glauben zurück, daß verschiedene Götter die Herrschaft über einzelne Körperteile ausüben, sei es als Schutzgötter, sei es in schlechtem Sinne als Krankheitsdämonen: Servius Verg. Aen. III 607, Origenes contra Celsum VIII 53. 58. 63, Proclus in Parmenid. III 55 S. 641 Stallb. Dazu kommt als weitere Unterlage die Auffassung, daß der Himmelsgott und auch der Gott Kosmos im Tierkreis mit seinen einzelnen Gliedern gelagert ist; auch die platonische Vorstellung wirkt hier weiter, daß wie jedes irdische Objekt, so auch jeder Teil des menschlichen Organismus sein Abbild am Himmel hat (s. unten S. 166). Und zwar existiert nach späteren antiken Anschauungen das Paradeigma nicht nur des ganzen Menschen und jedes einzelnen Individuums dort oben, sondern auch jeder Finger, das Auge und jeder einzelne Teil; das sagt Proklus a. a. O. ausdrücklich. Wer zuerst diese verschiedenartigen Vorstellungen kombiniert und den Menschenkörper an die Tierkreisbilder in der von Boll geschilderten Norm aufgeteilt hat, entzieht sich unserer Kenntnis. Die antiken Traktate nennen Pythagoras, Hermes und auch Nechepso als Quelle, z. B. Theodor. Priscian. p. 250 f. Rose, Hermet. Jatromat. ed. Ideler Physici et medici graeci minores I S. 387, Olympiodor. ed. Berthelot Alchim. grecs S. 100, 15 und Firmic. II 24 und VIII 3. Wahrscheinlich hat Hipparch bereits diese Aufteilung des Körpers gekannt und gebilligt, vgl. Maass, Anal. Eratosth. S. 141, 6; ein Papyrus läßt in einem fingierten Gespräch den Petosiris schon an Plato diese Lehre übergeben: Catal. of the Gr. Pap. Manch. II (1915) n 63 S. 2. Jedenfalls ist die Idee, daß der Mensch ein Abbild des am Himmel im Tierkreis hingelagerten Gottes Kosmos ist und alle Kräfte des Kosmos in sich trägt, im Zeitalter des Hellenismus geläufig (vgl. noch Agatharchides ed. Immisch, Sitz.-Ber. Akad. Heidelb. 1921 S. 31, 33 und unten S. 139. Unter sich weisen die verschiedenen antiken Tabellen, die uns die zodiakalen Melothesien geben (z. B. Manil. II 453, Paul. Alex. p. B 3, Catal. cod. astr. VI 83), einige Unterschiede auf; bemerkenswert sind hiervon diejenigen, welche die zwölf Körperteile wieder in verschiedene Unterteile zerlegen (sehr wahrscheinlich eine Nachwirkung der Dekanmelothesie), z. B. Valens II cap. 36 S. 109, 27 ff. Kroll, Teukros-Rhetor. Catal. cod. astr. VII 195, 19 ff. — Gewöhnlich wird angenommen, daß vor dem 14. oder frühestens vor dem 12. Jahrhundert keine graphische Darstellung des Tierkreiszeichenmannes existiert hat. Diese Ansicht konnte durch die modernen Forschungen rektifiziert werden; denn in einer lateinischen Übersetzung des Alhandreus (s. o. S. 111) will der Verfasser eine Figur anreihen, welche zeigen soll, wie der Mensch mit den Sternen und den Elementen zusammenhängt, leider ist das nun folgende Blatt leer (Thorndike I 710 f.). Da nun diese Übersetzung nach Cumonts Nachweis aus dem 8. Jahrh. stammt (Astrologica a. O. S. 17), so kämen wir also mit der Datierung der graphischen Darstellung des Menschen als Mikrokosmos in wesentlich ältere Zeiten. Daß wir aber noch erheblich weiter zurückgehen dürfen, zeigen einige bis jetzt nicht genügend beachtete Äußerungen des Manilius. Der Dichter sagt IV 701 ff.: *ac velut humana est signis descripta* (so alle Handschriften, *discripta* Bücheler) *figura* | *et quamquam communis eat tutela per omne* | *corpus, et in proprium divisis artubus exit | namque Aries capiti, Taurus cervicibus haeret.* Das beweist doch, daß der Dichter hier eine Darstellung vor Augen gehabt haben muß, welche ganz wie die mittelalterlichen Tierkreiszeichenmänner, die Gestalt des Menschen mit den aufgeschriebenen oder aufgemalten Tierkreisbildern zeigt, wobei der Widder auf dem Kopfe, der Stier auf dem Nacken hängt (*haeret!*) genau so, wie es außer Abb. 14 auf Tafel VII auch das in Abb. 17 Tafel VIII aus den Très Riches Heures des Duc de Berry gegebene Bild wiedergibt. Und II 453 ff. spricht Manilius von den *divisas per sidera partes | singulaque in propriis parentia membra figuris,* d. h. von den durch die Gestirne hindurch verteilten Teilen und den einzelnen Gliedern, welche in den ihnen zugehörigen Sternbildern (*figurae* kommt in diesem Sinne auch sonst bei Manilius vor) erscheinen. Das zwingt zu der Annahme, daß auch hier dem Dichter ein Bild vorgelegen haben muß, das in dem Tierkreis die menschlichen Körperteile eingeschrieben hatte, wie das in der Pariser Handschrift der Fall ist, welche um Helios die Tierkreisbilder mit den Körperteilen zeigt (Tafel VIII Abb. 15). Auch der Ausspruch: ὁ ζωδιακὸς κύκλος μεμορφωμένος ἐστὶν εἰς μέρη καὶ ἁρμοὺς. ἐξέρχεται ἀπὸ τοῦ κόσμου ὁ κριός, κεφαλή ἐστιν τοῦ κόσμου, der sich Catal. cod. astr. VI S. 83, 3 ff. findet, weist auf ein antikes Bild des Zodiakalmenschen. Daß derartige symbolische Darstellungen der *tutela* der Tierkreisbilder in dem Altertum bereits vorhanden gewesen sein müssen, das beweist das Brett, welches beim Gastmahl des Trimalchio (Petron. cap. 39) aufgetragen wird. Hier ist jedem Tierkreisbild eine Pflanze oder ein Tier zugesellt, das seiner Herrschaft unterstellt ist. — Die mittelalterlichen Darstellungen des Tierkreiszeichenmanns und des Aderlaßmännchens hat Sudhoff eingehend untersucht in: Beiträge zur Geschichte der Chirurgie im Mittelalter, Stud. z. Gesch. der Medizin Heft 10 (1914) S. 198—204, dazu hat er ein sehr reiches und wertvolles Bildmaterial beigegeben (Tafel LI bis LXV), vgl. noch Meyer Steineg und K. Sudhoff, Geschichte der Medizin im Überblick 1921 S. 246 und 253 ff. sowie die schon zitierten Untersuchungen von E. Wickersheimer, F. Cumont und Thorndike a. a. O.; das Weiterleben dieser sideralen Merkfiguren in den populären astrologischen Kalendern bespricht E. Wickersheimer, La médecine astrologique dans les almanachs populaires du XX. siècle, Bullet. de la Société française d'histoire de la médecine Bd. 10 (1911) S. 26—39; auch die modernen astrologischen Handbücher geben den Zodiakalmenschen getreulich weiter, vgl. etwa Libra, Astrologie, Haar Techniek en Ethik 2. Aufl. 1916 S. 313. Als Beispiel für die Gestalt des Aderlaßmännchens sei das schöne Bild aus dem Paris. gr. 2419 genannt, das Cumont, Astrologica S. 7 veröffentlicht hat. Es ist zugleich ein Repräsentant der zweiten Bildform, welche dem Zodiakalmenschen nicht die Zeichen oder deren Siglen aufmalt, sondern an Stelle der Erde ihn in zentrale Lage in die Tierkreisbilder lagert (ähnlich Abb. 16 Taf. VIII). — Boll erwähnt nur die zodiakalen Aderlaßvorschriften, im Mittelalter scheinen aber auch die Aderlaßregeln nach den Mondtagen sich großer Beliebtheit erfreut zu haben; dafür sprechen die zahlreichen Aderlaßlunare, vgl. Catal. cod. astr. X 5 fol. 70 v., S. 8 fol. 98 f. und die große Literatur, welche Fossel, Förster und Thorndike hierfür a. a. O. geben (s. u. S. 176 u. 187). — Die beiden iatromathematischen Vorschriften stehen im Centiloquium des Ps. Ptolem. als These 20 und 19. — Tycho-Brahe gibt diese planetarische Melothesie in seiner Rede vom Jahre 1574 De disciplinis mathematicis oper. omn. ed. J. L. E. Dreyer Bd. 1 (1913) S. 157.

*S. 55.* Die planetarische Aufteilung des Menschenkörpers erörtert Ptolemaeus tetrab. III 12, fol. 148. Einfacher ist eine ältere Liste, die wohl auf Nechepso zurückgeht Catal. cod. astr. VI 83,9 ff.; danach beherrscht Saturn Kopf und Hals, Jupiter die Schultern und die Brust, Mars das Zwerchfell und die Sehnen, die Sonne Herz, Lunge und Leber, Venus die Schamteile, Merkur Schenkel und Knie, der Mond After und Leib. Das geht in letzter Linie einmal auf die Einteilungen des Himmels, der Erde und des Menschenkörpers in sieben Bestandteile zurück (vgl. Roscher, Die Hippokrat. Schrift von der Siebenzahl und ihr Verhältnis zum Altpythagoreismus, Ber. Sächs. Akad. d. Wiss. Bd. 71 [1919] S. 5, 7 ff., 106) und dann auf den alten Mythus, wonach der ganze Mensch von Hephaestos erschaffen wird; dabei erhalten sieben Götter besondere Teile, und zwar Zeus den Kopf, Merkur die Zunge, Athene die Schultern und Hände, Poseidon die Brust, Mars das Herz, Aphrodite die Leber und Eros die Lippen (Fragment aus der Exzerptsammlung des Maximus Planudes, das Wünsch, Archiv f. Religionswiss. Bd. 12 (1909), S. 160 aus Cod. Vat. Pal. 141 f. 212 v., veröffentlicht hat); darin steckt, wie Wünsch gesehen hat, als Vorbild einmal Platos Timaeus p. 41 A ff., wo auch die Gestirngötter den Auftrag erhalten, die sterblichen Körper zu schaffen, zu erhalten und dann wieder zu zerstören, ferner in letzter Linie Hesiods Menschenschöpfung oper. 60 ff.). Auch die Aufteilung des Menschenkörpers an die Planeten hat eine starke Erweiterung gefunden. So gibt Teukros-Rhetorios a. O. S. 214,12 ff. Saturn und Venus die Nasenlöcher, Jupiter die Zähne, Mars und Merkur die beiden Ohren und den Mund, der Sonne und dem Mond das linke und das rechte Auge usw., vgl. auch noch Valens I cap. 1, p. 1,10 Kr. Catal. cod. astr. II S. 161, 15 ff., VII S. 96, 11 ff. Das findet besonders bei den Arabern und dann im Mittelalter Anklang, vgl. etwa Hildegard von Bingen,

Liber divinorum operum simplicis hominis, Patrol. latin. Bd. 197, S. 819f., 832ff. Migne, und die Darstellung im Hortus deliciarum der Herrad von Landsperg, ferner Blochet S. 82ff., 89ff. und Reitzenstein-Schaeder a. O. S. 137ff. Das geht einerseits auf altpythagoreische Spekulation zurück, welche in den wichtigsten Körperteilen und auch im Kopfe sieben verschiedene Partien abteilt, natürlich ohne den späten astralen Einschlag (Roscher a. O. S. 7 ff.). Andererseits müssen letzten Endes auch hierbei wohl orientalische, und zwar speziell iranische Einflüsse mitspielen, die Blochet a. O. S. 82 und S. 134 und Reitzenstein-Schaeder a. O. S. 124ff. aufgedeckt haben. — Von den Darstellungen des kosmischen Menschen ist eine dritte Gattung zu nennen, welche die beiden eben gezeichneten Systeme kombiniert. Während der Tierkreiszeichenmann den kosmischen Menschen am Himmel innerhalb der Tierkreisbilder hinlagert, der planetarische Mensch dagegen aufrecht innerhalb des Weltalls in den Planetensphären steht, gibt die dritte Art das Knochengerüst und die Glieder dem Zodiakus, die inneren Organe und Säfte aber den Planeten. Die bildende Kunst hat das veranschaulicht durch den zentral gestellten Menschen, der nun von allen Seiten von den Strahlen der Zodiakalbilder und der Planeten getroffen wird. Das zeigt besonders hübsch ein bis jetzt unveröffentlichtes Bild (Taf. VIII, Abb. 16) einer lateinischen astrologischen Handschrift in Wien, deren Kenntnis und liebenswürdige Überlassung ich Herrn F. Saxl verdanke. — Listen von planetarischen Heilpflanzen mit ihren speziellen Wirkungen findet man Catal. cod. astr. IV S. 134—136, VI S. 83—84, VII S. 233, VIII 2 S. 162, VIII 3 S. 153, VIII 4 S. 257 und S. 260, die Pflanzen der Tierkreisbilder ebd. VII S. 232f., VIII 2 S. 159, 8ff., VIII 3 S. 139, 14ff., VIII 4 S. 258. Ein solches Rezept im homoiopathischen Sinne Bolls gibt Hermes ebd. VII S. 232,8 am Schlusse einer kurzen Aufzählung der Zodiakalpflanzen: ταύτας γὰρ τὰς βοτάνας δεῖ συλλέγειν καὶ χυλοποιεῖν ὅταν ὑπάρχῃ ὁ Ἥλιος εἰς τὸν Κριόν. ἀλλὰ δεῖ καὶ εἰς ἕν ἕκαστον ζῴδιον τοῦ καθ' ἑνὸς βοτάνου ⟨αὐτοῦ⟩ ὑπάρχοντος καὶ τῆς Σελήνης εἰς τὸ τρίγωνον τοῦ Ἡλίου ἢ εἰς τὸν ὡροσκόπον αὐτοῦ. ἔστω δὲ καὶ ἡ ἡμέρα καὶ ἡ ὥρα τοῦ οἰκοδεσπότου τοῦ ζῳδίου. καὶ οὕτως ἵνα εὐδοκιμήσῃς, καθὼς ὁ διδάσκαλος λέγει, κατὰ τὴν κοσμικὴν καὶ φυσικὴν ἀποτέλεσιν. Man soll also die astralen Heilpflanzen sammeln und auch verarbeiten, wenn die Sonne im Widder läuft, oder auch wenn sie gerade in dem Sternbild weilt, das mit der Heilpflanze in Kontakt steht. Der Mond soll im Gedrittschein zur Sonne oder zum Horoskop stehen. Weiter muß es der Tag und die Stunde des Hausherrn des Tierkreisbildes sein, dann kann man eine volle kosmische Wirkung erzielen. Einfacher lautet die Vorschrift am Schlusse der Aufzählung der Planetenpflanzen derselben hermetischen Liste; hiernach soll man lediglich den Tag und die Stunde des Planeten beobachten (ebd. S. 235,33f.). Die astralen Heilpflanzen haben natürlich auch ihre Geschichte; bereits das alte Fundamentalwerk des Nechepso-Petosiris hat einen großen Abschnitt ihnen gewidmet; ein rivalisierendes System wird uns in dem Brief des Astrologen Thessalus als Offenbarung des Gottes Asklepios überliefert. Hier heißt es, daß Nechepso wohl die sympathische Heilkraft der Pflanzen und der Steine kannte, aber die Zeiten und Orte, in denen man sie sammeln soll, und den effektiven astralen Abfluß wußte er nicht (Catal. VIII 3 S. 137,13, VIII 4 S. 257, 11ff.). Die Rezeptur über Heilwert und Verarbeitung der einzelnen Teile der verschiedenen Pflanzen und deren Verabreichung in Säften, Pillen, Pflastern oder Amuletten lautet in den einzelnen Lehrtexten verschieden. Auch die Begründung, warum die genannten Pflanzen in Analogie mit ihrem sideralen Gegenpol stehen, wird verschieden gegeben. Die Iatromathematiker haben hier ganz heterogene Elemente, die sie z. T. der Volksmedizin, der astrologischen Geographie und Melothesie, endlich den Zeitbestimmungen der Laienastrologie und der gelehrten Sterndeutung entnommen haben, Jahrtausende hindurch beibehalten. Weiter finden sich in der astrologischen Pflanzenheilkunde bedeutsame Überreste der alten Astralreligion. Dahin gehören die religiösen Vorschriften, wie man sich bei dem Einholen der Pflanzen und bei ihrer Anwendung zu verhalten hat. Ohne ein Gebet an den Sterngott, den Dämon oder auch an die Engel des Planeten, von denen die von christlichen Zensoren redigierten Texte reden, darf das nicht abgehen (vgl. etwa Catal. cod. astr. VII S. 235,34, VIII 2 S. 162,19ff., VIII 3 S. 165,9f.). Die zahlreichen und oft recht widerspruchsvollen Systeme der astrologischen Heilkunde sind behandelt von Bouché-Leclercq a. O. S. 518—534, W. Kroll, Iatromathematik in Wissowas Realenzyklopädie, Bd. 11, S. 803, Cumont, Écrits hermétiques a. O. S. 102ff. und Gundel, Sterne und Sternbilder, S. 275—300. — Abb. 14 auf Tafel VII ist von Hauber, Mitteil. zur Gesch. d. Medizin, Bd. 12 (1914), S. 12f. besprochen worden, vgl. Boll, Aus der Offenb. Johann. S. 144,71. — Das Bild teilt den Stufenkosmos in die vier Elemente derart auf, daß das Trigonon des Frühlings Kopf, Nacken und Arme, das des Sommers die Brust, das des Herbstes den Leib und das des Winters die Beine beherrscht. Das entspricht etwa der Lehre des Antiochos: συνέστηκεν δὲ ὁ κόσμος ἐκ τεσσάρων στοιχείων· ἐκ τούτων δύο ἀνωφερῆ, ὁ ἀὴρ καὶ τὸ πῦρ, καὶ δύο κατωφερῆ, γῆ καὶ ὕδωρ. (ed. Boll Catal. cod. astr. VII S. 103,9). Die inneren Säfte werden nach einem System, das auf die Elementenlehre des Hippokrates zurückgeht, so verteilt, daß die feurigen Tierkreisbilder über die gelbe Galle, die irdischen über die schwarze Galle, die wässerigen über den Schleim und die luftigen über das Blut herrschen: Catal. cod. astr. IV 127,13; eine Nutzanwendung dieser Lehre sagt, daß eine Krankheit von überflüssiger Wärme herrührt, wenn die Sonne bei Ausbruch derselben sich in einem Zeichen des feurigen Trigonon befindet; ebenso wird die Ursache von zu großer Feuchtigkeit abgeleitet, wenn dieses Gestirn sich im wässerigen Trigonon aufhält, u. a.: Catal. V 3, S. 80. — *) Novalis hat den Grundgedanken wohl direkt aus Paracelsus, vgl. die Äußerung von seinem Schüler Oswald Crollius bei E. Schlegel, Paracelsus als Prophet, Tübingen 1915, S. 11 (sie lautet: „alle Dinge in der Natur sind mit einem siderischen Geist begabt, welcher das Firmament oder Astrum genannt wird, auch der verborgene Schmied und Werkmeister, von welchem die Form, Bildung, Figur und Farbe her entstehet. Von diesem innerlichen Astro (welches Theophrastus das Ens seminis und virtutis nennet) als der Sonnen der kleinen Welt wird der Mensch geboren ... Wenn wir aber sagen, jede Form aller Dinge entstehe aus den Astris, so ist solches nicht von den Himmelssternen, sondern von eines jeden Dings eigenem und besonderem Astro zu verstehen"). — Es ist einer der eminenten Verdienste Bolls, den Inhalt des Proteusbegriffes Paranatellonta geklärt zu haben. Die Listen, welche Boll in seinem Monumentalwerk, der Sphaera, zum ersten Mal aus bislang unveröffentlichten astrologischen Handschriften an den Tag geholt hat, rechnen unter die Paranatellonta nicht nur Sternbilder, welche nördlich und südlich der Ekliptik mit deren einzelnen Abschnitten, seien es nun Tierkreiszeichen, Drittel oder Grade, heraufkommen, sondern auch Teile der Tierkreisbilder selbst. Denn die genauere astronomische Beobachtung bewertet nicht den breiten Ekliptikgürtel, in dem die Tierkreisbilder liegen, sondern die durch sie hindurchführende Ekliptiklinie. Weiter sind unter die Paranatellonta Bestandteile aus solchen astrologischen Texten eingedrungen, welche die Wirkung der Tierkreisbilder in den vier Kardinalpunkten begutachteten; denn jedem Gestirn und auch den Planeten wird nach ihrem Aufenthalt am Himmel ein jeweils verschiedenartiger Einfluß zugeschrieben (vgl. etwa Manil. II 856ff., Firmic. V cap. 1, Catal. cod. astr. VIII 2, S. 112). So erscheinen unter den Paranatellonta bisweilen Sternbilder, welche sich beim Aufgang des Tierkreiszeichens, unter dem sie als mit aufgehend rubriziert werden, in der Himmelsmitte, im Westpunkt, ja selbst in der unteren Kulmination befinden. Als weiteren Einschlag in dies bunte Gewebe konnte Boll feststellen, daß astronomische Längenangaben hineingeraten sind. Diese Erkenntnisse Bolls (Sphaera, S. 75ff.) sind für die Identifikation der neuen Sternbilder, welche die von ihm aufgefundenen Texte enthalten, von ebenso großer Bedeutung, wie für die Deutung der Bildkomplexe, von denen diese Listen in den mittelalterlichen Handschriften begleitet sind. —

Die genauere Berücksichtigung der Paranatellonta verwirft Ptolemaeus tetrab. III cap. 1 fol. 107. Er wendet sich hier gegen das „alte“ System der Voraussagung, das alle Sterne oder doch die meisten berücksichtigt, da es zu umfassend und nahezu unermeßlich sei, wenn ein Astrologe gewissenhaft alle Sterne berücksichtigen wollte. Damit ist aber nicht gesagt, daß die Wirkung der außerzodiakalen Fixsterne für Ptolemaeus ganz ausscheidet, denn an vielen Stellen des Vierbuches wird ihre Wirksamkeit herangezogen, z. B. I cap. 10 fol. 26ff. und II cap. 7 fol. 80. Daß die Paranatellonta bereits von den Babyloniern in den Zukunftsdeutungen mit bewertet wurden, dafür zeugt vor allem, daß die wichtigsten Tabellen dieser Art von Teukros aus Babylon verfaßt worden sind. In der Praxis sind sie vor ihm wohl auch schon in Babylon herangezogen worden, so wird Sirius gelegentlich bei Krankheitsprognosen berücksichtigt: Kugler a. O. Bd. 1 S. 255, vgl. auch Jastrow a. O. Bd. 2 S. 494. Und der berühmte Stoiker Chrysipp diskutierte über die chaldaeische Maxime: *si quis oriente canicula natus est, in mari non morietur* (Cicer. de fato cap. 12ff.). Die Geschichte zeigt höchst selten die praktische Anwendung der Paranatellonta im Nativitätsschema; wohl das markanteste Beispiel dieser Art ist der Einfluß des Perseus, den Chigi seinem Leben zugeschrieben haben muß; denn in seinem Horoskop, das Raffael in der Farnesina bildlich dargestellt hat, nimmt Perseus den hervorragenden Platz in der Mitte der Saaldecke ein, dazu Warburg, Heidnisch-antike Weissagung a. a. O. S. 33f. und E. Maass, Aus der Farnesina, 1902, S. 17f. Ein anderes historisches Beispiel läßt den Prokyon dem König Heinrich von Polen in seiner Nativität den Thron von Frankreich verheißen; diese Prophezeiung soll der berühmte Astrologe Junctinus gemacht haben: H. Ranzovius, Catalogus imperatorum, regum ac virorum illustrium, qui artem astrologicam amarunt, ornarunt et exercuerunt, Leipzig 1584, S. 191. Aus dem Altertum ist in der Dodekaorosliste der Peraten, welche Hippolytos Elenchos V 14, 6 S. 109,16 We. zeichnet, anscheinend auch die Idee enthalten, daß das Schicksal einzelner Individuen mit den Fixsternen in Einklang steht, z. B. heißt es von dem Archon der Tagesdodekaoros, der den Namen Isis hat, sein Zeichen sei der Hundsstern, nach dessen Bilde Ptolemaeos, der Sohn der Arsinoe, Didyme, Kleopatra und Olympias geschaffen wurden. Daß die vulgären Wettergestirne, besonders Orion, Arkturus, Pleiaden und auch Sirius nach dem Volksglauben jederzeit in das Schicksal der Menschen verhängnisvoll eingreifen können, zeigt einmal der Sterngott Arkturus im Rudensprolog des Plautus, der persönlich auf der Bühne auftritt. Er sagt, daß er den Wintersturm entfesselt hat, der das Schiff des Kupplers zerschmetterte und so dessen Vorhaben zu Schanden machte, andrerseits aber das von ihm entführte Mädchen rettete. Das beweisen ferner auch zahlreiche Grabepigramme der griechischen Anthologie, welche eines dieser Gestirne als die Ursache des Todes nennen (vgl. Anthol. Pal. VII 273, 395, 503, 534, 744, V 188). Die Astrologie hat solche volkstümlichen Vorstellungen und auch die Theorien der alten griechischen Ärzte, welche dem Aufgang der großen Merkgestirne des Vulgärkalenders einen speziellen Einfluß auf das Klima und die Säfte des Menschenkörpers zuschrieben, nur selten theoretisch in besonderen Systemen herangezogen. Sehr wahrscheinlich steckt etwas derartiges hinter den ganz zu mathematischen Potenzen verflüchteten partes damnandae des Manilius (IV 409ff.), denen ein verhängnisvoller Einfluß auf Unternehmungen infolge ihrer physikalischen Beschaffenheit zugeschrieben wird. Der Einfluß der Fixsterne auf den gesunden und kranken Körper ist noch besonders betont worden von dem Arzt Aetius tetrab. III cap. 164, abgedruckt auch in der Ausgabe Wachsmuths von Lydus de ostent. 2. A., S. 289 ff. Sehr ausführlich sind dagegen die Einwirkungen der Paranatellonta auf die Entscheidungen einer ganzen Menge der verschiedenartigsten menschlichen Handlungen und Berufstätigkeiten begutachtet worden von Asklepiades von Myrlea (Mitte des 1. Jahrh. vor Chr., vgl. Catal. cod. astr. V 1 S. 188, 11ff. und VIII 4 S. 250,4, 6, ferner hat Nigidius Figulus sie verwertet (Boll, Sphaera, S. 363) und Teukros von Babylon ebenfalls „mannigfache Wirkungen der Paranatellonta in verschiedenen Tätigkeiten“ festgelegt: Psellos in Westermanns Paradoxographi S. 147,21ff., Boll, Sphaera S. 7. Leider ist gerade dieser Text bis jetzt nicht aufgefunden, und auch die zahlreichen Übersetzer des Teukros gehen gerade auf diesen Teil, nämlich auf die praktische Anwendung der Paranatellonta bei Augenblicksentscheidungen, nicht ein. Die theoretische Auslegung der Wirkung der Paranatellonta im Horoskop des Neugeborenen ist vor allem von Manilius im fünften Buch berücksichtigt worden. Sehr starke Anklänge an die Augenblicksentscheidungen, welche Asklepiades von Myrlea mit den Paranatellonta verknüpft, scheinen zu der Annahme zu zwingen, daß entweder Manilius selbst oder sein Vorbild diesen älteren Teil der astrologischen Voraussagungen, nämlich das Zu- oder Abraten aus den Gestirnen und die Prophezeiung über den Ausfall bereits getroffener Entscheidungen, zu Geburtsprognosen umgeformt hat — ein Prozeß, der uns in späterer Zeit gerade in umgekehrter Form auch in astrologischen

Systemen begegnet, welche Geburtsprognosen in Gutachten über Unternehmungen umformen (es handelt sich um die Weissagungen aus den hellen Sternen, die der Anonymus vom Jahre 379 n. Chr. für Neugeborene gegeben hatte; sie sind später von Theophilos als Elemente der Mundan-Astrologie ausgemünzt worden: Catal. cod. astr. V 1, S. 213, 215,3ff., 15ff. u. ö.). Die Phantasie und die Willkür in der Zukunftsdeutung, welche der Sterndeuter aus den Paranatellonta gewinnt, ist ebenso groß, wie bei den Prognosen aus den Planeten und Tierkreisbildern. So deutet etwa das Sternbild des Bechers im Horoskop auf einen Menschen, der wasserreiche Gegenden, Flüsse und Seen liebt, auf einen Weinbauer, einen fröhlichen Weintrinker und Weingenießer sowie Weinhändler (Manil. V 235ff., paraphrasiert von Firmicus VIII 10,6). Der Schwan erzeugt Vogelfänger, Vogelhändler oder Leute, welche Vögel zum Sprechen und anderen Kunststückchen abrichten, Manil. V 367ff.; das ist eine durchsichtige Übertragung der in dem älteren Sternbildnamen gegebenen Vorstellungen, denn der Schwan führt in der älteren Zeit und in der astronomischen Literatur die Bezeichnung „Vogel". Ebenso wohlfeile Kombinationen aus Namen, Mythus und Bedeutung des Sternbildes finden wir in den übrigen Weissagungen, welche mit den außerzodiakalen Sternbildern in Verbindung gebracht werden. Die Kinder des kleinen Bären werden z. B. Tierhändler, Tierbändiger, tüchtige Jäger, denen die wilden Tiere nichts anhaben können (Manil V 700ff.). Der Walfisch bringt Fischer hervor, die hauptsächlich dem Fang der Tunfische mit Schleppnetz obliegen oder diese mit Lanzen töten und sich mit der Konservierung und der Verarbeitung derselben zu kostbaren Saucen befassen. Weiter erzeugt er Leute, welche Salzgärten anlegen und Salz herstellen und damit Handel treiben (Manil. V 657ff.). Unerschöpflich ist die Phantasie dieses größten Dichters, der diese Sternkinder besungen hat, um immer neue Varianten und neue Berufe zu finden. Jedenfalls ist seine Quelle nur in Stichworten auf das Schicksal dieser Sternbilder eingegangen, alles übrige hat Manilius wohl selbst als dichterisches Beiwerk darum gerankt. Solche knapp gehaltenen Orakel hat dann besonders der Babylonier Teukros mit diesen Sternbildern verbunden, so heißt es etwa von den Kindern des Bechers, daß sie Traumdeuter, Ärzte, Dichter, Grammatiker, Zitherspieler, gescheite Leute, Herrscher und fromme Priester sein werden — sie werden auf dieselbe Stufe gestellt mit den Kindern des Sternbildes des Apollo (einer der beiden Zwillinge) und des Deltoton, denn in der Sage wird der Becher und der Rabe mit dem Gott Apollo in näheren Konnex gebracht (Teukros bei Boll, Sphaera S. 44,15). Der Walfisch bringt Säufer und Fresser, Gefängniswärter, Räuber, Einsalzer, Magazinverwalter, Geizhälse und Siegelfälscher zur Welt, die Kinder des Schwans sind unstete Geister, die in höheren Regionen schwärmen, liebenswürdige Schwätzer, Dichter u. a. (Teukros bei Boll a. O. S. 44,24ff., 51,15ff.). Die Exzerptoren des Teukros, darunter Antiochos, Valens, Rhetorios und Apomasar übernehmen wohl die Liste seiner Paranatellonta, aber die astrologischen Deutungen lassen sie samt und sonders weg. Erst in den Scotushandschriften tauchen sie wieder auf (Boll, Sphaera S. 441); ob sie ursprünglich lediglich Glossen gelehrter Schreiber waren und später in den Text gekommen sind oder von Scotus selbst zugefügt sind, ist, wie mich Herr Saxl belehrt, ein noch zu lösendes Problem. Im 15. Jahrhundert finden sich dann diese Sternbilderkinder in verschiedenen lateinischen Handschriften, deren Kenntnis ich dem reichen Photographienschatz der Bibliothek Warburg verdanke. Aber im Gegensatz zu den reichen künstlerischen Ausgestaltungen und der ikonographischen Darstellung der Planetenkinder (siehe Panofsky-Saxl a. O.) sind die Kinder der Fixsterne, und zwar sowohl der Dekane und Zodiakalbilder als auch der hellen Sterne und Sternbilder außerhalb der Ekliptik von der darstellenden Kunst nicht weiter berücksichtigt worden. Die astrologischen Texte geben im ausgehenden Mittelalter und in der Neuzeit lediglich das Schicksal dieser Sternenkinder. Meist ist dabei der Römer Manilius deutlich das maßgebende Vorbild geblieben, besonders im 16. Jahrhundert in den zahlreichen Auflagen des anonymen Kalenders „Himmels Lauffs Wirckung". Die größte Liste von Fixsternprognosen gibt für Nativitäten Iunctinus a. O. S. 240ff., es wird von ihm der überwiegende Akzent auf die planetarische Natur der einzelnen Sterne und Sternbilder gelegt nach arabischen Gewährsleuten.

*S. 56.* Durch die unermüdlichen Forschungen Warburgs hat sich das Material der bildlichen Darstellungen der Paranatellonta seit der zweiten Auflage dieses Büchleins beträchtlich vermehrt. Warburg hat darüber einen eingehenden Bericht in der Gedächtnisfeier für Franz Boll am 25. April 1925 gegeben, der demnächst in den Studien der Bibliothek Warburg erscheinen wird. Vor allem wertvoll sind die Abbildungen der Paranatellonta in der bislang unbeachtet gebliebenen lateinischen Apomasarhandschrift Sloane M. S. Nr. 3983, wovon Warburg eine Photographie i. J. 1925 erworben hat; ich durfte daraus Abb. 21 auf Tafel X als Bildprobe für diese merkwürdige Zerteilung der Gestirne aufnehmen. Hier sind in drei Zonen untereinander die persischen und die griechischen Paranatellonta dargestellt; zwischen ihnen stehen in einer besonderen Zone, welche die Paranatellonta der beiden Sonderlisten Apomasars trennt, die Dekangötter; diese zeigen eine große Zahl sehr bemerkenswerter Züge und Beischriften, die bislang unbekannt waren. Vor allem bedeutungsvoll ist die Ausprägung einzelner Attribute und geistiger Einflüsse dieser Gottheiten durch charakterisierende Bilder. Eine weitere wichtige Entdeckung Warburgs ist die Darstellung der Paranatellonta in drei ineinanderliegenden Ringen, die Warburg in einer spanischen Vatikanhandschrift (Cod. Reg. 1283 Taf. IX Abb. 20) fand. Weiter hat Warburg vor allem in dem größten Monumentalwerk, das je der Astrologie geweiht worden ist, im Salone zu Padua erkannt, daß hier die Paranatellonta des Teukros weiterleben (vgl. Taf. XI Abb. 23). Die genauere Nachprüfung konnte diese epochale Entdeckung Warburgs, welche die üblichen modernen Deutungen der einzelnen Bilder stark erschüttert, glänzend bestätigen; auch manche der Dekangestalten des Teukros läßt sich in den Fresken des Salone nachweisen; ich darf hier auf die Feststellungen von F. Saxl hinweisen, die er speziell für die einzelnen Bilder, die dem Sternbild des Skorpion beigegeben sind, machen konnte und welche derselbe demnächst in den Sitzungs-Berichten der Heidelberger Akademie in der Einleitung zu seinem Verz. astrol. u. myth. ill. Hssen. der Nat. Bibl. Wien veröffentlichen wird. Eine weitere Darstellungsform der Paranatellonta gibt die spanische Handschrift (Cod. Reg. 1283), welche in Kreisform in 30 Segmenten Paranatellonta zu jedem einzelnen Grad eines Tierkreiszeichens mit einer kurzen Charakteristik dieser Figuren gibt. Diese lassen deutlich die antiken Begleitsterne erkennen. Warburg hat das Skorpionblatt daraus zum ersten Mal in seiner Abhandlung „Heidnisch antike Weissagung" a. O. Tafel III mitgeteilt, sie durfte im Tafelwerk Tafel XII Abb. 24 beigefügt werden. Endlich hat Warburg auch die Zeichnungen im Astrolabium Magnum in den Rahmen seiner Forschungen gestellt, dessen Figuren im einzelnen seit Jahren von ihm sondiert werden und allmählich immer genauer ihre Urbestandteile hergeben, vgl. Warburg, Italienische Kunst und internationale Astrologie S. 6f. Ein Blatt aus diesem astrologischen Wahrsagekalender, der durch eine bildliche Darstellung und eine kurze Note über dem Bilde der ganz fremdartig anmutenden astralen Tagesgötter den Charakter des unter ihm geborenen Menschen praezisiert, ist im Tafelwerk Taf. XIII Abb. 25 wiedergegeben. Kulturhistorisch ist es bemerkenswert, daß die moderne Astrologie selbst zu diesen für unsere wissenschaftliche Erkenntnisse so banalen Astrologumena ihre Zuflucht nehmen muß. In der Abhandlung „Symbole des Tierkreises und ihre Bedeutung" gab Frh. von Sebottendorf 1921 auf Grund eines Werkes des 18. Jahrhunderts diese „uralte" Symbolik als mystische Offenbarungsweisheit der Menschheit zurück, ohne natürlich die wirkliche Quelle und die Bedeutung dieser für uns wirklich nicht erschütternden „Geheimnisse“ zu ahnen. — Das königliche Schicksal, welches Regulus, der helle Stern im Löwen verheißt, deutet bereits Geminus cap. 2 S. 36, 24 Man. an; ausführlicher spricht darüber Firmicus VIII cap. 23, 1 und VI cap. 2, 2, ferner der Astrolog vom Jahre 379 n. Chr. a. O. S. 199 sowie Theophilos ebd. S. 214 und Joh. Kamater. v. 2435, dazu Boll, Aus der Offenbar. Joh. S. 37, 3. — Das monumentale Horoskop des Königs Antiochos von Kommagene ist ausführlich besprochen und abgebildet von Humann-Puchstein, Reisen in Kleinasien und Nordsyrien Bd. 1 S. 315ff., 329, 1 und Atlas Taf. XL. — Theoretisch informieren über des Schicksal, das die hellen Sterne verursachen, vor allem Firmicus VIII cap. 31, der Astrolog vom Jahre 379 n. Chr. a. O. S. 196—203 und dessen Exzerptoren ebd. S. 214ff. Diese Systematik ist natürlich auch von den Arabern übernommen und z. T. umgebildet worden; die arabischen Texte sind dann von den Astrologen des Abendlandes weitergegeben worden. — Weitere praktische Ratschläge für astrologische Konsultationen und für Nativitäten enthalten diejenigen Texte, welche besondere Gutachten abgeben über die Wirkungen der verschiedenen Glieder der Tierkreisbilder. So gibt Firmicus eine genaue Aufteilung der Körperteile derselben in dem Gradnetz (VIII cap. 4ff.), ihnen kommt eine verschiedene Einwirkung zu, vgl. z. B. VII cap. 25, 14. 19 u. ö.). Weitere Details bieten die Gutachten über die Bezirke (z. B. Valens I cap. 3 S. 15, 21 Kroll) und endlich über die Grade (besonders ausführlich Firm. VIII cap. 18ff.).

*S. 57.* Boll bespricht die Dodekaoros in T'oung Pao XIII 1912 S. 704, 710ff. Zu den seither bekannten Zeugnissen gesellt sich nun noch die Forderung des Astrologen Rhetorios (Anfang 6. Jhd.), daß man außer den Aspekten auch die Wirkungen der Bezirke, ferner die Prosopa der Dekane und deren Paranatellonta und die Gestalten der Dodekaoros beachten müsse (Catal. cod. astr. VIII 4 S. 122). Cumont gibt ebd. Anm. 1 einige wertvollen Belege aus der ägyptischen Literatur, zu denen noch Sethe, a. O. S. 103 und 119 beizufügen ist. In dem von Cumont gegebenen Text wird von Rhetorios außerdem der Bock, das 7. Tier, und der Hundskopfaffe, das 10. Tier der Dodekaoros, genannt: S. 198, 15 und 217, 8. In der ersten Stelle wird die für die Geschlechtskraft schädliche Wirkung der Wage durch ihr Paranatellon, den Bock, begründet, in der anderen Stelle heißt es, daß Merkur und Venus, wenn sie in ihren eigenen oder fremden Bezirken geschwächt sind, Schauspieler oder Staatsmänner machen, „besonders im Steinbock, weil der Affe dessen Begleitgestirn ist“.

*S. 58.* Das Thema mundi ist nach Firmic. III praef. 4 und cap. 1, 1 von Nechepso und Petosiris mitgeteilt worden, diese sollen es von

Aesculap und Hanubius übernommen haben, die ihrerseits wieder ihre Kenntnis der Offenbarung des allmächtigen Gottes Hermes verdanken. Und zwar stand die Sonne im 15. Grad des Löwen, der Mond im 15.⁰ des Krebses, Saturn im 15.⁰ des Steinbocks, Jupiter im 15.⁰ des Schützen, Mars im 15.⁰ des Skorpion, Venus im 15.⁰ der Wage, Merkur im 15.⁰ der Jungfrau, der Horoskopos war im 15.⁰ des Krebses. Diese Zodiakalzeichen, in denen sich die Planeten bei Erschaffung der Welt befanden, sind die eigentlichen Häuser derselben. Das Horoskop der Welt ist in der astrologischen Literatur vielfach, ja man kann sagen zu allen Zeiten, solange die Astrologie blühte, besprochen worden. Von antiken Autoren sei noch genannt Thrasyllus, der bekannte Astrolog des Kaisers Tiberius (Catal. cod. astr. VIII 3 S. 100), Paulus Alexandrinus p. T. 2, Macrobius Somn. Scip. I cap. 21, 23ff.; merkwürdig ist auch ein byzantinischer Traktat Catal. cod. astr. V 2 S. 132, 13ff., der dieses Horoskop der Weltschöpfung chaldaeischen Autoren zuschreibt, offensichtlich aber von ägyptischen Einflüssen berührt ist. — Die Lehre der Häuser gehört in den eisernen Bestand jedes astrologischen Lehrbuches, teils finden sich besondere Kapitel darüber, z. B. Dorotheus bei Hephaestio S. 72, 1 ff. E. und Catal. cod. astr. VI. S. 95, Firmicus II cap. 2, Paulus Alex. p. B. 1, ausführlich bespricht dieselbe Bouché-Leclercq a. O. S. 185ff., teils werden in den Tabellen, welche die Kennzeichen und Wirkungen der Tierkreisbilder erörtern, auch jedesmal die Häuser der Planeten mitgenannt. Die ägyptische Offenbarungsweisheit läßt Ptolemaeus in seiner Betrachtung (tetrab. I cap. 17 fol. 37) über die Häuser der Planeten beiseite, er übernimmt aber ihren Inhalt und sucht dieser astrologischen Doktrin eine physikalische Erklärung zu geben.

*S. 59.* Auch die Lehre von der Erhöhung und Erniedrigung hat die Bildkunst plastisch erfaßt, wie Abb. 33—35 auf Taf. XVIII dartun. Für die wissenschaftlich physikalische Begründung, auf die Boll hier anspielt, ist die Darlegung des Ptolemaeus tetrab. I cap. 19 fol 41 maßgebend geblieben. — Die verschiedenen Systeme der Bezirke teilt am ausführlichsten Ptolem. tetrab. I 20 fol. 43 mit, sie hat Boll einer eingehenden Untersuchung gewürdigt in: Neues zur babylonischen Planetenordnung, Zeitschr. für Assyriol. Bd. 38 (1913) S. 340ff.

*S. 60.* Die ältere Literatur und die sich daraus ergebenden religiösen Anschauungen über die Dekane hat Bouché-Leclercq a. O. S. 215—235 behandelt, von der neueren Literatur, die sich aus den Texten des Catalogus codicum astrologorum für die Dekane ergibt, ist sehr viel von Housman, Manilius IV, London 1920, praef. S. V—X in seinem Überblick über die Dekanvorstellungen verwertet worden. Eine bedeutende Förderung unseres Verständnisses der Dekanlisten und

Dekanbilder verdanken wir Boll, der in seiner schon genannten Untersuchung: Eine neue babylonisch-griechische Parallele a. O. S. 226–235, im Vereine mit C. Bezold eine Reihe von wichtigen Attributen, welche die Mischgeschöpfe dieser Texte auszeichnen, mit einer babylonischen Sterngötterliste zusammenstellte. Die Entwicklung der ägyptischen Dekanlehre und ihre merkwürdigen geschichtlichen Wandlungen sind neuerdings von Sethe in seiner bereits erwähnten Abhandlung, Zeitrechnung der alten Ägypter im Verhältnis zu der der anderen Völker, a. O. (1919) S. 291ff., 305ff., 319 und (1920) S. 43ff., 98, 101 untersucht worden; Sethe wendet sich S. 98 Anm. 3 gegen die von Boll vorgetragene Ansicht, daß die drei Monatssterne des babylonischen Schöpfungsepos die Dekanvorstellung andeuten. — Außer den Dekantexten der griechisch-römischen Astrologie sind die späteren arabischen und mittelalterlichen Texte (Picatrix, Agrippa, Kircher u. ä.), zu denen neuerdings auch eine bisher unveröffentlichte lateinische Dekanliste des Hermes Trismegistos kommt, für die Geschichte dieses wichtigen astrologischen Systems ebenso bedeutsam wie die bildlichen Darstellungen in literarischen und monumentalen Denkmälern und die Lehren über die verschiedenartige Einwirkung dieser Astralgötter. Eine kleine Auswahl aus ihrer hochinteressanten Bildgeschichte bieten die Varianten auf Taf. IX f. und XV—XVII. Ein markantes Beispiel für die mittelalterliche Entartung der antiken Typen bilden die Dekantypen des Picatrix (Abb. 22 auf Taf. X). — Das Doppelbeil, das der 1. Dekan trägt, ist als Attribut bei babylonischen Sterngöttern nachgewiesen von Bezold-Boll a. O. S. 233. Die astrologischen Texte geben bei der Registrierung der planetarischen Prosopa meist den Planeten die Reihenfolge, die sie in der Tabula Bianchini haben, d. h. Mars beginnt als erster Dekan die Reihe im Widder und schließt sie als letzter Dekan der Fische, ihm folgen die Planeten nach ihrer üblichen Anordnung im Universum: Teukros-Rhetorios Catal. cod. astr. VII S. 195, 12ff., Firm. II 4, 2, Paul. Alex. p. C und Catal. cod. astr. VI S. 73ff. Warum gerade Mars hintereinander zwei Dekane beherrscht, ist bis jetzt nicht befriedigend geklärt. Der typische Ausdruck für die Herrschaft eines Planeten über seinen Dekan lautet πρόσωπον φέρει, d. h. er trägt die Maske oder den Kopf. Diese Bezeichnung, die im lateinischen Mittelalter durch den Fachausdruck *facies* (= Gesicht) weiterlebt, dürfte wohl eine wörtliche Übernahme aus der ägyptischen Dekadenlehre sein, welche den Dekadengott als den „Kopf“ einer jeden Periode von zehn Tagen bezeichnet (Brugsch, Thesaur. Inscr. Aeg. I S. 134; Ginzel, Handbuch der mathem. und techn. Chronol. Bd. 1. S. 165). Die bildliche Darstellung hat diese antike Lehre getreulich beibehalten und sinnlich greifbar zum Ausdruck gebracht. So zeigt Abb. 29 und 30 auf Tafel XVI die Planetenprosopa in dämonologischer Auffassung, während Tafel XVI Abb. 31 eine geometrisch-mathematische Weiterführung dieser alten Lehre gibt. — Eine auffallende Abweichung in der Reihenfolge der Planeten bieten die Dekanlisten des Achmet (Catal. cod. astr. II. S. 153ff.), mit der die Anordnungen bei Varahamihira und der Inder bei Apomasar übereinstimmen. Hier sind diejenigen Planeten als Dekangötter eingesetzt, welche in dem betreffenden Trigonon ihr Haus haben. Wahrscheinlich hängt damit die bis jetzt nicht geklärte rein zodiakale Dekanliste des Manilius IV 299ff. zusammen, die ich demnächst an anderer Stelle zu behandeln gedenke. — Den Wert der Prosopa in der Berechnung der Lebensschicksale bei der Nativität beleuchtet Porphyrios in seinem Kommentar zu Ptol. tetrab. fol. 199f. nach dem Vorbild des Teukros. Eine praktische Nutzanwendung der Dekane in Nativitäten und Operationen gibt der Astrologe Hephaestion III 4, Catal. Cod. astr. VIII 2 S. 112, 19, ferner ein Text, der an die Porphyriusstelle anschließt, ebd. I S. 150f. Die Handbücher übergehen meist die Dekanprophetie, nur gelegentlich finden sich Stücke aus derselben in anonymen Exzerpten. Von späteren Astrologen zieht noch Iunctinus die antiken Gutachten über die Wirkung der Dekane bei Finsternissen a. O. S. 311bff. zu Rate; er beruft sich dabei auf die Dekanlehre des Proklus, das Vorbild ist aber bis jetzt noch nicht ermittelt.

Eine interessante neuere Dekanreihe, welche aus 36 Tieren besteht und sich erst aus den 28 Tieren der Mondstationen entwickelt hat, bespricht Ed. Chavannes, Le cycle turc des douze animaux, T'oung Pao Bd. 7 (1907) S. 115. — Die Fresken im Palazzo Schifanoia sind besprochen und in ihren Bestandteilen zum ersten Mal richtig gedeutet von A. Warburg, Italienische Kunst und internationale Astrologie im Palazzo Schifanoja zu Ferrara, Rom 1922 (Sonderabdruck aus den Berichten des X. international. Kunsthistor. Kongresses Rom 1912).

*S. 61.* Das von Boll als Mondgesicht unter dem Stier gedeutete Strahlengesicht findet sich auch unter den übrigen Tierkreisbildern, vgl. Warburg a. O. Taf. XLI. XLIV und die Publikation der Fresken im Album Estense . . . a corredo della Storia di Ferrara di Ant. Frizzi (Ferrara 1850). Es kann sich nur um die Darstellung der Sonne, nicht des Mondes handeln. Es soll wohl dadurch bildlich zum Ausdruck kommen, daß die Tierkreisbilder ihren individuellen Einfluß im Kosmos ebenso wie die ihnen zugehörigen Monats- und Dekangötter ausüben, wenn die Sonne in ihnen steht und die in ihnen liegenden latenten Kräfte zur Ausübung bringt. Wenn wirklich der Mond im Stier dargestellt wäre, dann müßten auch die übrigen Planeten irgendwie innerhalb der Zodiakalbilder sichtbar zur Erscheinung kommen; das würde entweder zur einheitlichen Deutung der Fresken als ein monumentales astrologisches Anschauungskompendium oder als Stadt- oder Gebäudehoroskop führen. Dafür geben aber die Fresken nicht den geringsten Anhaltspunkt. — Von den in Abb. 32 gegebenen Dekanbildern findet sich nur der erste Dekan in älteren Listen. Achmet (Catal. cod. astr. II S. 153, 19) nennt als 1. Dekangott des Stiers ein breitstirniges, lockenhaariges Weib, das die Gestalt einer Freien hat und verbrannte Kleider trägt, das Kind fehlt. Ein trauriges Weib mit krausem Haar, das essen will und dessen Körper wie eine „Flasche" aussieht und verbrannte Kleider trägt, schildert Varahamihira (ed. Colebrooke, Asiatic Researches Bd. 9 [1809] S. 368, 4). Das Kind erscheint erst bei Apomasar, die älteren Attribute (vielhaarig und die verbrannten Kleider) sind geblieben. Auch der Picatrix (ich richte mich nach dem lateinischen Codex der Hamburger Stadtbibliothek Ms. Mag. N. 188 in fol. S. 169ff. und nach der Krakauer Handschrift Cod. 793 D D III. 36 fol. 385, eine Photographie davon ist im Besitz der Bibliothek Warburg) läßt im ersten Dekan des Stiers ein kraushaariges Weib mit ihrem Sohn erscheinen, beide haben angebrannte Kleider. Die angebrannten Kleider und die Gestalt der Flasche, die nach Varahamihira dieser Dekangott haben soll, sind zweifellos die Überreste der alten Dekangestalt, nämlich der Osirismumie, die in der lateinischen Dekanliste des Hermes Trismegistos steht. Schwieriger ist die Deutung der beiden anderen Dekangottheiten, die in Abb. 32 dargestellt sind. Apomasar scheint für den zweiten Dekan des Stiers zwei Gestalten gegeben zu haben; nach der Übersetzung Dyroffs (Boll, Sphaera S. 501) steht im 2. Dekan ein kamelartiger Mann und ein stiergestaltetes Weib, nach der mittelgriechischen Übersetzung (Catal. cod. astr. V 1 S. 159) und auch nach der lateinischen Übersetzung des Petrus von Abano ist es ein Mann mit Widderkopf und Ziegenhufen, das Weib hat einen Stierkopf. Varahamihira zeichnet nur eine Gestalt mit Ziegenkopf, Achmet nennt auch nur ein Wesen, und zwar hat es die Gestalt eines Kamels und den Nacken eines Stiers. Die griechische hermetische Liste beschreibt den Dekangott als Weib in osirischer Tracht (sie enthält also eine klar erkennbare Nachwirkung des ägyptischen Dekans der Osirismumie). Die lateinische Liste des Hermes Trismegistos beschreibt diesen Dekangott als einen Mann mit langem Bart und Haupthaar. Nur Agrippa, a. O. II cap. 37 und Leopold von Österreich (Compilatio Leupoldi ducatus Austriae filii, de astrorum iudiciis 1489 S. A 3 r) schildern den Dekangott so, wie er auf den Fresken erscheint, als einen nackten Mann, der in der rechten Hand einen Schlüssel trägt. Und beide geben auch den dritten Dekangott als einen Mann mit einer

Schlange und mit einem Pfeil. Dazu hat der Künstler der Fresken das Pferd und den Hund aus dem Picatrix oder aus dem arabischen Text des Apomasar gefügt, wo beide Tiere als besondere Attribute des Dekangottes hervorgehoben werden. Es ergibt sich also aus dem Gesagten, Leopold, Agrippa und der Künstler resp. der Astrologe, auf den die Fresken zurückgehen, müssen eine Dekanliste gehabt haben, die wesentlich verschieden von den bis jetzt bekannten Listen ist. Der Verfasser und der ursprüngliche Text sind bis jetzt unbekannt. Aber woher er diese Gottheiten genommen hat, läßt sich feststellen, seine Quelle ist in den Paranatellonta Apomasars, also des Babyloniers Teukros, zu suchen. Hier wird nach der lateinischen Apomasarhandschrift Sloane M. S. 3983 p. 5 b (Photographie im Besitz der Bibliothek Warburg) als Paranatellon des zweiten Dekans des Stiers genannt: (Oritur . . .) navis super quam vir nudus in parte navis tendens elevata manu clavem gestans. Die Darstellung fol. 7 gibt den Sterngott als aufgerichteten bartlosen Mann, Oberkörper und Arme sind nackt, er ist nach links gerichtet und hält in der linken einen großen Schlüssel. Ein Schwertgürtel ist um die Lenden gezogen und mit ihm schneidet der Schiffsrand den Körper ab. Außer diesem Gott steigt noch ein zweiter Schlüsselträger in demselben Dekan auf, der ebenfalls auf der Zeichnung nur mit dem Oberkörper bis in die Nabelgegend dargestellt ist, es ist ein hundsköpfiger Sterngott, bekleidet und gerüstet, in der rechten trägt er eine Lanze mit Ähren, in der linken einen Schlüssel. Von ihm heißt es im Text: (Oritur . . .) mediumque ancipicis (sic!) manu dextra hastam et spicula ferens sinistra clavem utraque manu assignans. Es ist der auch in anderen Dekanlisten vorkommende Gott Ancipiter (sc. Anubis), der in der Zeichnung als Kynokephalos charakterisiert ist. Der Künstler oder sein beratender Astrologe muß eine solche Liste und vielleicht auch Darstellung vor Augen gehabt haben, es ist demnach, wie aus dem Gesagten zur Genüge erhellt, der 2. Dekangott des Stieres der Fresken aus den antiken Paranatellonta hervorgegangen. Der Künstler oder seine Quelle hat also keine der uns vorliegenden Dekanlisten schematisch angewandt, sondern es sind in den Dekanen des Palazzo Schifanoia Elemente der Dekangötter und der Paranatellonta aufgenommen. — Plinius spricht nat. hist. II 28 über den auffallenden römischen Volksglauben, wonach das Menschenschicksal mit einem der Sterne in innigem Kontakt steht; wie sein sideraler Schicksalsgenosse droben am Himmel beschaffen ist, so ist das Menschenleben. Für altrömisch wird dieser Glaube kaum anzusprechen sein, es ist vielmehr eine volkstümliche Fortbildung der gelehrten orientalischen Doktrinen, welche das Menschenschicksal mit den Sternen in engen Zusammenhang stellte. — Der spätgriechische Fluch lautet: οὐαί τῷ ἄστρῳ; ihn teilt Eusebius von Alexandria περὶ ἀστρονόμων, ed. Migne, Patrol. Graec. Bd. 86, 1 S. 453 mit; dazu Jacoby a. O. (1920) S. 39 und zu den späteren volkstümlichen Weiterbildungen Gundel, Sterne und Sternbilder S. 237f.

*S. 62.* Sextus Empiricus berichtet adv. Mathem. V 68 S. 739 Bekk., daß die beiden chaldäischen Astrologen sich in der Nähe der Wöchnerin aufhalten; über Morin gibt Troels-Lund S. 196 die einschlägige Literatur. Übrigens war des Verhalten der Sterndeuter nicht lediglich passiv abwartend, sondern sie haben die Geburten verzögern oder beschleunigen lassen, um einen günstigen Gestirnstand für das Neugeborene zu gewinnen. Das ist der Sinn, wenn bei Properz IV 1, 101 der Astrologe sich rühmt, daß er zur rechten Stunde der kreisenden Cinara geraten hat: Junonis facito votum impetrabile. Das mag auch der tiefere Sinn sein, der in den Worten des Manilius IV 571 stecken wird: quod si quem sanctumque velis castumque probumque, hic tibi nascetur, cum primus Aquarius exit. Der Sterndeuter brauchte ja oft nur einige Stunden oder auch nur einige Minuten die Geburt zu verzögern und konnte dann dem Menschen eine glückhafte Konstellation gewinnen. Dieses Motiv ist besonders eklatant in dem Geburtsakt Alexanders des Großen von Ps. Kallisthenes verwertet, der den Astrologen Nektanebos bei der kreisenden Olympias stehen und die Geburt inhibieren läßt, solange die gefährlichen Sterne, welche ausführlich genannt und in ihren Wirkungen geschildert werden, drohen. Darüber hat Boll in seiner letzten größeren Schrift: Sulla quarta ecloga di Virgilio, Memoria della R. Accademia delle Scienze dell' Istituto di Bologna, Classe di Scienze Morali, Serie II, Tom. V—VII (1920—1923) S. 1 ff. geschrieben. — Neben der Geburt hat eine fast größere Bedeutung der Moment der Empfängnis. Bereits ein Nachfolger des Berossos, Achinapolus, hat in der Astrologenschule auf Kos diese Theorie aufgestellt und bestimmte Richtlinien dafür ausgearbeitet: Vitruv. IX 7 S. 232 Rose. Auch hier ist das Verhalten des Sterndeuters nicht lediglich passiv derart, daß er nur die Voraussagungen nach dem Moment der Empfängnis gibt, sondern er hat auch den günstigen Moment für das Beilager zu bestimmen. Darüber orientieren eine Menge von Sondergutachten der astrologischen Literatur bis in die Neuzeit, welche ausführlich die günstigen Momente erörtern, in denen man z. B. einen männlichen Stammhalter mit guter Genitur zeugen kann. Laßt ihn sich schmiegen zu seinem Weibe, heißt es bereits in einem babylonischen astrologischen Schultext, und Hildegard von Bingen Causae et curae ed. Kaiser 1903 S. 235—243 zählt in einem Empfängnislunar für alle dreißig Tage der Reihe nach auf, was für ein Schicksal den an den einzelnen Tagen Gezeugten bevorsteht, ja noch im Jahre 1922 wird in einem Büchlein des Uranosverlages ausführlich dargetan, welchen Wert ein Empfängnishoroskop für eine beabsichtigte Zeugung hat. Praktisch verwertet sind diese Theorien, welche die Texte der Laienastrologie ebenso stark berücksichtigen wie die gelehrte Sterndeutung, bereits von Tarutius im Horoskop des Romulus (Cicer. de div. II 98 Plutarch. Romulus cap. 12, 24) und in einem babylonischen Konzeptions-Horoskop aus dem Jahre 258/7 v. Chr., das Kugler a. O. II 2 S. 554ff. veröffentlicht hat. War das Datum der Konzeption nicht zu ermitteln, dann konnte der Astrologe aus den Lebensschicksalen und Taten eines Menschen dasselbe errechnen. Diesen Standpunkt vertraten z. B. Varro und Tarutius nach Plutarch a. O. Der Sterndeuter konnte aber außerdem aus dem Momente der Geburt die Konstellation der Empfängnis feststellen. Darüber informierte bereits das große Werk des Nechepso Petosiris; die Argumente geben uns dafür Porphyrius im Kommentar zur Tetrabiblos des Ptolemaeus S. 197 und Hephaestio III cap. 6 (Catal. cod. astrol. VIII 2 S. 117, 1 ff.: Λέγουσιν οἱ περὶ Πετόσιριν, ὅτι ἐν ᾧ ζῳδίῳ εὑρίσκεται ἡ Σελήνη ἐν τῇ σπορᾷ, τοῦτο ὡροσκοπήσει ἐν τῇ ἐκτέξει·). Auch Ptolemaeus tetrab. III cap. 1 fol. 105 und Valens III cap. 13 S. 152f. VI cap. 9 S. 260f. Kroll sprechen über diese Frage, wie man aus dem Geburtsdatum das Horoskop der Empfängnis finden kann. Zu ihnen gesellen sich weiter die zahlreichen Texte dieser Art in der späteren griechischen, arabischen, lateinischen und neuzeitlichen Astrologie. — Der Himmelsmitte räumt eine überragende Bedeutung ein: Manilius II 810, Ptolemaeus tetrab. III cap. 12 fol. 128 und Firmicus III 1, 18; als die vornehmsten Cardines bezeichnet der Anonymus zur Tetrabiblos, herausgegeben von Wolf, Basel 1559, den Horoskopos und die Himmelsmitte (S. 102). Alle vier Kentra sind bereits von Nechepso-Petosiris bewertet worden, Näheres Firmic. VIII cap. 1. — Die Sondergutachten über die Einwirkung der Paranatellonta, der hellen Sterne und der Tierkreisbilder haben bereits vor Christi Geburt die verschiedenartige Wirkung derselben in den vier Eckpunkten gezeichnet, vgl. Boll, Sphaera S. 363ff., s. o. S. 141. Ptolemaeus lehnt die Beachtung der unteren Kulmination tetrab. III cap. 12 als nutzlos ab, er berücksichtigt an dieser Stelle nur die Gestirne, welche sich über der Erde und auch außerhalb der Dunstschicht befinden, die in der Nähe des Horizonts das Licht und die Kraft der Gestirne trübt. Das steht in starkem Widerspruch mit seinen sonstigen Ausführungen, etwa mit seiner Lehre von der Bedeutung des Aszendenten, die er III cap. 2 besonders hervorhebt. Die Gestirne unter der Erde sind bereits von Nechepso-Petosiris in ihrer Einwirkung auf das Menschenschicksal beurteilt worden, vgl. auch Firmic. VIII cap. 2; diese Lehre aber kann nicht das primäre sein, sondern erst auf den kosmischen Spekulationen der griechischen

Astronomen aufgebaut worden sein. Der Sterndeuter der älteren Zeit konnte nur die sichtbaren Gestirne und die am Himmel fixierbaren Cardines zur Berechnung heranziehen. Daß die Eckpunkte tatsächlich ursprünglich, ebenso wie die vier Cardines beim Augurium nur über dem Erdkreis gesucht wurden, zeigen einige bemerkenswerte Äußerungen des Ptolemaeus und des Paulus Alexandrinus. Beide setzen die Himmelsmitte dem Süden, den Horoskopos dem Osten, den Untergang dem Westen, und was das wichtigste ist, den letzten Endpunkt das Antimesuranema dem Norden und den von dort wehenden eisigen Boreasstürmen gleich (Ptol. tetrab. I cap. 10 fol. 30, ὁ δὲ πρὸς ταῖς ἄρκτοις τόπος αὐτός τέ ἐστι ψυχρότατος, διὰ τὸ κατὰ τὴν τῆς ἡμετέρας οἰκουμένης ἔγκλισιν τὰς τῆς θερμότητος αἰτίας τῶν τοῦ ἡλίου μεσουρανοῦντος πλέον αὐτοῦ διεστάναι ὥσπερ τοῦ ἡλίου ἀντιμεσουρανοῦντος· οἵ τε ἀπ' αὐτοῦ πνέοντες ἄνεμοι, οἱ καλούμενοι κοινῶς βορέαι, ψυχροί τέ εἰσι καὶ πυκνωτικοί). Es muß demnach das Antimesuranema in einer der Kulmination gegenüberliegenden Stelle des Himmels, also in der nördlichen Hälfte der Himmelskugel ursprünglich gesucht worden sein. Wir hätten also am sichtbaren Himmel selbst die vier Winkel, Osten, Süden, Westen und Norden als die maßgebenden Stellen zu suchen. Das steht völlig in Einklang mit der auch anderwärts verbreiteten Einteilung des gestirnten Himmels in Nord-, Ost-, Süd- und Weststerne, vgl. Cumont, Text. et Monum. de Mithras I 89, Spiegel, Eran. Altertumskunde Bd. 2 S. 70ff., 140ff. und die chinesischen 4 Eckpunkte und Quartiere: T. Fu bei Hastings a. O. S. 76. Inwieweit bei den astrologischen Lehren die etruskische Regionaleinteilung mitspricht, bedarf ebenso wie die ganze Entwicklung der Lehre von den Himmelsorten noch einer gründlichen Nachforschung. Jedenfalls ist die alte Bedeutung des Begriffes Antimesuranema bereits vor Hipparch erloschen gewesen. Denn Hipparch versteht darunter bereits die untere Kulmination. Interessant aber ist es, wie getreu die astrologische Sprache die Reflexe der alten Vorstellungen zeigt; selbst noch Paulus Alexandrinus setzt bei der Besprechung der 12 himmlischen Orte den vierten Ort, das Antimesuranema, dem Norden gleich fol. K 2, wozu der Scholiast die gezwungene Erklärung gibt: διὰ τὴν ἔγκλισιν τῆς σφαίρας, πάντοτε τὸ ὑπόγειον βορειότερον πίπτει. Das ist natürlich an sich ein Aberwitz, denn keinem Astronomen ist es je eingefallen, den unter der Erde gelagerten Südpol des Weltalls auf einmal in den Nordpol zu verwandeln und mit ihm die Nordstürme in Einklang zu bringen. Zu erklären ist das nur daraus, daß eben hier verständnislos das alte Gut weitergegeben wird. Die Umänderung könnte von pythagoreisierenden Astrologen vorgenommen worden sein; dafür spricht die Bezeichnung der unteren Kulmination als οἰκία καὶ ἑστία, welche

Hermes nach Antiochos Catal. cod. astr. VIII 3 S. 117, 5f. und Anm. eingeführt haben soll. — Der mittelalterliche Merkvers für die 12 Orte am Himmel nimmt einzelne Stichworte aus der Darlegung des Firmicus II cap. 19 heraus. Die Fachbezeichnungen finden sich zum Teil bereits bei Manilius II 855—952, zum Teil bei Firmicus a. O. Es ist sehr wahrscheinlich, daß zwischen dem Gebilde der 12 Orte und der Lehre der Cardines als Sonderlehre das System der acht Orte lag, dessen astrologische Bezeichnung Octotropos lautete, vgl. Manil. II 968ff., Antiochos Catal. cod. astr. VIII 3 S. 117, 21, Boll, Wochenschrift f. Klass. Philol. 1913 S. 123ff., Cumont, Écrits hermétiques S. 70, Gundel, Textkritische und exegetische Bemerkungen zu Manilius, Philologus Bd. 81 (1925) S. 320ff.

*S. 63.* Einen Unterschied in der Bedeutungskraft der 12 Orte konstatiert bereits der Alexandriner Serapion, vermutlich ein Schüler des großen Astronomen Hipparch. Er gibt dem 2. und 6. Ort eine größere Stärke, weil sie im Trigonalaspekt zur Himmelsmitte stehen (Catal. cod. astrol. VIII 4 S. 227, 27). Als unbrauchbar bezeichnet der Astrologe Antiochos den II. VI. VIII. und XII. Ort, es sind die den Eckpunkten unmittelbar nachfolgenden. Ihre griechische Bezeichnung ist ἀποκλίματα, was Antiochos mit τὰ τῶν κέντρων προάγοντα καὶ ἀπορρέοντα ἐπ' ἀναφορᾷ, Hermes aber mit τὰ τοῖς κέντροις ἑπόμενα umschreibt: Catal. cod. astr. VIII 3 S. 116, dazu Porphyr. zu Ptolem. tetrab. S. 193. Der griechische Terminus der neben den Kentra noch wirksamen Häuser ist ἐπαναφοραί, sie wurden nach dem Bericht des Antiochos allein mit den Eckpunkten von dem König, d. i. von Nechepso-Petosiris, in Betracht gezogen (Antiochos, a. O. S. 116, 11); wir haben hier klar die ältere Lehre der acht Orte vor uns. Die Kunst hat auch die Lehre der Orte bildhaft veranschaulicht, wie z. B. der Titelholzschnitt zu Leonhard Reymanns Nativität-Kalender zeigt, vgl. Warburg a. O. S. 29 Abb. 9. — Das Beispiel für die praktische Anwendung der Orte bei einer Konsultation über den Ausfall des Krieges ist der ausführlicheren Exegese des Julianos von Laodikea περὶ πολέμου Catal. cod. astr. V 1 S. 183, 16ff. entnommen. Die Frage, wann der Feind eine Offensive beginnen wird, ist übrigens bereits von babylonischen Sterndeutern in einem Text aus der Seleukidenzeit beantwortet worden, vgl. Zimmern, Zeitschr. f. Assyr. Bd. 32 (1918—19) S. 72.

*S. 64.* Daß den Aspekten bei den Chaldaeern eine wichtige Bedeutung zukam in der Beurteilung der Nativitäten, berichtet bereits Geminus, der Isagoge cap. 2 ausführlich die verschiedenen Lehren bespricht und dem Trigonalaspekt einen Einfluß auf das Wetter einräumt; auch Cicero de div. II 89 kennt die Aspektenlehre. Sie ist von Nechepso-Petosiris mitgeteilt worden und wohl auch den babylonischen Sterndeutern bekannt gewesen, vgl. Zimmern, a. O. S. 71. — Die Opposition wird z. B. von Geminus Isagog. cap. 2, 5 S. 20, 5 Man. und von Galen. de diebus decret. Bd. IX S. 913 Kühn als günstig bezeichnet. — Zu Keplers Aspektenlehre und deren Anwendung in Prognosen und bei menschlichen Unternehmungen, besonders auch in iatromathematischen Fragen sei auf die Ausführungen verwiesen von Norbert Herz, Keplers Astrologie S. 32f., 86f., 97ff., 111f., 117f. — Auch diese astrologische Doktrin hat die bildende Kunst verwertet; während die gelehrte Astrologie mehr von mathematischen Faktoren und intellektuellen Potenzen redet, zeigt die Kunst in Einblattdrucken, in Kalendern und auch in den astrologischen Abhandlungen der Handschriften und später im Druck die kosmischen Mächte sinnlich greifbar bei den Darstellungen der Aspekte in den alten heidnischen Gestalten. Die Abbildungen 36 und 38 auf Tafel XIX bringen das Ringen der Planetenmächte um die Vorherrschaft bei ihrer Konjunktion sinnenfällig zum Ausdruck, sie durften dem Werke Warburgs entnommen werden, der S. 30ff. und 36ff. die nötige Erklärung gibt. — Die Verteilung der einzelnen Elemente auf die vier Trigona schreibt Rhetorius in seinem Exzerpt aus Antiochos den „Alten" zu; er bringt diese Einteilung und die daraus resultierende Einwirkung des Himmelsstandes auf alle irdische Kreatur mit der Zusammensetzung des menschlichen Körpers in Einklang: Catal. cod. astr. I S. 146, 14ff. Maßgebend für die physikalische Sterndeutung wurde die Trigonallehre, welche Ptolemaeus tetrab. I cap. 18 fol. 19 aufgestellt hat; dazu und zur älteren Literatur vgl. Bouché-Leclercq a. O. S. 199ff. Es ist nun noch zuzufügen aus den seitdem veröffentlichten astrologischen Texten: Valens IV cap. 4 S. 162, 14ff. Kroll, Catal. cod. astr. V 1 S. 187, 19, VII S. 150, 15, VIII 3 S. 105, 24, 33. — Das älteste System der astrologischen Geographie, das noch Paulus Alexandrinus fol. A 2ff. lehrt, ist praktisch in der chaldaeischen Prophezeiung angewandt, welche Cicero de div. I. 121 mitteilt. Natürlich haben die Astrologen die älteste Norm mannigfach durchbrochen; entweder wurden dem Gestirn an sich mehrere Länder oder den einzelnen Körperteilen des Bildes und auch den größeren Teilen des Zeichens verschiedene Länder und Städte unterstellt. Hipparch scheint bereits die alte Form gesprengt zu haben; denn in einer Liste, die z. T. ausdrücklich sich auf ihn als Quelle beruft, sind eine Reihe von Ländern sowohl der Totalwirkung als auch fünf verschiedenen Teilen eines Gestirns unterstellt (vgl. Cumont, Catal. cod. astr. II 85, Hephaest. I cap. 1 S. 47, 20 E.); sieben, neun und z. T. auch zehn Teile innerhalb der Sternbilder verwertet das astrologische System, das Valens I cap. 2 S. 6, 14ff. Kroll befolgt. Die Länder selbst, die ein gemeinsames Regionalgestirn haben, zeigen in den Tabellen große Schwankungen; mythologische Motive lassen sich in der Liste des Manilius IV 744 ff. stärker erkennen als etwa in dem Überblick, den Ptolemaeus tetrab. II 3 fol. 73 gibt. In der Praxis dienen diese Kataloge als Richtlinien, wenn der Sterndeuter eine auffallende Erscheinung, sei es nun in den Sternen selbst, an den Planeten oder in der Atmosphäre zu beurteilen hat, um festzustellen, welches Land wahrscheinlich von den zu erwartenden Folgen betroffen werden wird. Solche Gutachten sind besonders zur Deutung von Finsternissen, Kometen, Feuerkugeln, auch von Donner und Blitz und von Erdbeben für die einzelnen Tierkreisbilder in astrologischen Wahrsagelisten ausgearbeitet worden, vgl. Lydus de ostent. S. 49, 9 f, 58, 15 ff. Wa.[2], Hephaest. S. 83, 23 ff. E., Catal. cod. astr. VII S. 132, 8, VIII 3 S. 195 ff.

*S. 65.* Die astrologische Geographie steht bei Ptolem. tetrab. II cap. 3 fol 58 ff. — Unter den Invektiven, welche gegen die Lehren der Astrologie vorgebracht werden, tritt immer wieder der von Boll erwähnte Einwand hervor, warum die Juden ihr Gesetz und ihre Eigenart behalten, obwohl sie über die ganze Erde zerstreut sind und in ihrer Geburtsstunde also ganz verschiedene astrogeographische Chronokratores haben müssen. Bouché-Leclercq meint a. O. S. 584, daß dieses Argument zuerst von Bardesanes in die Streitschriften, welche gegen die Astrologie gerichtet sind, gebracht worden sei. Das ist aber nicht der Fall, denn bereits Philo hat de provid. serm. I cap. 39 (84) f. dieses Moment ausführlich verwertet.

*S. 66.* Die Herrschaft der einzelnen Planeten über die Weltalter charakterisieren die astrologischen Traktate in unermüdlichen Wiederholungen und Varianten mehr oder weniger ausführlich. Meist ist es nach den griechischen Vorstellungen eine Verschlechterung des ursprünglichen schönen Zustandes, aus dem die Menschheit in immer schlimmere Verhältnisse gerät. Antike Listen, welche die Weltalter nach dem Charakter der Planeten schildern, finden sich Catal. cod. astr. I S. 163, 15, IV S. 113, 183, V 2 S. 135, VIII 3 S. 199, VIII 4 S. 109, 15, Firmicus III cap. 1, 11 ff., dazu Bouché-Leclercq a. O. S. 187, 1. 498 ff., Blochet a. O. S. 52 ff., Cumont, Catal. cod. astr. IV S. 113, Norden a. O. S. 15 und S. 58, und Boll, Sulla quarta ecloga di Virgilio a. O. S. 8. Die übliche chaldaeische Lehre unterscheidet sieben Weltalter; jeder Planet, darunter also auch Sonne und Mond, herrscht als Chronokrator über eine Periode von tausend Jahren. Entsprechend der Lage des planetarischen Herrschers im Weltall und entsprechend seiner langen oder kürzeren Umlaufszeit ist das Leben der Menschen lang oder kurz; am längsten lebten die Menschen unter Saturn, ganz kurzlebig und moralisch am verkommensten sind sie aber im siebenten

Weltalter, da der Mond das Regiment führt. Innerhalb der einzelnen Perioden haben die übrigen Planeten wieder ihre besondere Funktion als Beherrscher der Jahrhunderte, Jahrzehnte, Jahre, Monate, Tage und Stunden, deren Spannen gelegentlich genauer angegeben werden, z. B. Catal. cod. astr. V 2 S. 135, 6ff. — Den Jahresregenten berücksichtigen bereits babylonische Sterndeuter in ihren Prognosen: Kugler a. O. Bd. 2, 1 S. 77, 80 und 84. Auch hierbei haben die Planeten ebenso wie bei der Herrschaft über die Weltalter eine größere Bedeutung als die Tierkreisbilder stets gehabt. Die Wirkung der Planeten als Jahresherrscher zeichnen eine Reihe antiker und mittelalterlicher Texte. Nach Lydus de mensibus IV 10 wird das Jahr, dessen Neujahrstag auf den Tag des Saturn fällt, reich an Ungewittern sein, aber im allgemeinen wird es fruchtbar sein, „denn Saturn ist der Herr der Feldfrüchte", doch drohen auch Krankheiten und Gefahren. Jupiter läßt als Jahresregent alles Gute erhoffen, Mars bringt dagegen Feuersbrünste, Krankheiten und Bürgerkriege, aber auch Überfluß an Öl, Wein und Hülsenfrüchten, denn als heißes Gestirn ist er diesen Gewächsen besonders günstig. Die populären astrologischen Wahrsagetexte richten ihre Prognosen meist nach dem planetarischen Tagesregenten, der das Jahr beginnt. Zahlreiche Texte dieser Art, die sogenannten Kalendologien, haben die astrologischen Handschriften erschlossen, vgl. Catal. cod. astr. VII 126, X 151 und die dort von Boll und von Delatte gegebene weitere Literatur. Theoretisch erörtert Ptolemaeus tetrab. II cap. 7 fol. 82 die Wirkung der Planeten als Chronokratores. Eine lange Erörterung über die verschiedenartige Wirkung der Planeten als Einzelregenten oder als Kollegialherrscher des Jahres gibt noch Junctinus, Speculum Astrologiae 1573 S. 145ff. Dieser Glaube an den planetarischen Jahresregenten ist, wie Boll bemerkt, in der Praxis durch die Bilder des Jahresregenten in den Kalendern der Handschriften und der Drucke lange beibehalten worden. Zahlreiche Beispiele hierfür findet man bei: Haitz-Haebler, Hundert Kalender Incunabeln (1905). Einer der letzten großen Astronomen, welcher die Jahresprognostik praktisch lange betrieben und mit seinen Prognosen große Erfolge errungen hat, war J. Kepler, der bekanntlich mit größeren Unterbrechungen vom Jahre 1595 bis zum Jahre 1624 Prognostika für das kommende Jahr geschrieben hat (Frisch in der Gesamtausgabe Bd. 1 S. 291). — Zu der Geschichte der Wochentage sei noch von Lippmann a. O. S. 184 und Nilsson, Arch. f. Religionswiss. Bd. 19 S. 68 und 118 genannt. — Die einzelnen Gottheiten der Fünf- und Zehntagewoche sind die Gottheiten der Pentaden und Dekane, sie finden sich in einem griechischen Papyrus aus dem Ausgang des 2. Jahrhunderts, über sie orientiert Boll, Neue

Jahrb. Bd. 21 (1908) S. 115 und Oxyrh. Pap. III Nr. 465 S. 127, vgl. auch Sethe a. O. (1919) S. 306. — Arellius Fuscus nennt die Gestirne in seinen Angriffen auf die astrologischen Doktrinen: *tot circa unum caput tumultuantes deos* (Seneca Suas. IV 2).

*S. 67.* Neben der Figur, die Goethes Horoskop darstellt, vermerkt Boll *) n. B., wer im zweiten Dekan des Skorpions geboren ist, wird in der Jugend Gefahren zu bestehen haben (Catal. cod. astr. I 150: Heliodor). — Zu der Stellung des Jupiter im vierten Haus, dem Haus der Eltern macht Boll auf folgendes aufmerksam: *) Nach Antiochos Catal. cod. astr. I 112 wird er reich im mittleren Alter, hat hohe Ehren im Alter. — Diese beiden neuen Zusatzzitate sind treffliche Beispiele für die amüsante Willkür, mit der Boll bei der Heranziehung antiker Prognosen in der Deutung von Goethes Horoskop vorgeht. Geradesogut hätte er bei seiner meisterhaften Kenntnis aller Finessen, mit der ein Astromant arbeitet, aus dem Leben Goethes selbst das Horoskop rekonstruieren können. Da gerade aus dieser scherzhaften Ausmalung für Boll zum Teil ärgerliche Mißverständnisse erwachsen sind, möge ausdrücklich auf Bolls Bemerkung S. 71 gewiesen werden, wo er davon spricht, er hätte zu ganz anderen Prognosen kommen müssen, falls er etwa das Leben und die Schicksale, die mit diesem Horoskop in Verbindung gebracht werden können, nicht gekannt oder falls er aus einem anderen System die Deutungen gegriffen hätte. Boll bildet hier, „des trockenen Tones satt", ein farbenfrohes Mosaik, zu dem er seine Elemente aus allen möglichen Systemen launig herausholt und sie, wie es gerade paßt, einsetzt, um ein möglichst getreues Bild Goethes aus dessen Horoskop herauszubekommen. Sieht man z. B. sich in der Dekanlehre, der Boll das erste Notat entnimmt, etwas weiter um, so hätte man nach Hephaestion, der vor Heliodor lebte, und dessen System zum mindestens geradesogut ist, die körperlichen und geistigen Anlagen und das Lebensalter etwas anders zu beurteilen. Denn Hephaestion lehrt, daß der Knabe des zweiten Dekans groß sein wird, reich, eine Feldherrnnatur, wohlerzogen, gewinnend in seiner Rede, bedächtig, er wird reichen Erwerb aus eigener Kraft haben, vielen bekannt sein und wird von Freien unterjocht werden. Er wird an vielen Künsten teilnehmen, sich sowohl der Musen als auch der Palaestra widmen. Bisweilen wird auch ein Admiral oder auch ein Feldherr geboren ... Die Kennzeichen dieses Sternenkindes sind: er ist von mittlerer Größe, hat einen großen Kopf, schönes Gesicht und zarte Glieder. Er hat ein Mal an der Brust und an der Hüfte. Seine gefährdeten Lebensjahre sind das 7., 11., 22., 33., 42., 57., 61., 73., 84. und 88. Lebensjahr, denn 89 Jahre sind ihm beschieden, falls er durch diese gefährlichen Klippen glücklich durchkommt

(Hephaest. I cap. 1 S. 59, 23 ff. E.). Dank seiner vortrefflichen Kenntnis von Goethes Leben konnte Boll aus den widerspruchsvollen Prophezeiungen, welche die antiken Systeme den einzelnen Tierkreisbildern angefügt haben, gerade das auswählen, was für Goethes Lebensbild sich trefflich einfügen mußte. Das möge die Liste von Eigenschaften zeigen, welche z. B. Teukros-Rhetorios a. O. den Skorpionkindern beilegt. Danach haben diese Sternkinder eine schwarze Hautfarbe, schwarze Augen, sie sind mürrisch, flink, stolz, haben wollige Haare, eine schwache Stimme und eine gute Gesinnung. Und im speziellen erzeugt der zweite Dekan, der in Goethes Horoskop in dem bedeutenden Orte des Aszendenten steht, mühselige, verständige, starrsinnige Menschen, die in der Fremde leben, zu großen Dingen berufen und kinderlos sind und einen zu Krankheiten disponierten Körper haben (Catal. cod. astr. VII S. 206, 15 ff.). Auch das zweite Zitat, das Boll aus Antiochos zufügt, kann z. B. schon aus Antiochos entkräftet werden, der aus der diametralen Stellung, welche in Goethes Horoskop der Mond zur Sonne hat, eine verhängnisvolle Prophezeiung gibt. Denn die Opposition dieser Gestirne erzeugt Menschen, die von einem bösen Geist besessen sind, und Fallsüchtige. Ebenso könnte natürlich für jede weitere Schlußfolgerung Bolls mit Leichtigkeit gerade das Gegenteil aus den antiken Orakeltexten eingesetzt werden.

*S. 68.* Goethes Horoskop ist auch von C. H. Müller im Jahrbuch des Freien Deutschen Hochstifts, Frankfurt a. M. 1905, S. 117—143 besprochen worden; er gelangt natürlich durch andere Bewertung der einzelnen Faktoren, ebenso wie Pearce und die modernen Neptun- und Uranospropheten zu anderen Resultaten als Boll. — *) Die Hermesstelle bei Kopp, Beiträge zur Geschichte der Chemie Bd. 1 (1869) S. 377; vgl. Catal. cod. astr. II S. 187 (περὶ γονέων), VI S. 95 (Dorotheos), VIII 2 S. 60 (Dorotheos), Tetrabiblos fol. 112, 4, 113, 16. Diese antiken Systeme, die hier Boll zufügt, lehren, man könne der Eltern Lebensart, Lebenszeit, Schicksale und überhaupt alles, was Vater und Mutter betreffe, aus den Herren des Hauses, in dem Sonne und Mond steht, ferner aus den Herren des Trigonon und des Bezirkes herausfinden. Die praktische Nutzanwendung dieser antiken Theorie in Goethes Horoskop ist natürlich ein freies Spiel der Phantasie. Denn im Altertum standen diese feineren Einheiten des Zodiakus wenigstens noch mit den realen Größen der Sternbilder in Einklang, zur Zeit Goethes aber sind dieselben völlig von den zugehörigen Sternen infolge der Präzession eleminiert, also praktisch gar nicht in der antiken Weise anwendbar.

*S. 69.* Die Sonne steht im 5.°6′ der Jungfrau; wenn nun Boll sie nicht sehr ferne von dem strahlenden Königsstern im Löwen (Regulus) stehen läßt, so durchbricht er eigentlich die konsequente Anpassung an das antike Schema und berücksichtigt den wirklichen Sternhimmel zur Zeit Goethes. Denn Regulus steht nach der antiken Astrothesie bald in dem rechten Vorderfuß, bald in dem Herzen des Löwen, er gehört also in die Anfangsgrade des Sternbildes. Dieses plötzliche Zerreißen des imaginären Netzwerkes, das aus Häusern, Bezirken und den übrigen phantastischen Finessen der antiken Astrologie über das tatsächliche astronomische Himmelsbild gesponnen ist, und das unerwartete Heranziehen des strahlenden Fixsternes in das Geistergespinst, wirkt wie ein Sarkasmus auf die Praxis der modernen Astrologen, die eine ähnliche widerspruchsvolle Methode in ihren Horoskopen befolgen und, wo es gerade paßt, bald die realen Sternkräfte, bald die phantastischen Schablonen der antiken Systeme zur Deutung als gleichberechtigte Faktoren nebeneinanderstellen. — In den weiteren Ausführungen geht Boll ebenfalls sehr frei vor und bringt nach Belieben bald aus eigner Kombination, bald nach freier Auswahl, das, was eben für Goethe paßt. So muß z. B. aus der Prognose, welche Firmicus (V 1, 22) aus dem Skorpion als Aszendenten gibt, der Anfang wegfallen, da er für Goethe eben schlecht geeignet ist. Denn der Skorpion bewirkt im Ostpunkt nach Firmicus in der Jugend leidenschaftliche, jähzornige und haltlose Menschen, die viele Arten von Unglück durchkosten müssen. Außer dem Ruhme verheißt ein jeder Aspekt Jupiters zu diesem Aszendenten auch tiefe Frömmigkeit und ein Priesteramt: *et a diis praesidia sperabunt semper et sacrorum aut caelestium religionum sacramenta percipient.* Ferner geraten solche Menschen durch ihre Freunde stets in Schwierigkeiten und Gefahren, haben großes Leid durch den Tod von Söhnen zu erwarten, dürfen sich dann aber wieder einer glücklichen Nachkommenschaft erfreuen. — Wie geschickt Boll die Praktik der Astrologie anzuwenden versteht, zeigt auch die Art, wie er der Venus den überragend günstigen Einfluß zuspricht. Denn nun soll das chaldaeische System der Bezirke maßgebend sein, nach ihm herrscht Venus in dem Bezirk, in dem die Sonne steht. Oben bei Besprechung der Eigenschaften des Vaters, durfte es der Bezirk des Merkur sein, um den Beruf und die Sinnesart von Goethes Vater in das richtige Licht stellen zu können. Es ist ein artiges Kunststückchen, so aus ganz *ad libitum* aus den verschiedenen, stark miteinander rivalisierenden Methoden für ein und denselben Faktor in demselben Horoskop andere Werte einzusetzen. — Von dem Einfluß des Sonnenaspektes auf die Planeten sagt Ptolemaeus tetrab. I cap. 6 fol. 20: ἀρρενοῦcθαι δέ φαcι τοὺc ἀcτέραc καὶ θηλύνεcθαι παρά τε τοὺc πρὸc ἥλιον cχηματιcμούc. ἑώουc μὲν γάρ ὄνταc καὶ προηγουμένουc ἀρρενοῦcθαι, ἑcπερίουc δὲ καὶ ἑπομένουc θηλύνεcθαι. —

*) Valens Catal. cod. astr. IV S. 175, 34ff. — Firmicus VI cap. 23,7. — *) Zur Opposition von Jupiter zur Venus und zur Sonne vgl. Catal. cod. astr. II 211, 7 Anubis (nicht gut).

*S. 70.* Zu dem für Goethe belanglosen Trigonalaspekt von Sonne und Mars notiert Boll *) N. B. Anders und besser Anubis Catal. cod. astr. II 215, 21 (ἀρχικοί besonders bei γένεσις ἡμερινή). — Die antike Lehre, daß der Mond im letzten Monat der Schwangerschaft den Embryo beherrscht, berichtet Hermippos I cap. 14 S. 22, 5 Kroll, dazu Boll, Lebensalter S. 118. — *) N. B. Siehe beiliegenden Brief von Stender! (in diesem wird darauf aufmerksam gemacht, daß nach den Regeln der alten Astrologie [s. unten S. 178] die Planetenstunden nicht der Länge der bürgerlichen Stunden äquivalent sind, denn die Zeit zwischen Sonnenaufgang und Sonnenuntergang wird in zwölf gleiche Teile zerlegt; so kommt also für Goethes Geburtstag auf eine Planetenstunde etwa $1^{h.}$ 10′, da der Tag etwa 14 Stunden beträgt, Sonnenaufgang etwa $5^{h.}$, Sonnenuntergang $7^{h.}$. Stender gibt Goethe Recht, daß er nach Ablauf der Mondstunde zur Welt gekommen ist, denn nach seiner Berechnung dauerte die Stunde des Mondes von $10^{50}$ bis 12 Uhr. Boll läßt oben die Planetenreihe mit Beginn des astronomischen Tages, also von Mitternacht an beginnen; das verstößt allerdings gegen die antike und auch moderne Norm, vgl. auch Sethe a. O. (1921) S. 135 und 137. Übrigens hat bereits Kepler eine Berücksichtigung des Planetentages und der Planetenstunde, wie sie im Horoskop Goethes und natürlich auch noch in der modernen Astrologie ihr Unwesen treibt, abgelehnt („der erste Weg ist der Chaldaeer und Arabier, und hat keinen grundt. Nach demselben soll es Saturni tag und der Sonnenstundt gewest sein“ sagt Kepler im Horoskop Wallensteins *de domino geniturae*: N. Herz a. O. S. 93). — Die schlimme Wirkung Saturns im Haus der Feinde wird durch die guten Planetenaspekte wesentlich gemildert: Firmicus III 2, 26. Daß natürlich nach den antiken Gutachten auch viel freundlichere Farben aus dem Einflusse Saturns gewonnen werden können, ist oben S. 126 berührt worden. — Boll ist hier ein Versehen unterlaufen, denn Mars steht nicht im V. Hause, dem Orte der Kinder, sondern im II., im Hause des Gewinnes; das würde allerdings, wenn man etwa Firmicus III cap. 4, 5 folgen wollte, sehr großes Unglück und Elend für Goethes Leben bedeuten müssen. — Die Datierung der Lebenszeit nach den rasch oder langsam aufsteigenden Tierkreiszeichen ist besonders bei den „älteren“ Astrologen des Altertums beliebt gewesen, eine Reform der älteren Theorien wurde von dem griechischen Mathematiker und Astronomen Hypsikles durchgeführt, Näheres bei Manitius, Des Hypsikles Schrift Anaphorikos, Progr. d. Gymn. z.

heilig. Kreuz, Dresden 1888, Bouché-Leclercq a. O. S. 259ff. und Björnbo, Hypsikles in Wissowas Realenzykl. Bd. 9 S. 430. Der Skorpion würde z. B. nach Hephaestion 89 Jahre verleihen (s. oben). — 84 Jahre spendet Venus, wenn sie es gnädig meint, behauptet Firmicus II cap. 25, 7, 82 Jahre gibt ihr *) Antiochos Catal. cod. astr. I. S. 162, 31.

*S. 71.* Das typische Attribut für den schwächenden Einfluß der Wage (ὑπαρχόντων μειωτικόν) findet sich z. B. bei Valens I cap. 2 p. 10, 20 Kroll. — Nach Firmicus VIII 26, 7 wird derjenige, der unter dem Aszendenten des 18. Grades des Skorpions zur Welt kommt, von wilden Tieren zerrissen *(a bestiis laceratus morietur).* — Kepler im Horoskop Wallensteins vom Jahre 1609, bei N. Herz S. 95. Dazu möge man etwa das Kapitel „*de his quae oportet praescire astrologum*" nachlesen in der Schrift Hermetis Philosophi: De Revolut. nativ. I 9 S. 216f. der Ausgabe von Wolf (Basel 1559), auch die These Nr. 59 in Ps. Ptol. Centiloquium gehört hierher.

*S. 72.* *) Vgl. Manil. II 123 *cognatamque sui mentem.*

*S. 73.* *) Aristoteles de gener. et corr. II 20 p. 336b, 10 διὸ καὶ οἱ χρόνοι καὶ ὁ βίος ἑκάστων ἀριθμὸν ἔχουσι κ. τ. λ.

*S. 74.* P. J. Möbius, Goethe Bd. 1 (1903) S. 205ff. — Swoboda, Verhandl. der 85. Vers. der Naturforscher und Ärzte, Wien 1913, Bd. 2 S. 742ff. — Die Stufenjahre und ihre Anwendung in der astrologischen Medizin bespricht Bouché-Leclercq a. O. S. 526ff.; Boll, Klimakteres in Wissowas Realenzykl. Bd. 11 S. 843.

*S. 75.* Es ist eine kulturgeschichtliche Arbeit, die sicher die Mühe lohnen wird, einmal zusammenzustellen, was positiv an geglückten Prophezeiungen sich im Laufe der Geschichte seit den Prognosen der babylonischen Sterndeuter zusammenstellen läßt, und was später alles zu den scheinbar richtigen Deutungen erdichtet worden ist. M. Jastrow, E. Wiedemann, Häbler, Bouché-Leclercq, Carl Mayer, Jakob Burckhardt, Troels-Lund und Franz Cumont geben ein reiches Material dafür, das eine übersichtliche Zusammenstellung und systematische Durchprüfung verdient. Auch die fehlgeschlagenen Orakel und die teils stereotypen literarischen, teils spontanen und impulsiven Ausreden und Entschuldigungen, welche Dilettanten und zünftige Astrologen immer zur Hand haben, müßten herangezogen werden. Eine weitere Aufgabe wäre dann, den Wirkungen der glücklichen und der mißlungenen Prophezeiungen in Politik und im Privatleben nachzugehen und die Urteile, seien es nun zustimmende oder abfällige, der Zeitgenossen zu buchen. Der ehrlich ernste und der skrupellose Sterndeuter im täglichen Leben und im Solde weltlicher und geistlicher Potentaten, in der Literatur (in Poesie und als Figur der Komödie und des Dramas) und in der Kunst, in Scherz und Ernst, bietet eine Menge kulturhistorischen wertvollen Materiales, das noch der Verwertung harrt. — Dryden berichtet selbst über den Ausfall seiner Prophezeiungen in seiner Lebensbeschreibung, s. auch A. J. Pearce a. O. S. 25; übrigens haben die Prophezeiungen Drydens tatsächlich nicht immer den überraschenden Erfolg gehabt, der ihnen zugeschrieben wird, vgl. W. Scott, The Works of Dryden Bd. 1 [1882] S. 388. — Zu Tycho Brahe s. o. S. 118. — Die willkürliche Verschiebung von Luthers Geburtstag, welche die Astrologen Gauricus und Cardanus vorgenommen haben, die Zustimmung Melanchthons und die scharfe Ablehnung Luthers ist von Warburg in seinem schon öfters erwähnten schönen Buche Heidnisch-antike Weissagung in Wort und Bild zu Luthers Zeiten S. 12 ff. in ausgezeichneter Weise unter Heranziehung wertvoller, zum Teil bislang unbeachteter Zeugnisse aufgeklärt worden. — Keplers diesbezügliche Prognose lautet: „Und obwoll im 69. (sc. Jahr) der Mondt zum Triangulo Veneris khombt, und die Natur erquickhet, so ist doch balt Ao 70 *die Directio Ascendentis ad Quadratum Saturni* für der thür, und nahet auch der Mondt zum Saturno, darauss ich vermuethe, ihme werdt ein Viertäglich Fieber anstoßen, oder ein kalter fluss, wölchen er bey diesem Alter schwährlich überwinden wierdt, wann er anderst im 28. oder 40. nit darauffgehet, wie droben vermeldet.“ (N. Herz a. O. S. 101 und oper. I S. 390 Frisch.) Viel schmerzlicher sind sicher zwei andere Mißerfolge seiner astrologischen Prophezeiungen für Kepler gewesen. Er hatte für seinen ersten Sohn Heinrich, der am 2. Februar 1598 zur Welt kam, und für den Sohn seines Lehrers Maestlin, der am 13. Januar 1598 geboren wurde, eine sehr günstige Nativität berechnet und glückhafte Deutungen beigefügt. Sie gingen nicht in Erfüllung, denn beide Knaben starben bereits im ersten Lebensjahr. Beide Nativitäten teilt er in einem Briefe an Maestlin vom 15. März 1598 mit, vgl. Oper. I S. 297 und N. Herz a. a. O. S. 7 u. 17. — Die astrologischen Prognosen werden seit alters immer wieder hinsichtlich ihrer Treffsicherheit mit den ärztlichen Gutachten zusammengestellt. Man kann das in der Vorrede des Vierbuches des Ptolemaeus lesen, auch Kepler stellt beide Wissenschaften in diesem Sinn nebeneinander (N. Herz S. 59 und 71); das ist auch heute noch so, man braucht nur das Vorwort eines modernen Handbuches der Sterndeutekunst aufzuschlagen; um wenigstens ein Beispiel zu nennen, sei hierfür auf von Sebottendorf, Geschichte der Astrologie (Astrolog. Biblioth. Bd. 15) S. 9 gewiesen, weiteres zu diesem Vergleich E. Wiedemann a. O. [1922] S. 122. Eine der üblichsten Ausreden bei nichterfüllten Prophezeiungen ist das Zugeständnis, daß der Astrologe irgend einen Stern, einen Aspekt oder auch einen irdischen Faktor in seinem

Gutachten übersehen oder falsch bewertet hat; ein eklatantes Beispiel dieser Art ist z. B. aus dem Altertum die Zurücknahme der Prognose, die der Sterndeuter Palchos Catal. cod. astr. I 106 f. gegeben hatte, und aus der Neuzeit die zweite Geburtsprognose, welche Kepler im Jahre 1625 für Wallenstein berechnet hat, näheres bei N. Herz S. 116ff. — Glückliche Astrologen, sagt Guicciardini, man glaubt ihnen, wenn sie unter hundert Lügen eine Wahrheit bringen, andere dagegen kommen um allen Kredit, wenn sie unter hundert Wahrheiten eine Lüge sagen! (Burckhardt a. O. Bd. 2 S. 193). *Nam si etiam bis aut ter recte divinant, ea notant, si fallunt, ea dissimulant,* äußert sich Luther einmal (Tischreden IV Nr. 668 Weimar. Ausg., dazu Warburg a. O. S. 16). Und Kepler, der die Kniffe der Sternseher in ihren Praktiken und Nativitäten rücksichtslos aufdeckt, findet für den scheinbaren Erfolg der astrologischen Prophezeiungen die treffende Erklärung: „dieweil uns menschen alles das Getroffen heisst, was nicht allerdings gefehlet ist, und sobald man der grossen menige täglicher fehlschüss pflegt zu vergessen, weil solches nichts seltzams: so vil dest länger ist mans eingedenck, wan einmahl einer etlichermassen trift. Daher mannichem warsager seine aussag, wie weit sie auch fehlet, durch anderer Leuth ausslegung ohn sein begehrn wahr gemacht würdt" (oper. Bd. 1 S. 394).

*S. 76.* *) *Omnis res quam(vis) modice in mundo elememtorum agens otius caelestis harmoniae est effectus* Alkindi de radiis. — Ähnliches wurde auch im Altertum gesagt. Ein hübsches Gegenstück zu der von Boll erwähnten Äußerung des mittelalterlichen Aristoteleskommentars findet sich in dem Elenchos des Hippolytos IV 49 S. 73,28 We., er gibt als Quintessenz der Lehre der Astrotheosophen folgendes: καρκίνοι δὲ καὶ ταῦροι καὶ λέοντες καὶ κριοὶ καὶ αἶγες καὶ ἔριφοι καὶ ὅσα ἄλλα θηρία διὰ τῶν ἄστρων ὀνομάζεται κατὰ τὸν οὐρανόν, εἰκόνες δή, φησίν, εἰσὶ καὶ παραδείγματα, ἀφ' ὧν ἡ μεταβλητὴ κτίσις λαμβάνουσα τὰς ἰδέας τοιούτων ζῴων γίνεται πλήρης. Und wie die Tiere ihr Urbild in den Sternen haben und von dort stammen, so hat auch jeder einzelne Mensch, ja jedes einzelne Glied seines Körpers, jeder Finger, jedes Auge sein getreues Abbild am Himmel in den zugehörigen Sternen, sagt Proklus in Parm. III 55, S. 641 Stallb. Die Vorstellung, daß alles irdische Leben vom Himmel und von den Sternen stammt, ist im Altertum schon früh in verschiedenen Formen geäußert worden. Die Samen aller Lebewesen sind nach einem Ausspruch des Anaxagoras dereinst vom Himmel auf die Erde gefallen (Diels Vorsokr. I3[a], S. 398, 25), nach den Pythagoreern strömen stetig in den Sonnenstäubchen Dämonen und Seelen zur Erde; dazu kommen die orphischen und dann die platonischen Vorstellungen von den

Parallelen zwischen Weltall und Mensch (vgl. Stenzel a. O. S. 19ff.), ferner die mannigfachen volkstümlichen Prägungen, wie die Erzählung, daß der nemäische Löwe und auch Helena vom Monde herabgekommen seien, oder der römische Volksglaube, daß die Glühwürmchen aus den Plejaden stammen, welche nach der römischen Bezeichnung selbst Leuchtwürmchen sind (Plin. nat. hist. XVIII 253). Die Astrologie hat solche Gedanken in einzelnen Systemen übernommen und systematisch dahin weiter ausgearbeitet, daß wichtige Erscheinungen der organischen und unorganischen Natur in durchaus realistischen Kontakt mit speziellen hellen Einzelsternen, Sternbildern und Planeten gestellt werden. Und nicht nur das äußere Bild und selbst jeder einzelne Körperteil des Menschen stammt von den Sternen, sondern auch seine Seele, welche bei der Herabkunft von den Tierkreisbildern und den Planeten in verschiedenartiger Form infiziert wird. Boll scheint hier einen ähnlichen Zusatz beabsichtigt zu haben, denn er vermerkt am unteren Rand: *) Der Reiz der Menschentypen, die die Astrologie schafft nach dem Bilde der alten Götter, hier hervorzuheben! — *) Zum Namensglauben vgl. z. B. Holl, Zeit und Abfassung des Ps. Tertullianischen Gedichtes adv. Marcionem, S. 523,2 Filastrius (= Sitzber. Akad. Berlin 1918).

*S. 77.* *) vgl. A. Dieterich, Mithrasliturgie S. 209, Gundel, Sterne und Sternbilder S. 147 (sc. zu den „seelenschöpfenden Eimern").

*S. 78.* Die ältere Literatur über die Mikrokosmosidee findet sich in der ausgezeichneten Darstellung bei Bouché-Leclercq S. 76ff. Die Lehre des Nechepso-Petosiris teilt Firmicus III Praef. 4 mit; dazu möge noch der treffende Satz des Manilius IV 894ff. hier stehen: *Quid mirum, noscere mundum si possunt homines, quibus est et mundus in ipsis, exemplumque dei quisque est in imagine parva?* Die ganze Vorstellung hat ursprünglich wohl nichts mit Astrologie zu tun, das älteste griechische Zeugnis des kosmischen Menschen bietet die Schrift περὶ ἑβδομάδων. Wir haben es hier schwerlich mit genuin griechischen Spekulationen, sondern mit iranischen Ideen zu tun, vgl. Blochet a. O. S. 134ff., A. Goetze, Persische Weisheit in griechischem Gewande, Ein Beitrag zur Geschichte der Mikrokosmos-Idee, Zeitschr. für Indologie und Iranistik, Bd. 2 (1923), S. 60—98 und S. 167—177 und vor allem die überragende Darlegung von Reitzenstein-Schaeder a. O. S. 114.

*S. 79.* Der Glaube an das starre, d. h. unabwendbare Schicksal, das in den Sternen geschrieben ist und durch sie mit eiserner Naturnotwendigkeit bewirkt wird, äußert sich theoretisch und praktisch in verschiedenen Formen, in denen sich deutlich die fatalistischen Strömungen des antiken Volksglaubens und der philosophischen Spekulationen niedergeschlagen haben. Wie die Stoiker als Nutzen der Mantik allgemein hervorhoben, daß man allem kommenden Unglück oder Glück mit heiterem Mute entgegensehen könne in der Erkenntnis, daß es eben so kommen müsse infolge der unzerreißbaren Kette von Ursache und Folge in jedem Schicksal, so bezeichnet z. B. der Astrologe Vettius Valens es als den größten Vorteil, daß man durch die Kenntnis des Sternenschicksals mit heiterer Ruhe der Zukunft entgegensieht und dem Hangen und Bangen zwischen der Göttin des Glückes und der Hoffnung enthoben ist. Wer geübt ist in der Prognose und der Wahrheit der zukünftigen Dinge, hat eine freie und unknechtbare Seele, er verachtet das Glück, er stärkt sich nicht eitel an Hoffnung, fürchtet den Tod nicht, sondern lebt dauernd in unerschütterlicher Ruhe, da er vorher seine Seele durch Übung gestählt hat; er staunt nicht über glückliche Ereignisse, noch wird er durch schlimmes Geschick niedergedrückt, sondern er ist mit allem, was kommt, zufrieden. Die das Sternenschicksal kennen, haschen nicht nach Unmöglichem, sondern tragen das Verhängte als unerschütterliche Soldaten des Sternenschicksals, denn kein Mensch ist frei davon, alle sind wir ja dessen Sklaven (Valens V cap. 9 S. 220, 19ff. Kroll). Und Ptolemaeus wendet sich mit ähnlichen Argumenten in dem 3. Kapitel des Vierbuches, wo er von dem Nutzen der Sterndeutung spricht, gegen diejenigen, welche deren Wert durch den Hinweis bestreiten, daß man ja trotz der Kenntnis der Zukunft das Schicksal nicht wenden könne: „man muß vor allem bedenken, daß bei Ereignissen, die sich mit Naturnotwendigkeit vollziehen, die völlige Ahnungslosigkeit sowohl maßlose Bestürzung als auch überschwengliche Freude zu veranlassen pflegt, das Vorherwissen aber ἐθίζει καὶ ῥυθμίζει τὴν ψυχὴν τῇ μελέτῃ τῶν ἀπόντων ὡς παρόντων, und es rüstet uns aus, in Gelassenseit und Standhaftigkeit alles, was da kommen wird, anzunehmen“. Wie ein Siegel dem Wachs sein Bildnis aufdrückt, so prägen die Strahlen der Gestirnstellung in der Stunde der Empfängnis dem Menschen sein Schicksal auf, heißt es bei Gregor. v. Nyssa contra Fatum, Patrol. Gr. Bd. 45 S. 153 Migne. Und es war nur eine logische Forderung, daß in diesem Gestirnmechanismus das Eingreifen einer göttlichen Macht ausgeschlossen war. Wie die großen Stoiker Zeno und Chrysipp in Anbetracht des gewaltigen Schicksals, das Welt und Mensch in seinen starken Banden hält, die Persönlichkeit eines Gottes abgelehnt und Gebet und Opfer als unnütz verworfen hatten, so haben eine Reihe von Astrologen in Altertum und Neuzeit die Hilfe einer göttlichen Macht gegen das von den Sternen herabfließende Verhängnis bestritten. So hat der Kaiser Tiberius, bekanntlich einer der leidenschaftlichsten Anhänger der Sterndeutung, den römischen Götterkult offensichtlich vernachlässigt in der Erkenntnis, daß alles dem Schicksal unterworfen sei (Sueton. Tiber. cap. 69). Wie ein Schauspieler auf der Bühne nach des Dichters Vorschrift bald die Rolle eines Königs, bald eines Räubers spielt, oder einmal als ein Gott und dann wieder als ein simpler Bauer auftritt, so sollen wir uns in die Rollen fügen, die uns das Schicksal spielen läßt, lesen wir bei Valens V cap. 9 S, 220, 31 ff. Kroll; vorangeht die bemerkenswerte Begründung: Es ist unmöglich, daß einer durch Gebete oder Opfer den primären Strahlenwurf ändert und für sich nach seinem Wunsch einen anderen erreicht. Denn was darin gegeben ist, wird uns werden, auch wenn wir nicht darum bitten, was uns aber nicht beschieden ist, wird uns nicht zuteil, auch wenn wir darum beten. Den strengen Ernst dieser orthodoxen Auffassung des Sternenschicksals zeigen uns eine Reihe von antiken Grabschriften, in denen der Tote davon redet, daß sein Gestirn es so gewollt hat (z. B. Carmin. lat. epigr. ed. Bücheler Bd. 2 S. 733, 1536, 4 voluit hoc astrum meum) oder welche die wichtigsten Daten des Horoskops oder auch das ganze Horoskop in Symbolen oder im Epigramm mitteilen (Cumont, Zodiacus a. O. S. 1047 und 1053f.). Sie wollen zum Ausdruck bringen, daß das Leben und der Tod sich so vollzogen haben, wie der Sternenstand der Geburtsstunde es verhieß. — Aus der Konstellation kann man ersehen, ob und wie ein bevorstehendes Schicksal abgewandt werden kann, dieser mit den eben gezeigten Anschauungen disharmonierenden Idee hat Ptolemaeus tetrab. I cap. 3 fol. 10 auf Jahrtausende zum Sieg verholfen. Durch den Vergleich mit den unheilbaren und heilbaren Krankheiten, die der Arzt aus bestimmten Symptomen erkennt, zeigt er, wie der Astrologe aus dem Himmelsstande erkennen kann ob die astralen Einwirkungen eine menschliche Gegenaktion zulassen oder nicht. Diese Lehre hat die mehr physikalisch orientierte Sterndeutung durch die Feststellung der astralen Kräfteträger weit ausgebaut. Noch Campanella fügt 1620 seinen Astrolog. libri VI, in quibus astrologia omni superstitione Arabum et Judaeorum eliminata physiologice tractatur, ein 7. Buch zu, das die Überschrift trägt „de fato siderali vitando“ und das für alle erdenklichen universalen und individuellen Katastrophen, die von den Sternen drohen, die sideralen Gegenmittel mitteilt. Auch dieses Axiom der Astrologie entspringt durchaus religiösen Anschauungen, und zwar einerseits dem Glauben, daß ein Gott über dem Schicksal steht und es bei rechtzeitiger Intervention der Menschen aufschieben oder überhaupt nicht zur Auswirkung kommen lassen kann. Diese im Altertum mehrfach ausgesprochene Idee wird mit dem Überhandnehmen der fatalistischen Doktrinen der Astralreligion von den Erlösungsreligionen übernommen und so geformt, daß der mächtige Gott der neuen Religion durch Gebet und Opfer veranlaßt werden kann, die schädlichen Gestirnkräfte aufzuheben, ja eine drohende üble Konstellation überhaupt nicht zustande kommen zu lassen. Ein anderer Vorläufer dazu ist die bereits von den babylonischen Sterndeutern ausgesprochene religiöse Vorstellung, daß der König oder ein Priester durch Sühnungen die verhängnisvollen Folgen einer Finsternis abwehren kann (Jastrow a. O. Bd. 2 S. 652), oder daß in Keos und auch in Ägypten die Strahlen des Sirius durch das Eingreifen eines Gottes oder seines Priesters auf den Anruf der unglücklichen Sterblichen gemildert werden (vgl. Hygin. Astr. II 4 und Suidas s. v. Ἰαρκάς). Es ist eine konsequente Weiterentwicklung dieser alten Vorstellungen, wenn z. B. Lucius in seinem Gebete an Isis fleht: *mari terraque protegas homines et depulsis vitae procellis salutarem porrigas dexteram, qua fatorum etiam inextricabiliter contorta retractas licia et Fortunae tempestates mitigas et stellarum noxios meatus cohibes* (Apul. Met. XI 25). In dieselbe Linie gehört die Vorschrift, die Firmicus IV 16, 9, allerdings sehr im Widerspruch zu seinen sonstigen fatalistischen Anschauungen, gibt: *unde orare debemus et summis precibus postulare, ne quando Luna se Mercurio ista radiatione coniungat.* Diese Ideen, die uns noch öfters im Altertum begegnen (vgl. Cumont, Fatalisme astral et Religions antiques a. O. S. 533ff.), sind dann seit Origenes, wie Boll bemerkt, die übliche Anschauung der Christen gewesen. Aus dem Mittelalter und dem 16. und 17. Jahrhundert darf etwa auf die kirchlichen Anordnungen gegen dräuende Finsternisse, Kometen und Planetenkonjunktionen verwiesen werden, durch die man Gott versöhnen wollte, daß er die drohenden Folgen abwende (vgl. etwa die Erzählung des Bruder Johannes vom Jahre 1344 bei Grauert a. O. S. 254). „Astra regunt homines, sed regit astra deus" kennzeichnet diese religiöse Stimmung ebenso gut wie ein anderes geflügeltes Wort: cedunt astra deo, precibus deus ipse piorum.

*S. 80.* Neben den gläubig und ernst denkenden Sterndeutern hat es zu allen Zeiten geschmeidig sich dem Augenblick anpassende Astrologen, Gauner und Betrüger gegeben, die ihre Prophezeiungen geschickt nach den Klienten zu richten verstanden und dabei mehr ihren eigenen Vorteil und ihre Konsulenten als die ewigen Sterne im Auge behielten. So bittet bereits der babylonische Sterndeuter Akkulani den König eventuellen schlimmen Auslegungen seines Kollegen, der dem König den Tod prophezeien wollte aus dem Zusammentreffen des Mars mit dem Sternbild des Krebses, keinen Glauben zu schenken (Jastrow a. O. Bd. 2 S. 648f.). In den antiken Handbüchern der Astrologie wird öfters die Klage erhoben über die unreellen und ungebildeten Astrologen, welche die wahre Wissenschaft aus Schmeichelei und Geldgier in den Staub ziehen (z. B. Valens IX cap. 5 S. 340, 11ff. Kroll). Und

Ptolemaeus legt tetrabibl. I cap. 2 fol. 6f. Verwahrung dagegen ein, daß man die falschen Prognosen von Stümpern und geldgierigen Betrügern der Wissenschaft selbst zum Vorwurf macht und damit auch die Vorausverkündigungen in Zweifel zieht, welche ein ernster Astrologe gibt, der die Wissenschaft der Sterndeutung ernstlich studiert hat und seine Urteile auf Grund sorgfältiger Forschungen und Erwägungen abgibt. Diese Zurückweisung der astrologischen Dilettanten und Schwindler kehrt in fast allen Handbüchern und Rechtfertigungsschriften der Astrologen des Mittelalters und der Neuzeit immer wieder. Wunderlich berührt es, daß im Jahre 1923 der jüngste deutsche Übersetzer M. E. Winkel sich veranlaßt sieht, diesen Argumenten des Ptolemaeus S. 8, 2 folgende Note zu geben: „Gedanken, die gerade heute manche, die in gelehrtem Eifer von falschen Prämissen ausgehend, die astrologische Wissenschaft historisch oder symbolisch zerpflücken möchten, sich zu Herzen nehmen sollten. Sie spielen das gefährliche Spiel der Troer mit dem Schaukelpferd des Ulyss“.

*S. 81.* Valens bezeichnet IX cap. 5 S. 340 Kroll den wissenschaftlich ernst arbeitenden Astrologen als κυβερνήτης μὲν βίου, σύμβουλος δὲ ἀγαθὸς καὶ ἀτρεκὴς προφήτης εἱμαρμένης. Er stellt die Anhänger der Sterndeutung als Eingeweihte dieser Religion dar, sie sind ihm μεμυσταγωγημένοι (IX cap. 8 S. 346, 3), die dank ihres Berufes schon auf Erden an der Unsterblichkeit teilhaben und vor der Zeit bereits mit den Göttern verkehren dürfen (ebd. S. 346, 20). Dieser priesterliche Charakter des Sterndeuters wird in einem längeren Vademecum für den Astrologen, das Firmicus II cap. 30 gibt, stark hervorgehoben. Die Kunst wird den religiösen Forderungen die Sterndeutung oft in ergreifend schöner Weise gerecht, so die arabischen Sternopfer in Abb. 39 und 41. Die Aufgabe des Astrologen als Priester der droben leuchtenden Sterngötter haben die mehr physikalisch gefärbten Systeme der Astrologie fast ganz unterdrückt, auch die christianisierten griechischen Texte haben das religiöse Beiwerk der alten Sternreligion in den Texten eliminiert, nur hie und da sind dem kritischen Auge der Verbesserer Äußerungen durchgegangen, die ein Schlaglicht auf die tatsächlichen, altreligiösen Vorstellungen werfen. Aber ein ungebundenes Fortleben feiern die Sterngötter und die Sternreligion mit all ihren Zeremonien und gottesdienstlichen Satzungen in der Magie; der astrologische Magier ist an Stelle des Priesters der alten Sternreligion getreten. Diese Kenntnis der Weiterentwicklung und das Fortleben der dämonischen Sterndeutung im Mittelalter und in der Neuzeit haben wir vor allem den Forschungen Warburgs zu danken. Dagegen hat Boll die andere Entwicklung der Sternreligion in dem Sternmystizismus, d. h. in einer, sich nicht in festen

Normen äußernden Sternenandacht aufgezeigt; eine seiner letzten Arbeiten, die schon genannte, wundervoll feine Vita contemplativa, hat diese Seite der Sterndeutung besonders dargelegt. Und gerade aus seinen obigen Darlegungen spricht etwas, was Bolls innerstes Wesen in den letzten Jahren besonders stark erfüllt haben muß, seine kosmische Religion, die mit einer ergreifenden Weihe auf uns beim Lesen überströmt und uns aufwärts hebt. — Ps. Ptol. Centil. These 9: die weise Seele nimmt teil an der Wirksamkeit der Sterne, wie ein sehr tüchtiger Landmann an der Natur der Erde teilnimmt durch Pflügen und Bearbeitung; das ist allerdings mehr im praktischen Sinne zu verstehen, denn in den beiden nächsten Thesen ist von den astrologischen Gegenmitteln (Talismane und Wahl des richtigen Momentes) die Rede. – Julian sagt in seiner Rede auf den König Helios S. 130 C: „ich darf wohl offen, ohne einen zu beleidigen, es sagen: seit meiner Kindheit hatte ich ein starkes Verlangen nach den Strahlen des Gottes und seit meinem Knabenalter geriet ich dem ätherischen Lichte gegenüber so ganz und gar in Verzückung, daß ich nicht nur leidenschaftlich danach verlangte, unverwandt in dieses allein zu blicken, sondern auch, wenn ich nachts einen wolkenlosen und heiteren Himmel fand, alles andere bei Seite ließ und meinen Geist ganz in die himmlischen Schönheiten versenkte. Und dann hörte ich auf gar nichts mehr, wenn irgend jemand etwas zu mir sagte, ja ich achtete auch selbst nicht auf das, was ich tat. Ich erweckte den Anschein, daß ich das alles übertreibe und mich in Dinge mische, die mich nichts angingen, und man hielt mich bereits für einen Sternpropheten, als eben erst der Bart mir sproßte. Und doch war bei den Göttern noch nie ein derartiges Buch in meine Hände gekommen, noch wußte ich, was es damit für eine Bewandtnis habe. ... Das Gesagte möge zum Beweise dienen, daß das himmlische Licht mich von allen Seiten umblitzte, mich weckte und zum Anschauen trieb So erkannte ich ganz von mir selbst aus die entgegengesetzte Bewegung des Mondes zum All, obwohl ich nie mit einem der Leute gesprochen hatte, die darüber philosophieren.“ Julian spricht auch in seinen Briefen wiederholt von dem innigen Verhältnis zu den hellenischen Göttern, die ihm in Visionen die Zukunft und selbst die genaue Gestirnstellung der Todesstunde von Konstantin offenbarten, vgl. epist. ad. S. P. Q. Atheniens. p. 284 C, epist. ad Maxim. philos. p. 415 A B (S. 32, 5 ff. ed. Bidez-Cumont), Ammian. Marcell. XXI 2, 2. — Die Übereinstimmungen der inneren Erscheinungen Makariens mit der Sternenwelt gibt Goethe in Wilhelm Meisters Wanderjahre 1. Buch Kapitel 10, Bd. 24 S. 192, 2 und 27 ff. der sog. Weimarer Sophien-Ausgabe vom J. 1894.

# ZUSÄTZE

## A. DIE TEXTE DER LAIENASTROLOGIE (Zu S. 91.)

Da die einfachen Texte der Laienastrologie eigentlich nie ihre populäre Bedeutung verloren haben und auch geistesgeschichtlich von großem Werte sind, darf es wohl gerechtfertigt erscheinen, hier etwas ausführlicher die verschiedenen Arten derselben zu skizzieren. Durch das Monumentalwerk internationaler Gelehrtenarbeit, den Catalogus codicum astrologorum, an dessen Zustandekommen und Herausgabe gerade Boll neben Cumont wesentliche Verdienste hat, sind uns eine ganze Reihe bislang verschollener Texte dieser Art wieder zugänglich geworden.

Juvenal kennzeichnet als die Elemente der astrologischen Ephemeriden: Zahlen des Thrasyll, Stunden, die Petosiris zum Essen bestimmt, den Planetenstand und die astrale Fixierung der günstigen Momente. Etwas anspruchsvoller sind die Texte der Laienastrologie nach Ammianus Marcellinus. Denn danach schlagen die dilettanten Sterngucker in der Ephemeris auf, wo sich z. B. das Gestirn (sic!) des Merkur befindet oder im wievielten Grad des Krebses der Mond steht, und sie richten sich dementsprechend ein, ob sie öffentlich auftreten, eine Mahlzeit oder ein Bad nehmen sollen. Damit kommen wir auf solche Wahrsagetexte, welche angeben, zu welchen speziellen Unternehmungen die Tierkreisbilder dank ihrer planetarischen Eigenschaften sich besonders eignen (vgl. Catal. cod. astr. V 1 S. 187, 22 τὰ δὲ Ἑρμαϊκὰ [= signum Mercurii bei Ammian.] ἐμπόροις ἢ ἑρμηνεῦσι). Andrerseits kann Ammianus damit entweder solche Kalender im Auge haben, welche den Mondlauf, d. h. den Stand des Mondes in den Tierkreisbildern für den Monat oder das ganze Jahr angeben, oder er spielt auf das subtilere astrologische System an, das jeden der 30 Grad eines jeden Zodiakalzeichens für sich gesondert für einzelne Unternehmungen begutachtet. Tabellen dieser Art sind sicher bereits vor Manilius aufgestellt worden, denn Manilius benutzt eine Aufstellung dieser Art, welche lediglich die ungünstigen Grade der Tierkreiszeichen aufzählt (IV 426ff.). Für den Gebrauch eines Dilettanten waren aber derartige Wegweiser, wie sie Ammianus seinen abergläubischen Zeitgenossen in die Hand gibt, zu kompliziert, da sie eine tatsächliche Beobachtung des gestirnten Himmels, zum mindesten aber eine genaue zeitliche Einstellung des Himmelsglobus erforderten. Dagegen hat Juvenal wirkliche Texte der Laienastrologie gezeichnet. Er spricht davon, daß die römische Dame ihre Initiativen nach den „Zahlen“ des Thrasyll richtet.

Eine Anzahl von Tabellen solcher Zahlen ist uns durch die griechischen astrologischen Handschriften bekannt. Es kann sich dabei um eine zahlenmäßige Aufzählung der guten oder schlechten Tage des Monats oder der guten bzw. schlechten Teile des Tages oder auch der Tierkreisbilder handeln. So gab Boll aus einer Münchener Handschrift Catal. cod. astr. VII S. 101, 20 eine Tabelle über die Mondtage heraus, welche die glücklichen Tage des Monats einmal nach Hesiod und dann nach Orpheus aufzählt, sie heißen nach letzterem πεφωτισμέναι καὶ εὔχρησται. An diesen Tagen ist jedes Unternehmen günstig. Es wird aber zugefügt, daß man auch auf die Aspekte, auf die Phasen und die Bahnmomente des Mondes zu achten hat. Eine andere Tabelle aus einer Vatikanhandschrift gibt einfach die Zahlen der belichteten und dann der unbelichteten (φωτιστικαὶ und ἀφώτιστοι) Tage des Mondes Catal. cod. astr. V 3 S. 128. Ein Schema, das J. Heeg, Die angeblichen orphischen ἔργα καὶ ἡμέραι, Diss. München 1907, S. 71 ebenfalls einer Vatikanhandschrift entnommen hat, trägt den Titel Διήγησις Πυθαγόρου περὶ πεφωτισμένων ἡμερῶν τῆς Σελήνης καὶ ἀφωτιστῶν; hinter der Tabelle steht der kurze Vermerk: wer an dem unbelichteten Tag krank wird, stirbt. Weitere Texte dieser Art sind vermerkt Catal. cod. astr. III S. 40, 21 (mit dem Zusatz: wird einer krank an einem Lichttage, dann wird er gerettet und schnell gesund, ist dieses jedoch an unbelichteten Tagen der Fall, dann wird er sterben. Die neuen Weltbürger eines Lichttages werden schön und glücklich; die der anderen Tage unglücklich und arm) VIII 3 S. 53 aus cod. Paris. 45 fol. 77, X S. 32 cod. Ath. 15 fol. 28 u. S. 49 cod. Ath. 26 fol. 7 v. Im allgemeinen gelten der 1., 2., 3., 7., 9., 11., 13., 14., 16., 17., 18., 20., 22., 23., 26. und 28. Tag des Mondes als belichtet und glücklich; warum das nun der Fall ist, wird nicht erörtert, es ist eben Offenbarungsweisheit. Darum beruft sich ja auch z. B. eine solche Liste auf Orpheus; der hat eben das gewußt, und seine Autorität genügt, genau wie nach Juvenal die Zahlen des Thrasyllus bevorzugt werden, weil eben dieser Astrolog als eine Autorität ersten Ranges galt. Der römische Dichter warnt vor diesen Damen, die es in der Astrologie soweit gebracht haben, daß sie keinen Sterndeuter mehr konsultieren, sondern schon selbst um Rat angegangen werden: „Sie wird keinen Fuß rühren, mag der Mann etwa ins Feld ziehen oder in die Heimat zurückkehren, wenn die Zahlen des Thrasyllus davor warnen.“ Die bis jetzt betrachteten Tabellen geben entweder gar keine speziellen Zusätze, wozu die genannten Tage glücklich oder unglücklich sind, oder sie sagen summarisch am Schlusse, wer erkrankt, wird gesund oder stirbt; wer geboren wird, ist ein Glückspilz oder ein Pechvogel. Im allgemeinen genügt es ja für den abergläubischen Menschen, wenn er weiß, heute ist Freitag oder der 13. des Monats, daß er sich vor wichtigen Entscheidungen, Reisen oder Handlungen hütet — wer also die Tabelle der glücklichen Tage kennt, kann ja nach ihr seine Entschlüsse einrichten. Nun gibt es aber eine Reihe von astrologischen Wahrsagetexten, welche die Zeiteinheiten für verschiedene Unternehmungen besonders kennzeichnen.

Am meisten Anklang haben von diesen durch Jahrtausende hindurch solche primitiven Lebensregeln gefunden, welche auf dem alten Fundament der glücklichen und unglücklichen Tage aufbauten. Im allgemeinen werden die Bestandteile der alten Tagewählerei mehr oder weniger sinngemäß eingebaut; das eigentlich neue Ferment bildete der Mond, sein Licht und seine Phasen. Diese vulgären Texte führen entweder nach griechischem Vorbild die Bezeichnung Selenodromien (σεληνοδρόμιον, προφητολόγιον τὸ σεληναῖον, σελήνης προγνωστικὸν τῶν ἡμερῶν, διαγνωστικὸν τῶν τῆς σελήνης ἡμερῶν, ψῆφος τῆς Σελήνης, ἐφημερίδες, ἐκλογαὶ τῶν ἡμερῶν ἀπὸ τῶν τῆς Σελήνης μονῶν u. ä., siehe die Literaturnachweise bei Heeg a. O. S. 32 und 35, und Delatte, Catal. cod. astr. X S. 121) oder den üblichen lateinischen Namen Lunar (das Wort geht wohl auf *dies lunares* bei Varro rer. rust. I cap. 37 zurück), *lunare* auch *lunaris de rebus agendis* u. a. in lateinischen Texten des Mittelalters, vgl. M. Förster, Beitr. z. mittelalterlichen Volkskunde III, Archiv f. d. neuer. Sprachen Bd. 121 (1908) S. 32ff. Die monatlichen Ratgeber, welche für eine bestimmte oder für mehrere Handlungen gleichzeitig zu- oder abraten, fehlen in den wissenschaftlichen Darstellungen der astrologischen Literatur, sie finden sich aber in großer Menge und vielfachen Varianten in griechischen, lateinischen, altfranzösischen, altenglischen und anderen Handschriften. Diese Texte zeigen, wie der gelehrte antike Aberglaube im Mittelalter volkstümliche Geltung hatte, sie bilden eines der wichtigsten Elemente der Laienastrologie. Im allgemeinen sind sie anonym überliefert, doch finden sich auch Traktate, die Aristoteles, Melampus, Adam, David, Salomon und vor allem Esdra als Verfasser bezeichnen (Literatur bei Delatte a. a. O., dazu Förster S. 34, Thorndike Bd. 1 S. 680, 682). Natürlich wird auch hier im letzten Grunde der Autoritätsglaube dadurch unterstrichen, daß die Tage eben von Gott geoffenbart sind; in einer athenischen astrologischen Handschrift trägt z. B. ein solcher Traktat die Überschrift: περὶ τῆς Σελήνης προγνωστικῶν ἡμερῶν, ὧν ἐφανέρωσε Κύριος ὁ Θεὸς τῷ προφήτῃ Ἐσδρᾷ, ταῖς τριάκοντα ἡμέραις τῆς Σελήνης (Catal. cod. astr. X S. 243). Die Lunare zeigen große Unterschiede in der Anordnung; sie begutachten entweder jeden einzelnen der 30 Tage des Monats und schleppen dabei allen möglichen alten Kalenderaberglauben weiter, der zum Teil aus verschiedenen

Völkern und Religionen stammt; oder sie zeichnen die Monatstage nach den Mondphasen oder auch nach dem Mondstand in den Tierkreisbildern oder in den Mondstationen. Ebenso zeigen sie in der Art ihrer Gutachten große Unterschiede; wir haben Texte, welche wichtige Einzelhandlungen pedantisch durch den ganzen Monat hindurch verfolgen, z. B. ob man eine Reise unternehmen darf, ob ein Traum sich erfüllt, ob man Ader lassen, Purgative geben und chirurgische Eingriffe vornehmen soll, wie die beginnende Krankheit ausfallen wird u. a. m. Andere Texte greifen nur eine einzige dieser Fragen auf und beurteilen die Monatstage dafür, es finden sich dementsprechend spezielle Krankheits-, Traum-, Aderlaß-, Nativitäts- und Tagewähllunare.

Ein recht altes Lunar der erstgenannten Gattung findet sich in einer Neapler astrologischen Handschrift (Catal. cod. astr. IV. S. 142,8ff.). Die 30 Monatstage sind nach dem Mondlicht charakterisiert; so heißt es: der 1. Tag ist der Geburtstag (sc. des Mondes). Dieser ist günstig für alle Unternehmungen, zum Abschließen von Geld- und Handelsgeschäften, zum Reisen, zum Schiffahren, um Kinder in die Schule zu geben, eine neue bezahlte Stellung anzunehmen, einen Grundstein zu legen, Häuser zu bauen, zu säen und zu ernten. Das was an diesem Tage zur Welt kommt, wird lang leben, das Verlorene wird gefunden werden. Vom 5. Tage, um ein weiteres Beispiel zur Illustration herauszugreifen, heißt es: am 5. Tage wird der Mond erhöht. Dieser Tag ist mit Vorsicht zu beachten, im allgemeinen soll man nichts neues beginnen. Wer einen Meineid schwört, wird große Gefahr laufen (eine deutliche Nachwirkung des griechischen Kalenders, in welchem den Eumeniden, den Rächerinnen des Meineids, der 5. Tag des Monats gehört), das gestohlene Gut wird nicht gefunden werden, der Kranke wird in Lebensgefahr kommen, das Geborene ist nicht lebensfähig; wer heiratet, wird keine Freude haben. An den anderen Tagen werden noch andere Tätigkeiten berücksichtigt, z. B. Vieh- und Sklavenkauf, jagen und fischen (6. Tag günstig), Pflanzen setzen, Holz schlagen (15. Tag gefährlich), in den Krieg ziehen, eine Schlacht schlagen (13. Tag günstig) u. a. m. Ein innerer Konnex zwischen dem Mondlicht, das auf 30 Tage zerteilt und verschieden charakterisiert ist, und dem Werturteil über die Tätigkeiten läßt sich kaum erkennen; es ist damit nur ein leichter astrologischer Firniß über die alte Tagewählweisheit gestrichen. Ganz geschwunden ist er den Texten, welche nur die 30 Mondtage durchzählen, z. B. Catal. cod. astr. X S. 71ff. (dieser Text verdient übrigens ein besonderes Interesse, da er magische Tätigkeiten behandelt), und in solchen Texten, welche den Tag des Mondes mit

Geburtstagen von Göttern oder von Persönlichkeiten des alten und neuen Testaments verweben. Eine Mischung aller drei an sich ganz heterogenen Bestandteile bieten die Texte Catal. cod. astr. III S. 32—39, VIII 4 S. 105, X S. 123 u. 196. Neben diesen Sammellunaren, welche verschiedenartige Handlungsweisen begutachten, finden sich Speziallunare. Besonders zahlreich sind diejenigen Texte, welche über Krankheit und ärztliche Maßnahmen handeln. Daß sie in der Praxis spätestens schon im 1. Jahrhundert nach Chr. verwendet wurden, zeigt der Arzt Krinas aus Massilia, der seine ärztlichen Vorschriften nach der Bewegung der Gestirne an der Hand seines astrologischen Kalenders richtete (Plin. nat. hist. XXIX 9). Daß diese einfachen ärztlichen Ratgeber aber wesentlich älter sein müssen, dafür zeugt der Arzt Diokles von Karystos, der seine Gutachten nach dem Licht und dem Lauf des Mondes gegeben und dabei sich nach dem Verhalten älterer Ärzte gehalten haben soll (Ps. Galen. ed. Kühn Bd. 19 S. 530). Einfache Texte dieser Art sind aus astrologischen Handschriften veröffentlicht im Catal. cod. astr. III 39, X 136 (περὶ ἀσθενείας καὶ ὑγιείας), weitere Literatur gibt Delatte ebenda und S. 4f. vgl. auch W. Capelle, Älteste Spuren der Astrologie bei den Griechen, Hermes LX S. 377f.

Statt nach Mondtagen kritisieren andere Lunare den Ausfall der beabsichtigten oder der unternommenen Handlungen nach dem Aufenthalt des Mondes in den Tierkreisbildern oder in den Mondstationen. Es tritt also an Stelle des festen, für alle Tage des Mondmonats gleichbleibenden Schemas ein bewegliches, das jederzeit über das bürgerliche Jahr auf Grund einer einmaligen genaueren astronomischen Beobachtung ausgebreitet werden muß. Bekannt sind in dieser Hinsicht die dichterischen Darlegungen des alexandrinischen Poeten Maximus, die A. Ludwich 1877 zuerst aus griechischen Handschriften an den Tag gebracht hat. Hier waren und sind auch zum Teil noch Urteile gegeben über den Ausfall der Geburten, eines Sklavenkaufes, einer Reise und Kaufmannsfahrt, der Heirat, von Krankheiten, von chirurgischen Eingriffen und Amputationen, von Gefängnisausbruch, dem Beginn einer Lehre oder Schule, von landwirtschaftlichen Arbeiten, dem Ausfall von Verhaftungen und von Diebstählen nach dem Mondstand in den Tierkreisbildern. Solche Ratgeber finden wir vom Altertum bis in die Neuzeit ebenfalls teils in speziellen teils in größeren Sammelgutachten, z. B. Catal. cod. astr. II 157, 26 (über Spei- und Abführmittel nach Dorotheus), X 96 (Reiselunar), 122 (Traumlunar), weitere Literatur ebenda und bei J. Heeg S. 46. Sammelgutachten sind veröffentlicht in Band III 139 (vom Perser Zanatas), V 3, 93 und 94 und X 202. Auch diese Texte gehen auf sehr alte Zeit zurück; nach Plinius nat. hist. XVIII 200 hat der Dichter Accius bereits nach dem Aufenthalt des Mondes in den Tierkreisbildern die Vornahme von landwirtschaftlichen Tätigkeiten eingerichtet, der natürlich seinerseits wieder von weit älteren griechischen Vorbildern abhängig ist. Während die astrologischen Abhandlungen die vorher behandelten Kriterien der Monatstage mit Stillschweigen übergehen, nehmen sie solche Lunare auf, vgl. Bouché-Leclercq S. 467 ff. — Später hat man an Stelle der Tierkreisbilder die 28 Mondstationen für solche Laienorakel verwertet. Die älteren hellenistisch-ägyptischen Astrologen und auch die lateinische Astrologie der älteren Zeit scheinen damit nicht gearbeitet zu haben; aus späterer (arabischer) Zeit finden sich derartige Texte: Catal. cod. astr. V 3 S. 90f., noch mehr treten die vulgären Texte zurück, welche die Dekane oder die sogenannten Bezirke oder endlich auch die 30 Grade der Tierkreiszeichen für den Ausfall von Augenblicksentscheidungen und Untersuchungen verantwortlich machen.

Auf eine zweite wichtige Gattung von Texten der Dilettantenastrologie spielt Juvenal an, wenn er davon spricht, daß die der Sterndeutekunst beflissene Dame in ihrer abgegriffenen Ephemeris die Stunde nachliest für ihre Spazierfahrt; ist sie krank, dann scheint keine Stunde zum Essen günstiger als diejenige, welche Petosiris geben wird. Es wird also nach der Feststellung, ob der Tag des Monats bzw. des Mondes für ein Unternehmen günstig ist, in der astrologischen Ephemeris die Stunde nachgeprüft. Solche Stundengutachten kennen wir in großer Zahl und in mannigfachen Varianten. In der Hauptsache richten sie sich nach den planetarischen, seltener nach den zodiakalen oder äquatorialen Gebietern. Mit dem tatsächlichen Himmelsstande haben die planetarischen Stundenratgeber nichts zu tun, sie entstammen dem hellenistischen Glauben, daß jede große und ebenso jede kleinere Zeiteinheit von göttlichen Wesen regiert wird, die ihren Charakter den von ihnen beherrschten Zeitspannen aufprägen. Mit dem Erstarken der Sternreligion traten die sideralen Gottheiten an die Stelle der Zeitgötter, und von diesen gewannen schließlich die Planetengötter als die Herren der Zeiten die Oberhand in den Texten der Laienastrologie. Die gelehrten astrologischen Abhandlungen vernachlässigen diese Seite der Vulgärastrologie nicht, denn ihre Aufgabe und ihr Geheimnis ist es schließlich, den Schlüssel zu geben, wie man den Planetengott feststellen kann, der die in Frage kommende Stunde beherrscht. Die älteste genaue Angabe dieser Art findet sich im zehnten Kapitel des ersten Buches der Anthologien des Astrologen Vettius Valens, er gibt die Reihenfolge, in der die planetarischen Tagesgötter die Woche beherrschen, und zählt nun von dem Tagesgott, der die erste Stunde am

Tage beherrscht, alle 24 Stunden nach der Reihenfolge der Planeten im Universum durch. Und zwar beginnt er nach ägyptischem Vorbild den Tag nicht am Morgen oder mit Mitternacht, sondern mit Sonnenuntergang des in unserer Zeitrechnung vorangehenden Tages. Da nun die Wochentage für den Römer der damaligen Zeit nur in bestimmter Zahlenfolge abliefen, so war es für den Adepten der Sternreligion wichtig, einen festen Tag des Jahres und seinen Planetengott zu wissen; von dem aus konnte er dann durch mechanisches Abzählen die weitere Umrechnung vornehmen. Daß aber schon lange vor Valens dieser Glaube an die Tages- und Stundenherrschaft der Planetengötter verbreitet war, beweist der römische Dichter Tibull (zweite Hälfte des ersten vorchristlichen Jahrhunderts), der I 3, 17 unter anderen bösen Omina, die seine Abreise verzögern, auch den Tag des Saturn nennt. Von anderen Astrologen haben außer Valens dieses Axiom der Sternreligion beachtet: Serapion, vermutlich ein Schüler des großen Astronomen Hipparch (Catal. cod. astr. I S. 99), Antiochos (2. Jahrh., ebenda VII S. 114, 18ff.), Paulus von Alexandria (Ende des 4. Jahrh., Isagog. ed. Schato 2. Aufl., Wittenberg 1588, S. H 3$^{v}$), dessen Kommentator Heliodor (etwa 500 n. Chr. Catal. cod. astr. IV S. 136ff., VII S. 113, 18ff.), Rhetorius (Anfang des 6. Jahrh. Catal. cod. astr. VIII 4 S. 125, 21ff.) und Zenarion (Zeit unbekannt, ebenda I 128). Eine interessante Liste mit einem eigenartigen Abzählverfahren hat Delatte aus einer athenischen astrologischen Handschrift (ebenda X S. 69) veröffentlicht. Serapion verlangt bereits, daß der Tagesgott (πολεύων) und der Stundengott (διέπων) bei allen Unternehmungen, seien sie bereits begonnen oder erst beabsichtigt, berücksichtigt wird. Aber er fordert auch die astronomische Beobachtung der Himmelsorte, in denen sich diese Planeten befinden, und eine Durchprüfung der Aspekte und der Häuser; eine recht mühsame und komplizierte Aufgabe, welche die vulgären Wahrsagetexte nicht stellen. Serapions Angaben sind für uns besonders wichtig deswegen, weil wir daraus ersehen, daß die Lehre von dem Einfluß der planetarischen Zeitherrscher bereits um die Mitte des 1. Jahrhunderts v. Chr. von der gelehrten Astrologie berücksichtigt wurde (vgl. Serapion. Catal. cod. astr. I S. 99 unten). Auch in den griechischen Zauberpapyri (3. Jahrh. n. Chr.) ist diese Lehre ausführlich erörtert, sie zeigen uns, wie auch andere Texte dieser Art, daß die astralen Zeitgötter durchaus als konkrete und faßbare Mächte empfunden wurden, auf die der Mensch einwirken kann. Dagegen sind sie in den meisten astrologischen Traktaten zu farblosen und wesenlosen mathematischen Begriffen herabgesunken. Die Tages- und Stundengötter haben im ausgehenden Altertum große Anerkennung gefunden;

das beweist der Chronograph vom Jahre 354, der dem bürgerlichen Kalender einen Wochenabriß mit dem Verzeichnis der Tages- und Nachtstunden vorausschickt. Jede Stunde hat ihren Planeten, und dieser Sterngott und somit auch seine Stunde sind besonders charakterisiert durch die Beifügung von B (= Bonus, günstig), N (= nefastus, ungünstig), C (= Communis, neutral, d. h. kommt der Stundengott zu einem guten oder bösen Tagesplaneten, dann verstärkt er dessen Eigenschaft und seinen Einfluß auf gute oder böse Handlungen, ähnlich auch Heliodor. Catal. cod. astr. IV S. 137, 33ff.). Gezählt wird hier übrigens der Tag von Abend zu Abend, aber der Tagesplanet ist nicht der Herr der ersten, d. h. der vorangehenden Nachtstunde, sondern der 13. Stunde, d. h. der ersten Tagesstunde, s. Mommsen, Über den Chronographen v. J. 354, Abh. d. K. Sächs. Gesellsch. d. Wiss. Bd. 1 (1850) S. 565 und Mon. Germ. Hist. auct. ant. IX 1 S. 42.

Während die wissenschaftliche Astrologie nur nebenbei auch auf diese Doktrin der hellenistischen Sternreligion achtet etwa in der Art, wie Boll sie bei der Auslegung von Goethes Horoskop (S. 70) beiläufig heranzieht, bildet sie für die Laienastrologie einen sehr wesentlichen Faktor, sie ist auch ein bedeutsamer Bestandteil der Astrologie in der ersten Epoche des Mittelalters vor dem Eindringen der arabischen und dem Wiederaufleben der wissenschaftlichen griechischen Astrologie (s. unten S. 185). Wie die Lunare, so geben die Stundenkriterien entweder rein summarisch ein Gutachten, wozu die Stunde eines Planeten gut und wozu sie schlecht ist, oder sie greifen spezielle Fragen, etwa den Ausfall einer Reise, des Aderlasses, der Arznei heraus und beleuchten das Schicksal des in der betreffenden Stunde geborenen Lebewesens. Als Beispiel der erstgenannten Gattung folge aus Catal. cod astr. IV S. 138, 11 die Charakteristik der Mondstunde: wer in der Stunde des Mondes etwas listig unternehmen will, wird Erfolg haben und jedes Unternehmen, das er beginnen will, wird er zum guten Ende führen. Beginne einen Bau, lege Grundsteine, und auch sonst wird alles recht gut, nur schirre Rinder nicht zum ersten Male an. Das Geborene wird durch mannigfache Ursachen verletzt werden. Von der Venusstunde heißt es ebenda S. 139, 1ff.: Die Stunde der Venus ist gut und nützt zu Liebesangelegenheiten. Schließe Freundschaft und Ehe, gib Kinder in die Schule, lege neue Kleider an, mache Besuche und ziehe um, fange eine Reise an, nimm einen Gast auf, du wirst unverhofften Gewinn haben, wirst Gnade finden, fliehe Gericht und Schlacht. Flieht ein Sklave ans Meer, dann wird er nicht gefunden werden. Ein Diebstahl wird nicht entdeckt werden. Die ans Gericht gehen, werden einstimmig verurteilt werden. Neben diesen Texten, welche summarisch den Charakter der sieben Planetenstunden besprechen, finden sich Tabellen, welche zahlenmäßig die Planetenstunden des Tagesherrschers angeben und charakterisieren. Der Sonntag, so heißt es in einem Text, den Boll aus einer Münchener Handschrift Catal. cod. astr. VII S. 88, 1 ff. bis 90, 20 herausgegeben hat, gehört der Sonne, und sie soll an diesem Tag herrschen; sie waltet über die 1., 8., 15. und noch über die 22. Stunde. Diese Stunden, welchen die Sonne am ersten Tag gebietet, erfordern keine Beobachtung bei einem Vornehmen, das begonnen wird. Denn alles geht gut aus, und wer auf die hohe See fährt, wird froh wieder zurückkommen. In der 2., 9., 16. und 23. Stunde waltet die Venus, diese Stunden sind gut zum Zusammensein und zur Verbindung mit Weibern. In der 3., 10., 17. und 24. Stunde waltet Merkur, das deutet auf Verlust und Schaden; in der 4., 11. und 18. Stunde herrscht der Mond; diese Stunden sind nützlich, nur erfordern sie viele Mühe. Die 5., 12. und 19. Stunde beherrscht Saturn; diese Stunden sind schädlich, und wer eine Reise unternimmt, wird arm zurückkehren. In der 6., 13. und 20. Stunde gebietet Jupiter, und das sind glückliche Stunden. Denn wer in ihnen eine Reise antritt, der kehrt vergnügt heim. Die 7., 14. und 21. Stunde beherrscht Mars, und das sind schädliche und nachteilige Stunden. Ebenso werden die übrigen Stunden der weiteren Wochentage besprochen. Wir haben noch andere Schlüssel, die z. B. alle 168 Stunden der Woche hintereinander beurteilen (Catal. cod. astr. VIII 2 S. 144—149, 27) oder welche die zugehörigen Planeten der 168 Wochenstunden aufzählen und am Schlusse dann darauf weisen, man solle die Stunde danach beurteilen, ob der Planetenherr gut, böse oder neutral ist, z. B. Heliodor. Catal. cod. astr. IV S. 136, 29 bis 137, 30 und X S. 68, 14 ff. Ähnlich steht im Kalender des Chronographen vom Jahre 354 am Ende der Tabelle, welche die Planetenstunden eines Tages registriert, als Quintessenz des Gesamtcharakters aller Ereignisse z. B. für den Saturntag: Wenn Saturn Tag und Stunde, sei es nun Tages- oder Nachtstunde beherrscht, dann verläuft alles unglücklich und bedenklich; wer zur Welt kommt, wird ein gefährlicher Mensch, wer davonläuft, wird nicht gefunden, wer krank wird, kommt in Lebensgefahr, ein Diebstahl wird nicht entdeckt. Diese billigen Ratgeber setzten also halt- und energielose Menschen in den Stand, jederzeit sich das etwaige Schicksal auszurechnen; man entzog sich der Macht des Verhängnisses, wenn man sein Vorhaben eben nicht solchen Stunden aussetzte, in denen die bösen Sternenmächte regierten.

Das Zu- oder Abraten zu einer beabsichtigten Unternehmung ist nach diesen Texten die wichtigste Aufgabe; doch scheint frühzeitig auch der Fall bedacht worden zu sein, daß man für bereits begonnene Handlungen nachträglich eine Korrektur für deren Ablauf herbeiführen wollte. Damit tritt nun der religiöse Charakter der Sternreligion wieder in den Vordergrund. Denn ein Gott kann nicht ewig zürnen, er läßt sich gewinnen, besänftigen und umstimmen; diesen religiösen Vorstellungen tragen solche Texte Rechnung, welche bestimmte Gebete an den Planetengott vorschreiben des Inhalts, daß der Sterngott dem begonnenen Unternehmen seine Gnade zuteil werden läßt. Nun hat es seit alters verschiedenartige Mittlerwesen gegeben, an die man sich wandte, um einen Gott für ein Vorhaben zu gewinnen. Diese dämonischen Mittelglieder zwischen den planetarischen Zeitherren und dem Menschen bilden nach späteren Anschauungen die Engel der christlichen Lehre und die Dämonen der Antike. Wisse, mein getreuester Sohn Rhoboam, sagt Salomon in der sogenannten Hygromanteia (ed. J. Heeg, Catal. cod. astr. VIII 2 S. 149, 28) nach der Charakteristik der einzelnen 168 Wochenstunden, daß in jeder einzelnen Stunde ein guter Engel und ein böser Dämon regiert. Willst du ein gutes Werk verrichten, dann beschwöre den guten Engel, daß er dir beisteht, willst du aber eine böse Tat ausführen, dann beschwöre den Dämon, damit er dir helfe, und so wirst du das ausführen, was du willst. Es kommt nun für jeden Wochentag eine Liste der Engel und der Dämonen, welche in den 7 × 24 Stunden das Regiment führen. Am Schlusse der langen Aufzählung heißt es dann, man müsse zuerst das Gebet an den Planeten sprechen und dann das Gebet an den Engel bzw. an den Dämon. Es folgen darauf die hochinteressanten Planeten- und Engelgebete. Einen weiteren und etwas ausführlicheren Text hat Delatte a. O. S. 80ff. herausgegeben. Dieser Glaube geht ebenfalls auf ältere Zeit zurück, einmal auf die bereits in altgriechischen und später besonders in orphischen Kreisen übliche Einteilung der Tage in gute, böse und mittelmäßige und dann auf die bereits bei Hesiod erwähnten verschieden gearteten Teile des Tages selbst, von dem teils der Morgen teils der Mittag oder der Abend einen verschiedenen Charakter haben. Den Göttern schrieb man nach Proklus, Kommentar zu Hesiods Ἔργα καὶ Ἡμέραι v. 762 die Tagesteile bis zum Mittag und den Heroen die Nachmittagszeiten zu. Nach oben hin erfahren diese Texte eine starke Erweiterung durch die Überarbeitung in der arabischen und der späteren mittelalterlichen Literatur. Beiläufig sei bemerkt, daß die Tierkreisbilder als Gebieter der Stunden in der Laienastrologie keine nennenswerte Bedeutung haben. Immerhin finden sich auch Texte dieser Art; z. B. Catal. cod. astr. X S. 136 heißt es, daß der Schütze den Dienstag, der Fisch (sic!) den Mittwoch, der Krebs den Donnerstag, der Stier den Freitag und der Widder den Samstag beherrscht, Sonntag und Montag aber gehören ihren Planeten. Beigegeben ist in der Liste ein flüchtiger Durchblick durch einzelne Handlungen und einige Tagesstunden. Als eine Art Tagesheilige werden die Tierkreisbilder ferner von Heliodor in einer Neapler astrologischen Handschrift neben den planetarischen Tagesgöttern erwähnt Catal. cod. astr. IV S. 136, 15 ff., ohne daß aber weiter auf sie Bezug genommen wird. — Auch die Lunare geben gelegentlich nach demselben religiösen Motiv wie die Horare eine Aufzählung des Engels und des Dämons, der an dem einzelnen Monatstage herrscht; eine Liste dieser Art bietet eine athenische astrologische Handschrift ed. Delatte a. O. S. 75, doch deutet das seltene Vorkommen solcher Listen darauf, daß sie nicht so populär gewesen sind wie die Wochentags- und Stundenabrisse und deren astrale Gebieter.

## B. DIE LATEINISCHE ASTROLOGIE DES MITTELALTERS

Um das Jahr 1000 zieht vor allem Firmicus das Interesse der Gebildeten an, und um diese Zeit taucht auch Manilius auf, von dessen Astronomica sich Gerbert, der spätere Papst Silvester II., der nach einem Ausspruch Wilhelms von Malmesbury den Firmicus in der Kenntnis des Schicksals übertroffen hat, eine Abschrift aus Spanien erbittet; näheres Kroll in der Vorrede der Ausgabe des Firmicus Bd. 2 p. IIIff. Thorndike I 704ff., 781 ff. Daß aber auch in der Praxis die Astrologie nicht völlig im Abendland unterdrückt war, zeigen einige Konzilbeschlüsse und Bußordnungen. So wendet sich unter Justinian das Concilium Quinisextum in Konstantinopel gegen die: τύχην καὶ εἱμαρμένην καὶ γενεαλογίαν καὶ τοιούτων τινῶν ῥημάτων ὄχλον κατὰ τοὺς τῆς πλάνης λήρους φωνοῦντας: H. Th. Bruns, Canones Apostolorum et conciliorum, Berl. 1839, Bd. 1 S. 55, can. 61. Das 2. Konzil von Bracara verbietet im Jahre 572: *non liceat Christianis tenere traditiones gentilium et observare vel colere elementa aut lunae aut stellarum cursum aut inanem signorum fallaciam pro domo facienda vel ad segetes vel arbores plantandas vel coniugia socianda*: Bruns a. O. Bd. 2 S. 56, can. 72. In der fälschlich Augustin beigelegten Homilia de sacrilegiis, welche C. P. Caspari aus einer Einsiedeler-Handschrift des 8. Jahrh., Christiania 1886, herausgegeben hat, wird verurteilt cap. 3 § 4: *et qui fatum malum aut bonum in hominibus esse credunt, transgressores et pagani sunt* und § 10 *et qui signa caeli et stellas ad auratum inspicet* (der folgende Text ist korrupt), ferner wird § 8 derjenige verwarnt, *qui astrologia et tonitrualia legit.* Der Bischof Eligius von Noviodunum († 659) sagt in seiner Predigt: *nullus sibi proponat fatum vel fortunam aut genesim, quod vulgo nascentia dicitur, ut dicat: qualem nascentia attulit, taliter erit* (Tractat. de rect. cath. conv., dazu Caspari a. O. S. 19). Von Ludwig dem Frommen heißt es, daß er seinen eigenen Astrologen gehalten habe, ja unter ihm soll die astrologia iudicaria so üblich gewesen sein, daß jeder Grandseigneur sich seinen eigenen Astrologen hielt (weiteres Histoire Literaire de la France, Paris 1738, Bd. 4, S. 274ff., Thorndike I S. 673). Ende des 11. Jahrhunderts wendet sich der Bischof von Rennes, Marbod (1035—1123), in seiner Schrift de fato et genesi gegen die vulgi opinio, daß die sieben Planeten das Menschenleben regieren. Er bemerkt, das er sich selbst nach den Lehren des Firmicus sein Horoskop gestellt und darin alle Deutungen des Firmicus als falsch festgestellt habe (ed. Migne Patrol. lat. Bd. 171 S. 1705, Thorndike I S. 781f.). Von dem Erzbischof Gerard von York wird berichtet, daß er mit der Handschrift des Firmicus tot aufgefunden worden sei; daher sei ihm das kirchliche Begräbnis verweigert worden. Denn daß er ohne die Sakramente der Kirche gestorben sei, wurde als eine göttliche Strafe dafür gedeutet, daß er sich mit Firmicus und der Magie beschäftigt habe: Wedel S. 47f., Thorndike I S. 689. Neben der gelehrten lateinischen Astrologie müssen aber die Texte und die banalen mechanischen Wahrsagemittel der Laienastrologie in der frühen Epoche des Mittelalters eine besondere Autorität behalten haben. Das beweisen einmal die immer wiederkehrenden Verbote und Strafen der Konzilbeschlüsse, die Bußordnungen und andererseits die zahlreichen lateinischen Handschriften aus der Zeit vor dem 10. Jahrhundert; dafür sprechen ferner die altenglischen und altfranzösischen Übersetzungen und Umgestaltungen. Als eine sehr verbreitete Irrlehre der heidnischen Laienastrologie bezeichnet schon Augustinus Epist. ad Galat. exposit. cap. 34, Patrol. lat. Bd. 35 S. 2129 Migne, daß man bei der Vornahme von Arbeiten oder bei der Deutung von Lebensereignissen oder Geschäftserfolgen sich nach den Tagen, Monaten, Jahren und Jahreszyklen richte, welche die Astrologen und die Chaldaeer gekennzeichnet haben. In Cap. 35 betont er, daß auch in christlichen Kreisen sich viele Menschen finden, welche sich die Zeitpunkte für ihre Unternehmungen von Astrologen bestimmen lassen. Ja diese Menschen trügen kein Bedenken, selbst die Geistlichen zu warnen, an den sogenannten Ägyptischen Tagen keine Arbeit zu beginnen, sei es einen Bau oder ähnliches. „Welchen Glauben haben solche Christen, die ihr schiffbrüchiges Leben nach den Ephemeriden lenken? ... unzählige aus der Zahl der Gläubigen sagen uns mit großer Zuversicht ins Gesicht: Am Tage nach den Kalenden trete ich keine Reise an.“ In der 1. Hälfte des 6. Jahrhunderts geht Caesarius von Arles (ed. Migne Patrol. lat. Bd. 39 S. 2004,4 und S. 2269,1) ebenfalls gegen die Christen vor, welche sorgsam den Tag für ihre Reise beobachten: *honorem praestantes aut Soli aut Lunae aut Marti aut Mercurio aut Jovi aut Veneri aut Saturno.* Das wiederholt ein Jahrhundert später fast wörtlich der Bischof Eligius und fügt die Warnung hinzu: *nullus ad inchoandum opus diem attendat* (ed. Migne Patr. lat. Bd. 87 S. 528). Das ist, auch wenn man den literarischen Topos zugeben muß, doch ein Beweis dafür, daß im 7. Jahrhundert der Glaube an den Einfluß der planetarischen Wochentagsregenten auf den Ausfall begonnener Handlungen nicht erloschen war. Ein Jahrhundert später bezeichnet der Abt Pirminius († 753) es als Teufelskult, wenn man den Tag beobachtet, an dem man eine Reise antritt, und im 9. Jahrhundert findet sich bei Rhabanus Maurus ebenfalls die alte Verwarnung des Caesarius (Literatur bei R. Boese, Superstitiones Arelatenses e Caesario collectae Diss. Marburg 1909 S. 18, 22, 39).

Neben diesem astrologischen Tagewählglauben hat sich aber auch als ein Überrest des alten Planetenkultes der Brauch gehalten, am Donnerstag keine Arbeit zu tun zu Ehren Jupiters, wie Caesarius a. O. S. 2239,5 hervorhebt; ja solche Christen sind so sehr vom Teufel besessen, daß sie sich nicht schämen, am Tag des Herren zu arbeiten! In dem Indiculus superstitionum, in Konzilien und Bußbüchern werden vom 5.—9. Jahrhundert immer wieder diese Warnungen vor der Donnerstagsheiligung hervorgehoben und scharfe Strafen werden dafür angedroht; vgl. A. Saupe, Der Indiculus superstitionum, Progr. Realgymn., Leipz. 1891, S. 25, Boese a. O. S. 40 und F. W. H. Wasserschleben, Die Bußordnungen der abendländischen Kirche, Halle 1851, S. 648 und 706. Im 11. Jahrhundert legt der Bischof Burckard von Worms einem Mönch 5 Jahre, einem Priester 4 und einem Laien 2 Jahre Buße für diese Sünde auf: Decretor. lib. X cap. 33, Patrol. lat. Bd. 140 S. 838 Migne. Dieser Wochentagsaberglaube hat sich bis in die Neuzeit gehalten, vgl. Nilsson, Studien zur Vorgeschichte des Weihnachtsfestes, Arch. f. Religionswiss., Bd. 19 (1916—1918), S. 116. Außer dieser Form des astrologischen Aberglaubens muß die Neujahrsprognose nach dem Wochentagsregenten, dem der Neujahrstag gehörte, bei Klerikern und bei Laien lebendig gewesen sein, und auch die monatliche Tagewählerei muß in Übung geblieben sein. Genauer orientiert uns die handschriftliche Überlieferung über die einzelnen Bestandteile dieser lateinischen Volksastrologie. Sie gibt uns die antiken Stundenprognosen, Tagesprognosen nach den Wochentagsregenten und Lunare in den verschiedensten Formen; teils enthalten die Texte Sammelgutachten, welche ganz nach dem Vorbild der oben besprochenen antiken Wahrsagetexte alle möglichen Handlungen und auch Geburten nach den verschiedenen astrologischen Elementen kritisieren, teils geben sie spezielle Kriterien über die Ausübung des Aderschlages, über den Ausfall einer beginnenden Erkrankung, die Verwirklichung von Träumen, das Schicksal, den Körperbau und den Charakter der in dem fraglichen Moment empfangenen oder auch geborenen Lebewesen. Eine andere Gattung der mittelalterlichen lateinischen Astrologumena sind die Donnerbücher, die sogen. Brontologien oder Tonitrualien, sie prophezeien nach den hellenistischen Vorbildern den politischen und meteorologischen Verlauf des Jahres nach dem Zeitpunkt, in dem der erste Donner im Jahre gehört wird. Es finden sich Stunden-, Gebetszeiten-, Wochentags-, Monats- und Tierkreisbilder-Brontologien. Dazu kommen die sogen. Bauernpraktiken, diese beurteilen die kommenden politischen Ereignisse und besonders den Ausfall der Witterung des ganzen Jahres oder auch der Jahreszeiten, seltener die Gestaltung der Monate nach dem Planeten, auf dessen Wochentag das Neujahr oder auch der Weihnachtstag fällt. Andere Texte dieser Art beobachten den Mondstand, die Mondphase oder auch den Wind, der zu Beginn des neuen Jahres herrscht. Das sind natürlich ebenfalls Weiterführungen und z. T. Umdeutungen der antiken Kalendologien (s. o. S. 159). Ziemlich häufig in lateinischen Handschriften des 9., 10. und der folgenden Jahrhunderte sind die Tabellen der sog. ägyptischen Tage (dies aegyptiaci). Sie zählen die verhängnisvollen Tage in den einzelnen Monaten auf und geben entweder die Warnung vor speziellen Tätigkeiten, etwa vor Aderlaß, Beginn einer Reise, Führung von Prozessen, Anfang landwirtschaftlicher Arbeiten, oder warnen summarisch vor mehreren Unternehmungen, bald aus diesem, bald aus jenem Gebiet. Auch recht unheilvolle Geburtsprognosen und ganz apodiktische Äußerungen werden hier gegeben; z. B. heißt es, wer an diesem Tage Wasser trinkt, wird binnen drei Tagen sterben. Meist werden 24 unheilvolle Tage während des Jahres aufgezählt, die sich kalendarisch auf die einzelnen Monate mehr oder weniger verschieden verteilen. Als vor allem gefährlich gelten je drei Tage im April, August und Dezember. In der Hauptsache geht hier der alte ägyptische Glaube an die Unglückstage weiter, über ihn wird zuweilen ein durchsichtiger religiöser Schleier aus der Bibel geworfen, wenn sie etwa als die Tage der Pharaonischen Strafen gedeutet werden. Ein weiteres Element der mittelalterlichen lateinischen Astrologie bilden die Kometen- und die Finsternisprognosen mit meteorologischen und politischen Prophezeiungen. Diese Phänomene haben im ganzen lateinischen Mittelalter dieselbe Wirkung auf das Volk ausgeübt wie im Altertum und praktisch und theoretisch dieselben Abwehrmaßregeln erhalten und dieselben Auslegungen erfahren. —

Von technischen Hilfsmitteln der lateinischen Astromantik sind die naiven Orakel der Sphaera Apulei, Petosiris, Pythagorae, St. Donati, der St. Kolumbans Kreis, und wie sie sonst auch heißen mögen, hervorzuheben. Durch eine Kombination der Mondphasen mit Buchstaben resp. Zahlenmantik kann man durch diese Hilfsmittel erkennen, ob einer, der krank geworden ist, sterben wird oder nicht, ob ein Krieger (Gladiator) siegen wird, ob ein Sklave gefunden wird u. a. m. Die Literatur der „lateinischen" Astrologie, um eine Bezeichnung Thorndike's zur schärferen Fixierung zu gebrauchen, behandelt ausführlich: Thorndike I cap. 29 S. 672—691 (Latin Astrology and Divination), einiges auch bei Wedel S. 44f. Die Wochentags- und Mondtagsprognosen (Lunare) sowie die Bauernpraktiken und Brontologien sind in ausgezeichneter Weise für das frühe Mittelalter aus meist unbekannten oder unbeachteten handschriftlichen Texten, die aus dem 9., 10. und den folgenden Jahrhunderten stammen, behandelt und z. T. bis in die neueste Zeit in ihrem Fortleben und teilweisen Umformung untersucht von M. Förster, Die Kleinliteratur des Aberglaubens im Altenglischen, Archiv f. d. Stud. d. neueren Sprachen u. Liter., Bd. 110 (1903), S. 347ff. und ders., Beiträge zur mittelalterl. Volkskunde, Archiv f. d. Stud. usw., Bd. 120 (1908), S. 42ff. und 296ff., Bd. 121 (1908), S. 32ff., Bd. 128 (1912), S. 284ff., Bd. 129 (1912), S. 16ff., dazu Thorndike Bd. 1 S. 676, 678ff. und Nilsson, Stud. z. Vorgesch. d. Weihnachtsfestes a. O. S. 69, 116 (Neujahrsprophezeiungen). Zu den Kometen- und Finsterniswahrsagungen sei verwiesen auf: Boese a. O. S. 18, 25, 39, 52, 73, Alwin Schultz, Das höfische Leben der Minnesänger 2. A. Bd. 1 S. 127—140, Thorndike Bd. 1 S. 673ff., Wedel S. 26, 28, Anm. 5 und 94f. Die „ägyptischen Tage" werden untersucht von Webster, The Rest Days, 1916, S. 295ff., Thorndike Bd. I S. 685—688, die Sphaera Apulei von Sudhoff, Codex medicus Hertensis No. 192, Archiv f. Gesch. der Medizin, Bd. 10 (1917), S. 310, dort auch andere technische Wahrsageelemente, dazu kommen weitere Texte aus Pariser Handschriften des 9. und 10. Jahrhunderts bei: Wickersheimer, Figures Médico astrologiques a. O. S. 315f., 318, 321 und Thorndike Bd. I S. 683f.

## C. EINE NEUE LISTE DER DODEKAOROS (Zu S. 57.)

Als bislang unbeachtetes Zeugnis der Dodekaoros sei eine Stelle aus der Pistis Sophia hier mitgeteilt. Nach dem 126. Kapitel S. 207 der Übersetzung von Schmidt ist die äußerste Finsternis ein großer Drache, dessen Schwanz in seinem Munde ist, er ist außerhalb der ganzen Welt und umgibt die ganze Welt. „Viele Gerichtsörter sind dort, und zwar sind es zwölf gewaltige Strafzimmer (κολάcειc-ταμιεῖα), und ein Archon ist in jedem Zimmer (ταμιεῖον), und das Gesicht der Archonten ist voneinander verschieden.“ Es werden im folgenden Text die Gesichter und, was vor allem wichtig ist, die heiligen Namen dieser Archonten gegeben: Im ersten Zimmer sitzt ein Archon mit einem Krokodilsgesicht, der zweite Archon hat ein Katzengesicht, der dritte ein Hundsgesicht, der vierte ein Schlangengesicht; soweit stimmt die Reihenfolge der Tiere völlig mit den Tieren der Dodekaoros. Begonnen wird allerdings mit dem letzten Tier in der Reihe des Teukros, mit dem Krokodil, das zu den Fischen gehört, dann folgt Kater, Hund, Schlange, also die Tiere, die zum Widder, Stier und den Zwillingen gehören. Nun bricht plötzlich die Reihe ab, es folgt als fünfter Archon einer mit einem schwarzen Stiergesicht, der sechste hat ein Bergschweingesicht, der siebente ein Bärengesicht, der achte ein Geiergesicht, der neunte hat ein Basiliskengesicht. Stier und Geier (= Sperber) sind ebenfalls Tiere der Dodekaoros (Stier ist das zu Skorpion, Geier oder Sperber das zum Schützen gehörige Tier), also sind bis jetzt sechs Tiere der Dodekaoros sicher in dieser gnostischen Lehre festgestellt. Schwerer sind von den eben genannten das Bergschwein und der Bär unterzubringen. Beide Tiere aber sind dem hellenistisch-ägyptischen Weltbild nicht fremd. Man braucht nur an den großen und kleinen Bären zu erinnern und an die griechische Grammatikererklärung, welche in dem Namen des Sternbildes der Hyaden die Bedeutung „Schweinchen“ herausfanden. Ein Schwein findet sich weiter unter den ägyptischen Dekansternbildern sowohl in bildlichen wie in literarischen Darstellungen. Der Bär wird in der gnostischen Liste als 7., das Bergschwein als 6. Archon genannt, sie müßten also zu dem Krebs und dem Löwen gerechnet werden, denen in der Dodekaoros der Esel und der Löwe gehört. Der neunte Archon hat ein Basiliskengesicht, auch dieses Tier fehlt in der hellenistischen Reihe. Aber dem griechischen Sternhimmel ist dieser Name wohl bekannt, denn der hellste Stern im Löwen heißt der Basiliskos; er ist später erst falsch aus dem Basiliskos zu einem „kleinen König“ (Regulus) umgedeutet worden — daß dieses Tier hier ursprünglich gesehen wurde, zeigen vor allem die Gemmen mit dem Knuphis, dem 1. Dekan des Löwen, der als Schlange mit einem Löwenkopf dargestellt wird (vgl. Gundel, Leo in Wissowas Realenzyklopädie). Die drei letzten Archonten unterbrechen das System in mehr als einer Hinsicht. Einmal steht im 10. 11. und 12. Zimmer nicht bloß ein Archon wie in den vorhergehenden neun Zimmern, sondern hier finden sich jedesmal eine Menge Archonten. Und diese haben zudem nicht bloß einen Kopf, sondern jeder derselben hat sieben Köpfe. Aber über jede dieser drei Abteilungen und ihre

Archonten gebietet einer, der als „der Große über sie“ bezeichnet wird. Das käme also der Anschauung gleich, daß in jedem Sternbild sich unzählige Sterndämonen befinden, über die der ehedem allein in seiner Sterngruppe lokalisierte, frühere Sterngott als König oder oberster Archon gebietet. Es ist ein weitverbreiteter Glaube, den wir in Altertum, Mittelalter und Neuzeit in den Texten, welche die Lehren der Astralreligion weitergeben, in Europa so gut wie in Ostasien nachweisen können. Das hätte also gerade so gut von den vorher genannten neun Archonten gesagt werden können. Im zehnten Zimmer hat jeder Archon sieben Drachenköpfe, ihr Herrscher heißt Charmaroch; nehmen wir das Beiwerk weg, so bleibt als 10. Tier der Drache. Die hellenistische Dodekaoros kennt ihn nicht; er spielt aber in der ostasiatischen eine besondere Rolle, denn er fehlt in keiner Liste (vgl. Boll, Sphaera S. 339). Der Drache ist dem hellenistischen Himmelsbild wohl bekannt, er schlingt sich als eines der größten Sternbilder zwischen den beiden Bären hindurch, auch das Sternbild der Hydra wird zuweilen als Drache gedeutet. In den Religionen des ausgehenden Altertums hat das zirkumpolare Sternbild des Drachen eine besondere, meist böse Geltung in den Lehren, die das Leben der Seele nach dem Tode und ihre Strafen schildern. Die Archonten des 11. Zimmers haben sieben Köpfe mit Katzengesicht; die Katze als Tier der Dodekaoros ist schon genannt, denn der 2. Archon hat ein Katzengesicht. Ob hier eine gedankenlose Wiederholung des Verfassers oder ein Fehler in der Überlieferung vorliegt, kann ich nicht entscheiden. Der Namen ihres Herrschers Rochar dürfte vielleicht zur Aufklärung weiterführen. Die Archonten des 12. Zimmers haben alle je sieben Köpfe mit Hundsgesichtern. Auch das scheint eine Wiederholung, denn der Archon des 3. Abschnittes trägt ein Hundsgesicht. Immerhin würde sich das vertragen mit dem hellenistischen Himmelsbild, das ja auch zwei Hunde, den Sirius und den Prokyon kennt, die übrigens beide ihre spezielle Bedeutung als Totenrichter oder als Wächter des Einganges in das Seelenreich haben; beide stehen ja an beiden Seiten der Milchstraße, die als Seelenweg oder auch als Paradies gilt. Es haben sich bis jetzt als Bestandteile dieser gnostischen Liste folgende Elemente ergeben: Zweifellos sicher sind die ersten vier Archonten Personifikationen der vier Doppelstunden, XII, I, II, III der Dodekaoros, der fünfte Archon entspricht dem IX. Tier, der achte dem X. Tier der Dodekaoros. Die übrigen Archonten lassen sich zum Teil mit anderen Tieren des hellenistischen und mit zwei des ostasiatischen Tierzyklus zusammenbringen, alle zwölf aber sind in dem hellenistisch-ägyptischen Himmelsbilde als Sternbilder nachzuweisen.

Die Zimmer sind ebenfalls, wie der beigefügte griechische Ausdruck ταμιεῖον zeigt, der astrologischen Weltanschauung entlehnt, welche ursprünglich für die Planeten in dem Tierkreis Häuser abgrenzte. Das wurde nun von einigen Systemen dahin erweitert, daß man hinter den sichtbaren und beweglichen Tierkreis eine feste Einteilung des sternlosen Himmels vornahm — eine an sich rein ideell mathematische Einteilung, die aber dann realistisch gedacht wurde als eine Art von Kraftfeldern, welche ihre Energien auf die Sternbilder und Planeten überströmen können, sobald sie in ihrer täglichen Bewegung sich in ihnen einstellen (z. B. Manil. II 856f.: locus imperat astris et dotes noxamque facit). Der über dem achten Himmel, d. h. der Fixsternsphäre lagernde sternlose neunte Himmel wurde als Drache auch in anderen religiösen und astrologischen Systemen vorgestellt, z. B. Catal. cod. astr. V 2 S. 130 VIII 3 S. 197 VIII 4 S. 109, 10, er gilt weiter als ein Symbol der Sonnenbahn und der Mondbahn: Hopfner a. O. Bd. 2 § 216. Zur Geschichte des sternlosen neunten Himmels vgl. auch Duhem a. O. Bd. 2 S. 200ff.

Der Text gibt noch weitere Elemente aus der Astrologie und der Astralreligion, die eine kurze Erwähnung verdienen. Nach der Aufzählung der Archonten und ihrer Namen fährt der Text weiter (S. 208, 17): „und ein jeder von ihnen hat einen Namen stundenweise (-κατά), und ein jeder von ihnen wechselt sein Gesicht stundenweise". Hier sind zwei heterogene Vorstellungen ineinander verwoben. Einmal die ägyptische Anschauung, daß der Sonnengott während seines Aufenthaltes in der Dodekaoros die einzelnen Tiergestalten annimmt und stundenweise einen besonderen Namen hat, demnach ändern sich auch stundenweise die Kräfte, welche von der Sonne abströmen: Jamblich. de myster. VII 3 p. 253, 9 Parthey; der große Pariser Zauberpapyrus teilt vers. 1647ff., herausgeg. von Wessely, Denkschr. Akad. Wiss. Wien Bd. 36 (1888) S. 86ff., die heiligen Namen mit, welche der Sonnengott bei seiner Wandlung in die Tiere der Dodekaoros führt. Ein zweites Element könnte in den gnostischen Text aus der hellenistisch-ägyptischen Dekanlehre geraten sein. In dieser wird behauptet, daß jeder der Dekangötter eine Maske trägt (πρόσωπον φέρει), und zwar ist es das Gesicht eines Planetengottes (s. o. S. 149); das kann in dem Satze der Pistis Sophia nachwirken „und ein jeder wechselt sein Gesicht stundenweise". Auch der folgende Text gibt einige wertvolle Beiträge für unsere Kenntnis der religiösen Vorstellungen, die man mit den Göttern der Dodekaoros verbunden haben muß. Ein jedes von diesen 12 Zimmern (ταμιεῖα) hat ein nach oben offenes Tor — und ein Engel der Höhe bewacht jedes der Tore der Zimmer. Sie sind von Jeû als Wächter des Drachens der äußeren Finsternis eingesetzt, damit er und alle Archonten seiner Zimmer sich nicht auflehnen. Diese Engelwächter sind uns aus der

Zodiakallehre bekannt genug, sie sind an die Stelle der hellenistischen tutelae getreten, der 12 olympischen Götter, welche die Herrschaft über die Tierkreisbilder führen. Diese sind ursprünglich wohl als gütige Gottheiten verehrt und empfunden worden, später schwankt im Kampf der Religionen ihr Charakter. Hier ist die gute Seite beibehalten, da Engel des Lichtes an ihre Stelle gesetzt sind, nicht wie in anderen Systemen Engel der Finsternis. In diesen Zimmern nun foltern die Archonten die Seele mit furchtbaren Strafen, unter denen Kälte und Hagel und das sehr gewaltige Feuer hervorgehoben werden, das siebzigmal heißer ist als das aller anderen Strafen und Gerichte. Kennt die Seele aber den Namen des Archonten, der sie quält, oder einen der zwölf Namen des Drachens der Finsternis, oder auch eines der zwölf Engel, und sagt sie nur einen dieser Namen, dann öffnet sich die Türe des Zimmers, und die Engel des Jeû, die diese Zimmer bewachen, rauben die Seele und führen sie vor Jeû. Der folgende Text befaßt sich mit dem Mysterium der heiligen Namen dieser Wesen. Eine restlose Erklärung dieses höchst merkwürdigen Gebildes kann ich zur Zeit noch nicht geben; es scheint mir aber sowohl für die Geschichte der Dodekaoros, für ihre religiöse Weiterdeutung und auch für die astrothetische Fixierung der einzelnen Astralgottheiten sehr wichtige Beiträge zu enthalten, darum habe ich über den Text etwas eingehender Bericht erstattet, um andere Forscher zum Weiterhelfen aufzufordern.

## D. WOZU DIENTE DIE TABULA BIANCHINI? (Zu S. 60.)

Boll ist der Meinung, daß die Tabula Bianchini dazu diente, jeweils die feindlichen Sterngottheiten zu erkennen, zu markieren und ihrem momentanen schlimmen Einfluß durch religiöse Gegenmittel zu begegnen (vgl. auch Cumont, Zodiacus a. O. S. 1053, 10). Dagegen hat Warburg mir einmal die Vermutung ausgesprochen, daß diese Tafel wahrscheinlich ein astromantisches Würfelbrett darstellt. Ich möchte diese sehr ansprechende Deutung Warburgs aufgreifen und hoffe sie zur Gewißheit bringen zu können. Dazu muß ich etwas weiter ausholen und zunächst die Frage aufwerfen: warum sind auf dieser Tafel die Windgötter so auffallend groß dargestellt und warum stehen sie nicht da, wo sie eigentlich hingehören, im Kardinalpunkt selbst, also im Aszendenten, in der Himmelsmitte, im Westpunkt und im Antimesuranema? Man könnte zur Erklärung an die astrologische Doktrin der Chaldaeer denken, über die Geminus cap. 2 S. 20, 21 ff. Man. unterrichtet. Danach kommt dem Trigonon Widder, Löwe, Schütze der Nordwind zu, mit Stier, Jungfrau, Steinbock ist der Südwind, mit Zwillinge, Wage,

Wassermann der Westwind und mit Krebs, Skorpion und Fische der Ostwind verbunden. Doch will diese Verteilung nicht recht passen, da so die Kardinalwinde sich nicht auf der Tafel einfügen. Besser stimmt die Verteilung der Winde auf die andere Zusammenfassung der Zodiakalzeichen zu den Trigona, welche Boll oben im Texte S. 54 gibt (Catal. cod. astr. VII S. 104, 9ff.). Diese Doktrin verbindet mit Widder, Stier und Zwillingen den Südwind, mit Krebs, Löwe und Jungfrau den Ostwind, mit Wage, Skorpion und Schütze den Nordwind und mit Steinbock, Wassermann und den Fischen den Westwind. Damit ist eine Erklärung eines wichtigen Bestandteils der Tafel gewonnen. Die Kardinalwinde stehen in der Mitte der ihnen gehörigen Zeichen, der Windhauch selbst trifft gerade auf den Eckpunkt selbst. Zu dem in der oberen Kulmination stehenden Widder gehört also der Südwind, der von links her auf das Mesuranema bläst. Damit ist zugleich diese Stelle als der südliche Teil der Tafel charakterisiert. Ebenso haben wir die drei fehlenden Winde mit den an den drei anderen Cardines stehenden Tierkreiszeichen zu verbinden, nämlich mit dem Krebs den Ostwind, der Krebs steht also im Osten, d. h. im Horoskopos, mit der Wage den Nordwind, sie steht also im Norden, d. h. nach der üblichen Erklärung der Häuserlehre (s. oben S. 59) in der unteren Kulmination. Zu dem Steinbock gehört der von oben auf ihn zublasende Westwind, d. h. der Steinbock steht im Westpunkt, im Untergang. Es sind also in den vier Kardinalpunkten Widder, Krebs, Wage und Steinbock; nun steht im Eckpunkt selbst nicht der Anfang der Zeichen, sondern die Mitte, und zwar jedesmal der zweite Dekan, was beim Widder und bei der Wage ganz deutlich erkennbar ist. Damit sind wir einen guten Schritt in der Erklärung des Monumentes weitergekommen. Bevor wir weitergehen, dürfen noch zwei sich aufdrängende Fragen beantwortet werden. Zunächst, was sollen die vier Kardinalwinde bei den Gestirngottheiten? Dafür genügt es einmal an die antike Anschauung zu erinnern, wonach die Gestirne selbst und das ganze Himmelsgewölbe von den Winden in ihrer rotierenden Bewegung erhalten werden. Außerdem hat die systematische Astrologie die Winde mit den sogenannten Eckpunkten in enge Beziehung gestellt. Über diese Zugehörigkeit der vier Kardinalwinde zu den Weltteilen, Osten, Süden, Westen und Norden, und über ihre physikalische Wirkung informiert Ptolemaeus tetrab. I cap. 10 fol. 29. Dann darf hier noch an die religiöse Verbindung der Gottheiten der Zeit, der Gestirne und der Winde erinnert werden; so heißt es in den Apotelesmata des Apollonius von Tyana (hrsg. v. Nau, Patrol. Syr. II S. 1374), man müsse zur Vollführung eines Wunderwerkes die heiligen Namen einer jeden Zeiteinheit und Zeitperiode, ferner die Namen der Sonne und des Mondes und der Winde nennen und auf eine günstige Stellung des Mondes bei dem Aussprechen der Namen achten. Und die Zuteilung eines Spezialwindes der zwölfteiligen Windrose zu jedem einzelnen der Tierkreisbilder, ist uns aus dem Altertum aus den Listen, welche die Attribute der Tierkreisbilder behandeln, und aus dem Mittelalter aus Darstellungen der Art, wie sie z. B. eine der berühmten Prachthandschriften aus der Bibliothek des deutschen Königs Wenzel, der Münchener Codex Clm. 826 zeigt, bekannt genug.

Damit ist ein wichtiger Teil der Anschauung, die mit dieser Tafel verbunden werden kann, aufgeklärt. Dazu gewinnen wir aus der Erklärung, die z. B. der Astrologe Antiochos Catal. cod. astr. VII S. 128, 12 ff. für die Verbindung der Tierkreiszeichen mit den Kardinalwinden gibt, eine weitere Deutung des Monumentes. Antiochos teilt je drei Tierkreiszeichen einen Wind zu und bemerkt dann weiter, daß, während die Sonne durch die Zeichen Widder bis Krebs läuft, ihre Höhe erhöht wird (ὕψος ὑψοῦται); vom Steinbock bis zum Widder aber wird ihre Schwäche erhöht (ταπεινὸν ὑψοῦται). Vom Krebs bis zur Wage wird die Höhe der Sonne geschwächt und von der Wage bis zum Steinbock wird die Schwäche geschwächt (ταπεινὸν ταπεινοῦται). Es ist also, wenn man diese astronomische Erklärung des jährlichen Sonnenlaufes auf unsere Tafel anwendet, in dem oberen Halbkreis der Siegeslauf der Sonne gezeichnet. Die Mitte des Widders, wo nach der üblichen Theorie die Erhöhung der Sonne ist (s. Boll oben S. 59), steht in der oberen Kulmination, der untere Halbkreis dagegen zeigt die Winterhälfte des Sonnenlaufes, die Erniedrigung der Sonne liegt im zweiten Dekan der Wage (19°), und genau an dieser Stelle finden wir die untere Kulmination. Damit ergibt sich also eine zweite Deutung der Tafel: auf der oberen Hälfte ist das große Leben, auf der unteren dagegen der Tod markiert! Das hat sein Gegenstück in den banalen astrologischen Orakelinstrumenten, in der Sphaera des Petosiris u. ä. Der Astromant konnte also nach einem uns zunächst noch nicht erklärlichen System erkennen, ob etwa ein Kranker sterben oder leben wird, ob ein Gladiator siegen wird usw. (s. oben S. 187). Ich möchte mich aber damit nicht begnügen und auf folgende Frage noch Rücksicht nehmen. Warum steht jedesmal die Mitte der Zeichen in den Kardinalpunkten? Eine plausible Erklärung haben wir eben aus dem Sonnenlaufe gewonnen. Doch kommt noch etwas anderes hinzu, das Thema mundi! Nach der üblichen Lehre stand im Horoskopos der 15. Grad des Krebses, in der oberen Kulmination der 15. Grad des Widders usw. Die Sonne stand im Löwen, der Mond im Krebs, die übrigen Planeten befanden sich alle unter der Erde, sie folgten der Sonne nach ihrer Sonnennähe in den nachfolgenden

Tierkreisbildern. Und die *regina decanorum*, der Neujahrsstern der Ägypter, Sirius, d. h. die Göttin Sothis, der zweite Dekangott des Krebses, steht im Aufgang, d. h. im Aszendenten. Nun hat Nechepso und Petosiris an dem Horoskop der Welt dargetan: *hominem ad naturam mundi similitudinemque formatum isdem principiis, quibus ipse mundus regitur et continetur, perenniter perpetuitatis sustentari fomitibus*. Nach dieser kosmischen Genitur, betont Firm. III cap. 1, 2, und nach denselben Faktoren, die für die Planeten und ihre Aspekte in Frage kommen, und nach denselben Resultaten sind die Lebensschicksale der Menschen anzuordnen. Aus der Stellung des Widders in der oberen Kulmination, wie sie die Weltnativität und die Tabula Bianchini zeigt, deduzieren die Astrologen, wie Firmicus III 1, 18 berichtet, die Erklärung, wieso der Widder in der Reihe der Tierkreisbilder die erste Stelle bekommen hat. Denn die Himmelsmitte hat häufig, nein immer, korrigiert er, in allen Genituren den vornehmsten Rang, sowohl weil diese Stelle im Weltschöpfungshoroskop kulminierte, als auch weil wir aus ihr die Fundamente für die ganze Nativität gewinnen. Fest steht also für jede Berechnung des Menschenschicksals die Normalstellung des gestirnten Himmels, wie sie im Moment der Welterschaffung war, neu einzusetzen sind die sieben Planeten nach ihrer momentanen Stellung im Universum und als achter Faktor der Horoskopus oder, wie Firmicus sagt, die Stunde. Das konnte nun durch zwiefache Weise gemacht werden: entweder durch genaue astronomische Beobachtung und Berechnung oder durch göttliche Offenbarung. Und nur die letztere haben wir vielleicht zur Erklärung der Tabula Bianchini heranzuziehen. Dazu bedarf es einiger näheren Aufklärungen. Ptolemaeus verwirft tetrab. III fol. 111 die astrologische Prophezeiung durch Zahlenkombination und sinnloses (ἀναιτιολογήτων) Würfelorakel, nur mit den tatsächlich wirksamen physikalischen Sternkräften will er seine Voraussagungen geben. Der Fachausdruck für das astrologische Würfelorakel lautet bei Ptolemaeus διὰ κλήρων. Diese κλῆροι sind uns durch die astrologischen Texte ebensogut bekannt wie die naiven astrologischen Zahlenorakel. Sie führen in das Sanktuarium der auf Hermes zurückgehenden Würfelmethode. In einem byzantinischen Traktat, der auf den Vorschriften des Hermes fußt und in seiner primitiven Form bestimmt altes Gut der Astromantik getreulich überliefert, heißt es Catal. cod. astr. I 167, 13ff., man müsse zuerst: τὸν τοῦ δαίμονος καὶ τῆς τύχης κλῆρον προεκβαλεῖν. ἐπειδὴ ἀπὸ τούτων καὶ τοὺς ἄλλους πάντας ἐκβάλλομεν · οὐκ ἠδυνάμεθα οὖν τούτων μὴ ἐκβληθέντων τοὺς λοιποὺς ἐκβαλεῖν. ἐπεὶ τοίνυν ταῦτα καλῶς εἴρηται, ἔλθωμεν ἐπὶ τὸ προκείμενον καὶ ζητήσωμεν τὴν μέθοδον δι' ἧς ὁ κλῆρος τῆς τύχης ἐκβάλλεται. Hier sind also in der Darstellung der mathematischen Berechnung der κλῆροι die alten *termini technici* des Würfelwurfes klar erkennbar: die Lose werden der Reihe nach aus dem Würfelbecher geworfen, zuerst der Würfel des Dämon und des Schicksals (s. unten). Im folgenden wird dann eine Methode angewandt, wie man nach diesen Würfeln durch Berechnung die weiteren Lose findet und in die Nativität einsetzen soll. Und zwar hat Hermes (S. 168, 20) das Los der Mondgöttin als das Fundament des Schicksals, das des Sonnengottes als das Los des Dämon bezeichnet. Und ganz ebenso wird den übrigen Planeten ein besonderes Los zugewiesen. Venus bezeichnet die Liebe, Merkur die Ananke, Mars den Mut, Zeus den Sieg, Saturn die Nemesis. Das bekommt im folgenden die ausführliche Erläuterung, was für Sonderschicksale aus diesen Planetenlosen sich ergeben. Der letzte Würfel ist Horoskopos, dieser bedeutet die Basis des ganzen Kosmos, denn jedes Lebewesen zieht aus ihm zuerst seine Lebenskraft und seinen ersten Atem nach der Geburt, und jede Operation beginnt bei ihm, er offenbart den Verlauf aller Dinge.

Nehmen wir die astrologische Übermalung weg, so hebt sich als Urbestand ab: einmal ein Würfelbrett, auf dem die Würfel geworfen werden und auf dem die wichtigsten astrologischen Elemente des Fixsternhimmels bildlich dargestellt sein müssen, und dann die acht Würfel, welche die Namen oder die Zeichen der sieben Planeten und den Horoskopos vielleicht auch mit ihren, in kurzen Stichworten präzisierten Losen tragen. Solche Würfel aus Bronze mit dem Namen der griechischen Götter, z. B. des Zeus, des Eros u. a. m. sind durch Ausgrabungen gefunden worden, vgl. F. Heinevetter, Würfel- und Buchstabenorakel in Griechenland und Kleinasien, Breslau 1912, S. 45ff. Gewöhnlich wurde mit fünf oder sieben Würfeln gewürfelt, hier kommt also im astrologischen Würfelorakel des Hermes eine besondere Art hinzu, die zu den üblichen sieben Würfeln als den wichtigsten den achten, den Horoskopos hinzufügt. Diese werden nun auf das Würfelbrett geworfen, entweder alle zugleich oder die wichtigsten zuerst, dann die anderen. Daß das auf sehr alte Zeit zurückgeht, beweist uns ein ganz ähnlicher Bericht des Astrologen Paulus Alexandrinus (Ausgang des 4. Jahrh.), der als Quelle den Panaretes des Hermes Trismegistus angibt. Weiter zeigen die ausführlichen und so ganz verschiedenartigen Berichte über die Lose der Planeten und überhaupt über die zwölf Lose, die ein wichtiges Kapitel der astrologischen Handbücher bilden, daß diese Art von astrologischen Wahrsagungen sehr alt und sehr beliebt gewesen sein muß. Die Stichworte, welche das Los der einzelnen Planeten charakterisieren (Liebe, Mut, Sieg, Notwendigkeit usw.), sind aus den Würfelorakeln entnommen, vgl. Heinevetter a. O. S. 4ff. Zum weiteren Verständnis helfen uns eine Anzahl anderer Zeugnisse, die bis jetzt nicht zur Erklärung unseres Monumentes verwertet worden sind. In einem Spottepigramm auf die Gaukelei der astrologischen Wahrsager heißt es von dem Astrologen Aristophanes, daß er bei der Konsultation des Bauern Kalligenes über den Ausfall der Ernte: λαβὼν ψηφῖδας ὑπὲρ πίνακός τε πυκάζων sein amüsantes, dummschlau-doppelsinniges Orakel erteilte. Er nimmt also seine Stimmsteine — und diese dürfen wir ohne Zweifel mit den κλῆροι in Einklang bringen — und wirft sie über seine Tafel (Schol. Agath. in Anthol. Gr. XI 365). Diese Tafel und ihre praktische Verwendung wird uns nun von Ps. Kallisthenes näher geschildert. Er sagt von dem großen Magier und Astrologen, dem ägyptischen König Nektanebos, er habe die Olympias, die Mutter Alexanders des Großen, mittels seiner astrologischen Prognosen betört. Über die Art seiner Astromantik klärt Codex A und L (p. 4 Müller) folgendermaßen auf: (ἐξήγαγεν) πίνακα πολυτίμητον καὶ βασιλικὸν . . . ἐξ ἐλέφαντος καὶ ἐβελίου καὶ χρυσοῦ καὶ ἀργύρου τριχάρακτον ζώναις ἐπὶ μὲν τοῦ πρώτου κύκλου δεκανοὺς ἔχοντα λς′ (so die Handschrift nach Kroll, vgl. Boll, Sphaera S. 303 Anm.) ἐπὶ δὲ τοῦ δευτέρου ζώδια [τὰ] ιβ′, ἐπὶ δὲ τοῦ μέσου ἥλιον καὶ σελήνην . . εἶτα γλωσσοκόμον ἀνοίξας ἐλεφάντινον καὶ αὐτὸν μικρὸν ἐκκενώσας τοὺς ἑπτὰ ἀστέρας καὶ τὸν ὡροσκόπον ἐξ ὀκτὼ λιθοτέχνων μετάλλων συνέθηκε τὸν τηλικοῦτον οὐρανὸν ἐν ὀλίγῳ κύκλῳ περιφωτίσας. Nektanebos hat also eine aus Elfenbein, Ebenholz, Gold und Silber verfertigte Tafel, auf der in drei Zonen die 36 Dekane, die zwölf Tierkreisbilder und Sonne und Mond dargestellt sind. Dann entnimmt er einem elfenbeinernen Kästchen die sieben Planeten und den Horoskopos, setzt sie richtig zusammen und erleuchtet so diesen so beschaffenen Himmel in einem kleinen Kreise. Er bewirkt das dadurch, daß er die sieben Planeten und den Horoskopos, deren Material aus den den betreffenden Planeten adäquaten Edelsteinen besteht, in einen kleinen Kreis dieses Pinax einsetzte, d. h. doch wohl in den Kreis, der die Tierkreisbilder enthält. In der syrischen Übersetzung des Ps. Kallisthenes (ed. Ryssel, Arch. f. d. neueren Sprachen Bd. 90 (1893) S. 88,8 bringt Olympias selbst einen hervorragend schönen, sehr wertvollen Tisch von Elfenbein, der dem Königreich gehörte — das ist nebenbei ein sehr wichtiges Zeugnis dafür, daß solche Instrumente nicht nur zum Inventar der priesterlichen Astrologen, somit also des Tempels gehörten, sondern auch im Besitze hervorragender Familien und wohl auch der offiziellen staatlichen Institute in der Zeit des Autors gewesen sein müssen. Dieses staatliche Instrument, dessen Eigenschaften nach dem syrischen Text der Mund von Menschen nicht zu erklären versteht (griechisch: πινακίδιον ὅπερ ὁ λόγος ἑρμηνεῦσαι οὐ δύναται), enthielt drei Kreise nach Art von Zonen; und auf dem äußeren Gürtel war eine Abbildung des Zeus (= Διὸς εἰκόνα; falsche Lesung des Syrers für δεκανούς bemerkt Ryssel, ich vermute, daß hinter Zeus eine Lücke anzunehmen ist und daß Διὸς εἰκόνα identisch ist mit Διὸς πρόσωπον, der Text muß hier von den planetarischen Prosopa gesprochen haben! Man könnte es auch wörtlich fassen und hier an das Vorbild der mittelalterlichen Kosmosvorstellungen denken, welche in Christus die zwölf Tierkreiszeichen und die sieben Planeten einzeichnen. Dagegen spricht aber der weitere Text; s. unten). Diese Abbildung des Zeus umgaben die 36 Dekane. Auf dem zweiten Gürtel waren die zwölf Sternzeichen und auf dem dritten die Sonne und der Mond. Nun setzt Nektanebos diesen Tisch auf einen Dreifuß und leert ein kleines Kästchen oberhalb des Tisches aus, und in ihm, so muß es wohl heißen statt des sinnlosen *an* ihm des syrischen Textes, waren die sieben Sterne, die auf den Kreisen waren. Diese Sterne sind aber vorher in dem Texte nicht erwähnt; es ist also ziemlich sicher, daß wir sie oben hinter Διὸς εἰκόνα einzusetzen haben und daß tatsächlich hier die planetarischen Prosopa genannt waren, die auch die Tafel des Bianchini zeigt. Der weitere Text sagt, daß der ägyptische Astromant die Planeten, deren Material aus Edelsteinen besteht, einsetzte und den Horoskopos, welcher aus Kupfer gearbeitet ist: so stellt er den großen Himmel auf dem so kleinen Tische vollständig dar. Dann läßt sich der Astromant von Olympias Jahr, Monat, Tag und Stunde ihrer Geburt nennen und berechnet dann ihre und seine Nativität. Der Verfasser hat augenscheinlich hiervon keine richtige Vorstellung; im griechischen Text setzt Nektanebos gleich die Sterne und den Horoskopos an die richtige Stelle — von einer Berechnung ist dort aber keine Rede. Sie ist auch gar nicht erforderlich, denn er beruft sich ja im Eingang auf ein Orakel, das ihm von seinen Göttern gegeben wurde, und darin wird ihm wohl die Gestirnstellung mitgeteilt worden sein.

Zu der Praxis, daß der Astrologe die acht Würfel auf diesem Pinax nach seiner Berechnung einsetzt oder daß der Astromant sie darüber wirft und es dem Zufall überläßt, wie sie gerade fallen, kommt eine dritte Möglichkeit, die des Astrologen persönliche Tätigkeit ganz ausschaltet und alles dem Gotte überläßt. So wird in einem Liebeszauber an den Planeten Venus ein Sterndämon nach der leibhaftigen Erscheinung beim Weggehen auf einem Pinax die günstige Gestirnstellung sichtbar werden lassen: Pariser Zauberpapyrus ed. Wessely a. O. v. 2919ff., dazu Hopfner a. O. Bd. 2 (1924) S. 100f. § 207. Auch in einem demotischen Zauberpapyrus des Gottes Imuthes wird von dem Zauberer ein Pinax mit den Sternen (es sind wohl die Planeten und wohl auch der Horoskopos gemeint) hingestellt; dazu soll der Zauberer sein Vorhaben auf eine Papyrusrolle schreiben und sie auf den Tisch legen, „dann macht er deine Sterne sichtbar, die günstig sind für deine Absicht“ (Griffith-Thompson, Demotic magical Papyrus Col. IV l. 20ff. S. 41—43 der Übersetzung, dazu Hopfner a. O. § 206). In diesen Zaubertexten steht der Sonnengott in enger Beziehung mit der Offenbarung des Pinax, denn in beiden Fällen soll er den Sterndämon senden, der die günstige Konstellation auf der Tafel durch die Verteilung der Planeten und des Horoskopos sichtbar machen soll. Das dürfte nun noch zur Erklärung des inneren Kreises auf der Tabula Bianchini führen.

Zur Prämisse darf erst auf die Marmorplatte Daressys mit der Dodekaoros gewiesen werden. Hier findet sich in der Mitte der Kopf des Helios mit dem Strahlendiadem und Selene mit dem Halbmond über dem Kopf; neben ihnen zieht sich ein bogenförmiger Wulst hin, er könnte an einen Bogen, als Symbol beider Gestirngottheiten, oder auch an eine Schlange erinnern. Beide Gottheiten sind ja Orakelgötter von jeher, und gerade im Kult des Mondgottes Men spielen die Würfelorakel ihre besondere Rolle (siehe Drexler, Men in Roschers mythol. Lexikon Bd. 2 S. 2766). Stellen wir nun daneben noch die Forderungen der Zaubertexte, daß der Sonnengott durch einen Sterndämon die glückhafte Konstellation auf der Tafel sichtbar machen soll, so darf man auch in der Marmorplatte Daressys eine besondere Form der astromantischen Würfelbretter erkennen. Vor dem eigentlichen Orakelwurf dürfen wir wohl einen Anruf voraussetzen, der die beiden großen Gestirngötter um die richtige Lage der Würfel bittet. An der Stelle von Sonne und Mond sind auf der Marmortafel Bianchinis die beiden Bären und die zwischen ihnen gelagerte Schlange im Mittelpunkt eingetragen. Es sind die Zirkumpolarsterne, die als Dreherinnen und Walterinnen des Nordpols und des Zodiakus in der hermetischen Religion und im Zauber eine große Bedeutung haben (vgl. Stobaeus I 26 S. 192, 22 Wachsm. und Hopfner a. O. § 241 S. 118ff., § 337 S. 151f.). Und der Sonnengott selbst wird wie auch Abraxas, Seth und Typhon als der Herr dieser Gestirne angerufen und zu Weissagungen beschworen (Hopfner a. O.). Das gibt also eine doppelte Deutung für die zirkumpolaren Sternbilder auf der Tabula Bianchini: sie können entweder selbst als die zaubergewaltigen und zukunftswissenden Mächte das in den Sternen sich offenbarende Schicksal dem Astromanten durch die Lage der Würfel mit den Planetenlosen andeuten. Oder es kann auch eine einzige göttliche Macht hinter ihnen und sämtlichen dargestellten Sternmächten stehen, sei es Mithras, Abraxas oder Typhon-Seth, die vor dem Orakelwurf angefleht wird, das wahre Horoskop oder die glückhafte Konstellation durch die richtige Verteilung der über die Tafel geworfenen Lose zur Erscheinung zu bringen. Eine eigentliche Beobachtung des gestirnten Himmels oder eine subtile Berechnung ist ganz überflüssig; der Orakelgott gibt die Stellung der Gestirne in dem Loswurf zu erkennen. Damit ist ein wichtiges Stück der älteren Astromantik aufgedeckt. Die wichtige astrologische Lehre der κλῆροι oder sortes muß ursprünglich aus einen Würfelorakel, dessen Bestandteile ein Würfelbrett mit den kosmischen Gottheiten und acht verschiedene Würfel bildeten, geflossen sein. Das mag auf alte Zeit zurückgehen, welche den Begriff eines Naturgesetzes, das den Planeten ihren Lauf vorzeichnet, noch nicht kennt, sondern überall spontanen göttlichen Eingriff, Laune und Willkür sieht. Denn selbst den Planeten wird ihr jederzeitiger Stand durchs Los zugewiesen, und wie droben am Himmel, so würfelt der orakelnde Gott auf dem Pinax den momentanen Stand der Planeten; ein Gedanke, der noch in den astrologischen Termini, welche davon reden, daß die Planeten die Stunde oder den schicksalsentscheidenden Ort durchs Los erhalten (κληροῦν, κληρονομεῖν, vgl. etwa Valens II cap. 4 S. 61, 1), deutlich erkennbar ist. Diese ganze Art der Erforschung der Zukunft durch Würfelorakel ist natürlich keine spezielle Erfindung der Astromanten, sondern auch hier hat die Sterndeutung wie in so vielen anderen Doktrinen vorhandene religiöse Normen auf die Himmelswelt angewandt. Zu den antiken Würfelorakeln waren erforderlich: Würfel, Würfelbrett und eine Tafel, welche in kurzen Worten das aus den Würfen zu erwartende Schicksal entschied. Für unsere Betrachtung ist besonders wertvoll, ja geradezu die erwünschte Ergänzung, ein Bericht des Pausanias über das Würfelorakel des Herakles in Bura. Ich möchte ihn dem Leser nicht vorenthalten, da er den Schluß der Beweisführung bildet. Pausanias berichtet VII 25, 10: μαντείας δὲ ἐπὶ πίνακί τε καὶ ἀστραγάλοις ἔστι λαβεῖν. εὔχεται μὲν γὰρ πρὸ τοῦ ἀγάλματος ὁ τῷ θεῷ χρώμενος, ἐπὶ δὲ τῇ εὐχῇ λαβὼν ἀστραγάλους, οἱ δὲ ἄφθονοι παρὰ τῷ Ἡρακλεῖ κεῖνται, τέσσαρας ἀφίησιν ἐπὶ τῆς τραπέζης· ἐπὶ δὲ παντὶ ἀστραγάλων σχήματι γεγραμμένα ἐν πίνακι ἐπίτηδες ἐξήγησιν ἔχει τοῦ σχήματος. Nach dem Gebet an den Orakelgott wurden also die Würfel auf den Tisch geworfen, und bei jedem Wurf wurde auf der Tafel eine genaue Deutung des „Schemas“ aus der Schrift oder auch aus den Bildern gewonnen. Kaibel interpretiert den letzten Satz (Hermes Bd. 10 S. 195) folgendermaßen: „Hier ließ man also die Würfel, die statt mit Zahlen mit Zeichen versehen waren, aus dem Becher auf eine Tafel niederfallen, welche in verschiedenen Feldern verschiedene Figuren der Bilder hatte, deren Bedeutung mit den Figuren der daraufgefallenen Würfel kombiniert wurde.“ Heinevetter a. O. S. 32 hat dagegen verschiedene berechtigte Bedenken im einzelnen erhoben, ohne aber den richtigen Sinn dieser Stelle vollauf erschließen zu können. Der Hauptwert liegt für unsere Betrachtung auf dem Worte σχῆμα; das σχῆμα der Würfel ist jedesmal verschieden und jedes σχῆμα bekommt seine Deutung aus dem, was auf der Tafel geschrieben oder gemalt ist; beides kann ja γεγραμμένα heißen. Nun ist uns dieses Wort aus der astrologischen Sprache bekannt genug, σχῆμα ist der übliche Ausdruck für Aspekt oder Gestirnstellung. Jeder Würfelwurf zeigt rein äußerlich die Würfel in einer jeweils verschiedenen geometrischen Lage zueinander; nur das kann der Bericht des Pausanias andeuten wollen, der Deutung Kaibels, daß jeder Würfel ein „Zeichen“ statt der sonst üblichen Zahl trage, widerspricht die Textüberlieferung, wie Heinevetter mit Recht geltend macht. Dieses Schema bekommt seine Erklärung durch das, was auf dem Würfelbrett dargestellt ist. Würfelbretter mit aufgeschriebenen Zeichen sind uns auch sonst bekannt, ein besonders wertvolles Objekt dieser Art ist der Tisch aus dem Zaubergerät von Pergamon, das R. Wünsch veröffentlicht hat, mit seinen astrologischen Symbolen und Charakteren. Wenn also die vulgäre Mantik einen besonderen Wert auf die Stellung der Würfel und auf das, was auf dem Würfelbrett als Unterlage geschrieben oder gemalt war, legte, so ergab sich für den Astrologen von selbst die naheliegende Kombination, die wichtigsten Elemente seiner Religion mit diesen alten Orakelformen zu verbinden; das Würfelbrett gibt den Fixsternhimmel, die Würfel die Planeten, der Wurf selbst das Schema, dessen Sinn der Astromant an der Hand seiner Texte, welche mit diesen wichtigsten Faktoren, dem Fixsternhimmel und den Planeten, rechnete, enträtseln muß.

## E. WELTPERIODEN UND PLANETENLAUF (Zu S. 78.)

Die Lehre, daß einst nach langer Zeit die Planeten wieder dieselbe Stellung einnehmen wie in der Urzeit, und daß ein neuer Weltprozeß alsdann beginnt, ist wohl von den Orientalen erdacht worden. Berossos läßt das Weltenjahr dieselben atmosphärischen Veränderungen zeigen, wie sie für das natürliche Jahr üblich sind, nur sind dieselben im Weltenjahr katastrophaler. Der Winter des großen Jahres tritt ein, wenn alle Planeten im Sternbild des Steinbocks (das die Regenperiode kennzeichnet) in einer Linie untereinander stehen, die Folge ist, daß die bestehende Erde durch eine Sintflut vernichtet wird. Der Sommer des Weltenjahres ist dann gekommen, wenn alle Planeten in derselben Stellung sich im Krebs befinden, dann geht die ganze Schöpfung durch Feuer zugrunde. Das berichtet uns in dieser Form Seneca nat. quaest. III, cap. 29. Eine logische Entwicklung wäre es, wenn man als ältere Form die Lehre nachweisen könnte, daß bei diesem Zusammenprall der Planeten in einem Zeichen die Sonne die anderen Planeten in sich aufnimmt und durch dieses Übermaß von feurigen und anderen Substanzen selbst auseinander birst. Die Texte sprechen aber davon nicht direkt, doch scheint es mir unerläßlich, daß wir diese Form als einer älteren Weltanschauung entsprechend annehmen müssen. Vielleicht dürfte die stoische Erklärung bei Heraklitus Hom. Alleg. cap. 53 a. O. darauf schließen lassen, wo von der ϲύνοδοϲ τῶν ἑπτὰ πλανήτων ἀϲτέρων ἐν ἑνὶ ζῳδίῳ gesprochen und zugefügt wird: φθορὰ δὲ παντελής, ὅταν τοῦτο γένηται. Der griechische Terminus, der von dem Zusammenprall der Planeten spricht, ist ϲυνοδεύειν oder ϲύνοδοϲ (vgl. Heraclitus a. O., Gennadius dialogus Christiani cum Judaeo p. 37,23 ff. Jahn und Cumont Catal. cod. astr. IV 113). Das verlangt ein Zusammentreffen und auch ein Zusammenstoßen auf derselben Ebene, also nach Breite und Höhe stoßen die Planeten ineinander und lösen dadurch das Weltende aus. Dazu ist dann den jüngeren astronomischen Erkenntnissen entsprechend bei Seneca der erläuternde Zusatz gekommen: *sic sub eodem posita vestigio, ut recta linea exire per orbes omnium possit.* Die Astrologie hat also uralte primitive Vorstellungen entsprechend den modernen Doktrinen umgeformt und so sanktioniert, obwohl sie in dieser Neugestaltung nicht mehr ihre ursprüngliche Berechtigung behalten konnten. Diese Lehre des Berossos hat nur geringfügige Varianten erfahren; statt des Steinbocks wird noch der Wassermann und auch das Sternbild der Fische für die kommende Sintflut verantwortlich gemacht, und an Stelle des Krebses tritt gelegentlich der Löwe als Veranlasser des Weltbrandes: Nigidius bei Lucan. Phars. I 651 ff., dazu die Erklärung Bolls, Sphaera, S. 362, Olympiodor. Comm. in Aristot. Met. I 14, S. 111, 28 Stüve und Gennadius a. O. Es ist sehr leicht möglich, daß diese Lehre bereits Aristoteles gekannt und weitergegeben hat. Denn Censorinus teilt de die natali cap. 18, 11 mit, daß Aristoteles sowohl eine Zerstörung der Welt durch Feuer als auch durch Wasser gekannt habe und die erstgenannte Katastrophe als den Weltensommer, die letztere als den Weltenwinter bezeichnet habe. Und dieses „größte“ Jahr trete dann ein, wenn Sonne, Mond und Planeten in demselben Zeichen zusammenträfen, in dem sie ehedem gewesen seien.

Von dieser speziell orientalischen Lehre muß jedenfalls die Modifizierung des Weltunterganges getrennt werden, welche Plato gegeben hat. Plato bringt an zwei Stellen einmal den Weltuntergang und das andere Mal größere Weltkatastrophen mit dem Planetenlauf in Verbindung. Im Politikos p. 270E ff. hängt der Untergang der gegenwärtigen Zustände davon ab, daß die Gestirne ihre geordnete Bewegung verlieren und zurückrotieren; damit regenerieren gleichzeitig in rasender Schnelle die Menschen der früheren Zeitläufte, bis der steuernde Gott das Ruder wieder ergreift und die Gestirne wieder die frühere regelmäßige Bewegung mit innerer Naturnotwendigkeit beginnen. Im Timaeus p. 22 C hängen Sintflut und Weltbrand von einer παράλλαξις, d. h. von einem Abirren der um die Erde laufenden Gestirne ab, also ebenfalls von einer Störung der geordneten Planeten- und Fixsternbewegung. Das wird an dieser Stelle durch den Phaethonmythus veranschaulicht, dem ja der Gedanke von einem Abirren der Sonne und der damit verbundenen partiellen Zerstörung durch Feuer zu grundeliegt. Das steht in wesentlichem Gegensatz zu der Timaeus p. 39 D vorgetragenen Lehre des großen Jahres; dieses ist beendet, wenn alle acht Umläufe, d. h. der Umschwung der sieben Planeten und des Fixsternhimmels, wieder an die Stelle gelangt sind, wo der Anfangspunkt ihrer verschiedenartigen Bewegung war. An sich ist es ja dieselbe Idee, welche der Lehre des „größten“ Jahres bei Aristoteles und später bei Berossos zugrunde liegt, aber die Weltkatastrophe und die Welterneuerung wird von Plato mit dieser Gestirneinstellung nicht an dieser Stelle in Kontakt gestellt.

Während Plato an den beiden zuerst genannten Stellen die Gestirne über die Weltkatastrophe stellt, lassen einige Stoiker sie zugleich in dem Weltuntergang zugrunde gehen und danach eine neue Sonne, einen neuen Mond und neue Planeten entstehen (Stoic. vet. fragm. II, S. 191 Nr. 632 der Ausgabe von v. Arnim). Diese Anschauung wird auch in der Form ausgesprochen, daß die Planeten von neuem losgelassen werden wie die Pferde in die Rennbahn (ἄφεσις) oder in einem anderen Bilde wie die wilden Tiere in die Wälder (Verg. Georg. II 342, dazu Norden, Die Geburt des Kindes a. O. S. 17,1). Zu diesen an sich beträchtlich abweichenden hellenischen Kombinationen des Planetenlaufes mit dem Weltende kommt als vierte Theorie die Lehre der Ägypter Nechepso und Petosiris. Sie sprechen nicht von dem Zusammenprallen sämtlicher Planeten in einem Zeichen, sondern von der Einstellung der Planeten in die Zeichen, und zwar sowohl der Länge als auch der Breite nach, die sie bei der Schöpfung der Welt inne gehabt hatten. Es tritt also das Weltende und gleichzeitig der neue Weltenfrühling ein, wenn der 15. Grad des Widders in der oberen Kulmination, der 15. Grad des Krebses im Horoskopos, der Mond im Krebs, die Sonne im Löwen und die übrigen Planeten gemäß ihrer Ordnung im Universum in den nachfolgenden Zeichen, aber sämtlich unter der Erde sind, denn es dämmert ja erst der Weltentag an; vgl. Firmicus III prooem. 4 und cap. 1,1 ff.,

Macr. in Somn. Scip. I 21, 23f., Aetius bei Diels Doxographi S. 363. Das wurde auch von einigen Stoikern gebilligt, wie Nemesius de nat. hom cap. 38, Stoic. vet. fragm. II S. 190, No. 625 v. Arnim berichtet; die Zeichnung des Thema mundi gibt Bouché-Leclercq a. O. S. 187. Für den Ägypter paßte diese Idee des Weltgeburtstages und des Weltenfrühlings; denn der Aufgang des Sothissternes, wenn die Sonne im letzten Dekan des Krebses oder im Anfang des Löwen steht, bedeutet für ihn das Erwachen der Natur. Das wird später den abendländischen Vorstellungen angeglichen, nach denen alles Leben neu erwacht, wenn die Sonne im Widder steht, und nun wird die Weltschöpfung und der Weltenfrühling auch entsprechend datiert; vgl. Verg. Georg. II 323ff., Hermipp. S. 52,10 Kroll, weitere wertvolle Zeugnisse gibt Norden. Die Geburt des Kindes a. O. S. 17,1. Gelegentlich finden sich auch Kombinationen einzelner Elemente der an sich stark miteinander divergierenden Doktrinen vom Termin des Weltenendes. So spricht Eusebius hist. ecles. VII 32,15 davon, daß man das erste Zwölftel, d. h. den Widder, den Anfang der Monate, den Kopf des Tierkreises und das „Loslassen" (ἄφεσιν) des Planetenlaufes zu nennen pflege, das letzte Zwölftel, die Fische, aber das Ende der Planetenperiode. Diese widerspruchsvollen Lehren lassen sich noch lange weiterverfolgen (vgl. etwa Duhem a. O. Bd. 2 S. 447, Thorndike a. O. Bd. 2 Index s. v. Magnus annus), sie haben in der Praxis zu manchen Prophezeiungen vom Weltuntergange und zu starken Beunruhigungen der Massen besonders gegen Ausgang des Mittelalters geführt (vgl. F. v. Bezold a. O. S. 54ff., Grauert a. O. S. 250ff., Blochet a. O. S. 143f., Warburg, Heidnisch-antike Weissagung S. 31). Im Zeitalter des Druckes ist diese Lehre durch zahlreiche bildmäßige Darstellungen ausgeprägt worden. Von den astrologischen Sintflutbildern geben die Abb. 37 und 38 auf Tafel XIX eine anschauliche Darstellung; das Nähere dazu bei Warburg a. O. S. 30ff. Im modernen volkstümlichen Denken haben die antiken Kombinationen des Weltunterganges mit dem Planetenlauf nur schwachen Widerhall behalten; gelegentlich finden sich allerdings Ideen, die als Umformungen und Weiterdeutungen dieser alten Vorstellungen angesprochen werden können. Darunter kommt ein besonderer Wert den Weltuntergangsprophezeiungen aus dem plötzlichen Auseinanderreißen des festen Gefüges der Sternbilder und aus der katastrophalen Wirkung der Kometen zu.

Die zukünftige Wiederkehr jedes einzelnen Individuums und auch derselben geschichtlichen Ereignisse in dem neuen Weltenjahr wurde bereits in ganz prägnanter Form von Pythagoreern (Simplicius zur Physik des Aristot. 732, Diels, Vorsokr. I 3a, S. 355,8) und dann von den Stoikern Zeno und Chrysipp ausgesprochen (die Zeugnisse sind gesammelt durch v. Arnim Stoic. vett. fragm. Bd. 1 S. 27ff. fr. 98 und 109 und Bd. 2 S. 189ff. fr. 623ff.). Nilsson dürfte mit seiner Vermutung, daß Zeno diese Lehre mit anderen astrologischen Doktrinen von den Babyloniern übernommen und mit griechischen Ideen vereint hat, wohl das Richtige getroffen haben (Gött. Gelehrt. Anz. 1916 S. 44). Die astralen Elemente sind allerdings, soweit die antiken Berichte ein Urteil erlauben, von Zeno nicht für die Lehre der Wiederkehr besonders ausgeprägt worden. Sie müssen aber bereits vor Varro von Astrologen verwertet worden sein, denn nach Augustinus de civit. dei XXII cap. 28 hat Varro in seinem Werke de gente populi Romani von der Lehre der Genethliaci (sc. der Astrologen) gesprochen, der gemäß nach bestimmten Perioden derselbe Leib und dieselbe Seele wieder zusammenkommen, die in früheren Zeiten vereinigt waren. Die Lehre von dem Wiederaufleben derselben Individuen und dem Wiederholen derselben Ereignisse hat außerdem in der vierten Ekloge Vergils einen starken Widerhall gefunden (v. 34ff., dazu Norden, Die Geburt des Kindes a. O. S. 46ff.). Boll notiert am Rande *) Nemes. de nat. hom. cap. 38 (F. Marx, Neue Jahrb., Bd. 1 (1898), S. 116ff.; Gercke, Chrysippea, Jahrb. f. Klass. Philol. Suppl. XIV (1885), S. 708, 15). Die Ausführungen des Nemesius, welche Marx bei der Exegese der Vergilstelle ausnutzt, zeigt uns besonders trefflich, wie konsequent die Astrologie diese Lehre der Wiedergeburt mit dem gestirnten Himmel in Einklang gebracht hatte, sie möge daher zur Illustrierung des von Boll Gesagten ganz in der Übersetzung hier folgen: „Die Stoiker behaupten, wenn sich die Planeten wieder in dasselbe Tierkreiszeichen sowohl der Länge als auch der Breite nach einstellen, wo ein jeder am Anfang war, als zuerst die Welt sich bildete, dann stelle sich in bestimmten Zeitperioden Weltbrand und Vernichtung der bestehenden Dinge ein, und die Welt gestalte sich von Anfang wieder genau so wie früher. Und da die Planeten sich wieder ganz genau so bewegen, so werde jeder, der in der früheren Periode zur Welt kam, unverändert wieder geschaffen. Denn es werde wieder entstehen Sokrates und Plato und jedes einzelne Individuum mit seinen Angehörigen, Freunden und Mitbürgern, und werde dasselbe Schicksal haben, mit denselben Menschen zusammentreffen und dieselben Handlungen begehen. Auch jede Stadt, jedes Dorf und jedes Stück Land werde in gleicher Weise wiederkommen. Und die Welterneuerung vollziehe sich nicht nur einmal, sondern oftmals, besser unendlich oft und endlos kehren dieselben Dinge wieder.“ Von weiteren antiken Äußerungen dieser Art verdienen noch die Ausführungen des Origenes contra Celsum IV 67f. hier genannt zu werden. Die astrologischen Systeme behandeln wohl die Eigenarten der einzelnen Weltepochen, die ganz dem Charakter des astralen Zeitherrschers angepaßt werden, sie reden auch von dem kommenden Weltbrand oder der Sintflut, aber die Rückkehr des Einzelwesens und derselben Ereignisse wird nicht besonders unterstrichen. Und zwar fehlt sie, weil sie eben eine Selbstverständlichkeit war; denn wenn die ursprüngliche Gestirnstellung nach unendlich langer Zelt sich wieder einstellt, dann müssen mit derselben Naturnotwendigkeit wie ehedem Sokrates, Oedipus, Achilles und Hektor und ebenso alle anderen Menschen wieder auf der neuen Erde entstehen.

# REGISTER

1. Babylonischer Grenzstein (nach Hinke, A new boundary stone, n. 8)

2. Himmelsbild von Dendera (nach Boll, Sphaera, Taf. II)

Tafel II

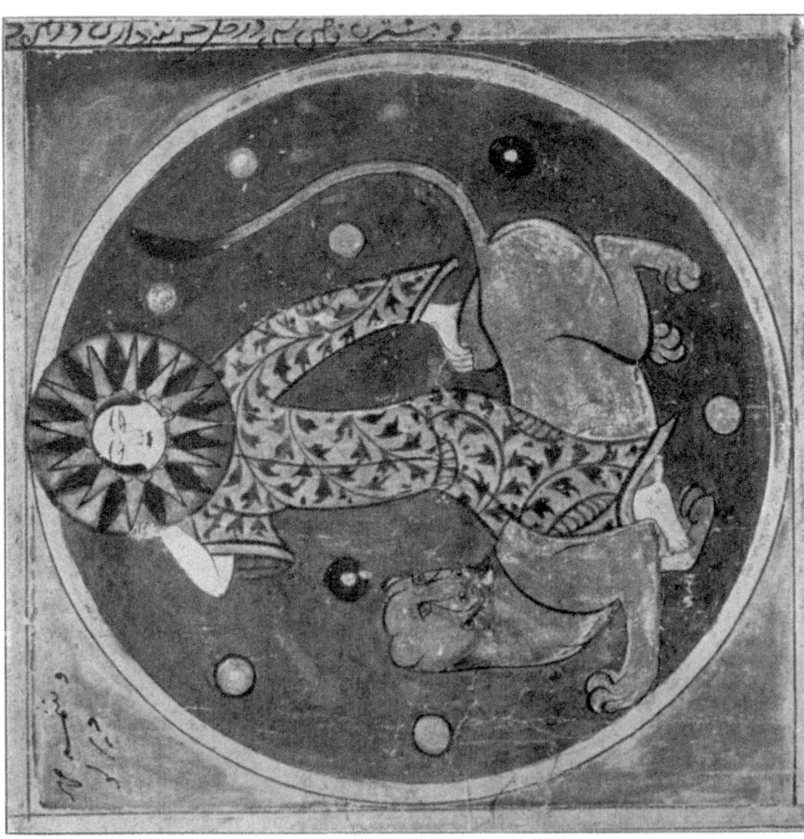

3. Helios reitet auf dem Tierkreisbild des Löwen. Liber Bolhan. Cod. Bodl. Or. 133

4. Dürer, „Sol Justitiae“, Kupferstich B. 79

5. Die Häuser und Türme der Planeten. Tübinger Handschrift Cod. M. d. 2

6. Venus vom Ottheinrichsbau des Heidelberger Schlosses nach Photographie

Tafel IV

7. Dürers „Melencolia · I“

8. Das Sternbild der Jungfrau mit der Ähre, aus der illuminierten lat. Apomasar-Handschrift, Sloane Nr. 3983

9. Saturn die Venus krönend (nach Saxl, Astrol. und mythol. Handschr. d. MA., Taf. XII)

10. Madonna mit der Ähre (ebenda)

11. Sieg des Christentums über die heidnischen Sternenmächte, Paulus de Middelburg, De recta Paschae celebratione, 8. juillet 1513 (nach Pr. d'Eßling: Les Livres à Figures Vénitiens)

12. S. H. Beham, Saturnkinder (Holzschnitt)

13. Der Syphilitiker in astrologischer Darstellung, Weissagung des Ulsenius. Nürnberger Einblattdruck 1496 mit Holzschnitt von Dürer (nach K. Sudhoff, Graphische und typographische Erstlinge der Syphilisliteratur, München 1912, Taf. V)

14. Aderlaßmännchen aus einer Tübinger Handschr. (nach Photographie)

Tafel VIII

15. Ein Vorläufer des Tierkreiszeichenmanns, die Körperteile sind in die Tierkreiszeichen eingeschrieben.
Paris, Bibl. Nat. Cod. 7028 (XI. Jahrh.)

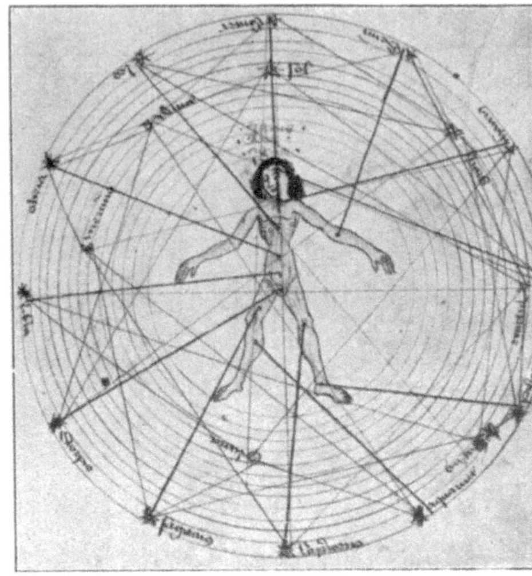

16. Der kosmische Mensch in dem Strahlengewebe der Tierkreiszeichen und Planeten.
Cod. Vind. 5327

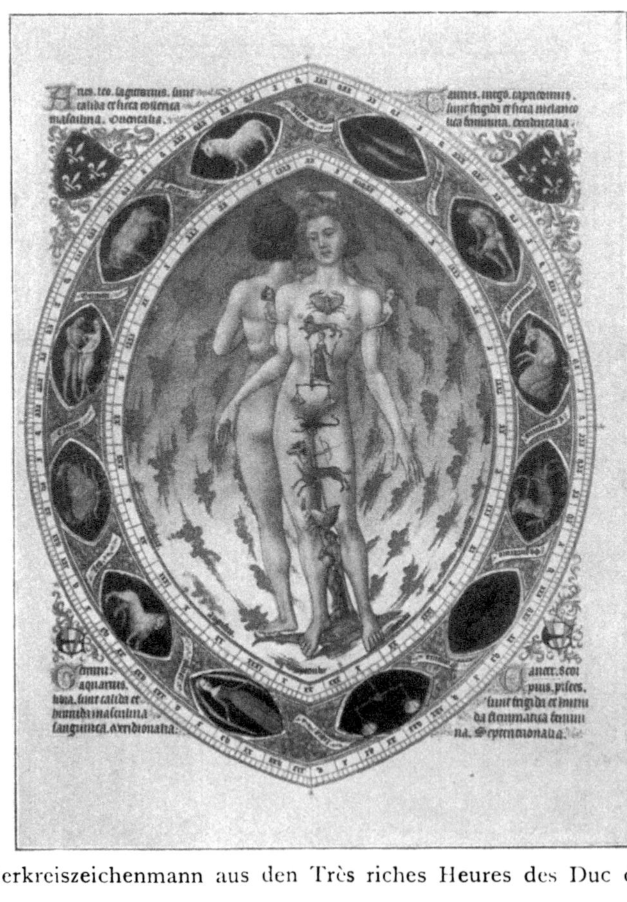

17. Tierkreiszeichenmann aus den Très riches Heures des Duc de Berry

18 u. 19. Paranatellontenbildchen aus einer Handschrift des Königs Wenzel (nach Photographie)

20. Die Paranatellonta in ringförmiger Anordnung. Cod. Vat. Reg. 1283

21. Die Paranatellonta in drei untereinanderstehenden Streifen angeordnet. Apomasar lat. Sloane Nr. 3983

22. Die altägyptischen Dekangötter in der mittelalterlichen Umgestaltung und Entartung auf Grund der arabischen Interpretation des Teukrostextes. Picatrix lat. der Krakauer Bibliothek Cod. 793 D. D. III 36

23. Anordnung der Paranatellonta in zwei Streifen im Salone zu Padua (nach einer Photographie des Museo Civico in Padua, im unteren Streifen sind Planetenkinderbilder

24. Skorpionblatt aus Cod. Vat. Reg. 1283 mit den Paranatellonta in 30 Kreissegmenten (nach Warburg, Heidn. antike Weissagung, Taf. III)

25 Die nebeneinanderstehenden Paranatellonta im Astrolabium planum (nach der Heidelberger Handschr. 832

26. Marmorplatte Daressys mit Tierkreis und Dodekaoros (nach Boll, Sphaera, Taf. VI)

27. Japanisches Papiergemälde mit der Dodekaoros im Münchner Ethnogr. Museum (nach Photographie)

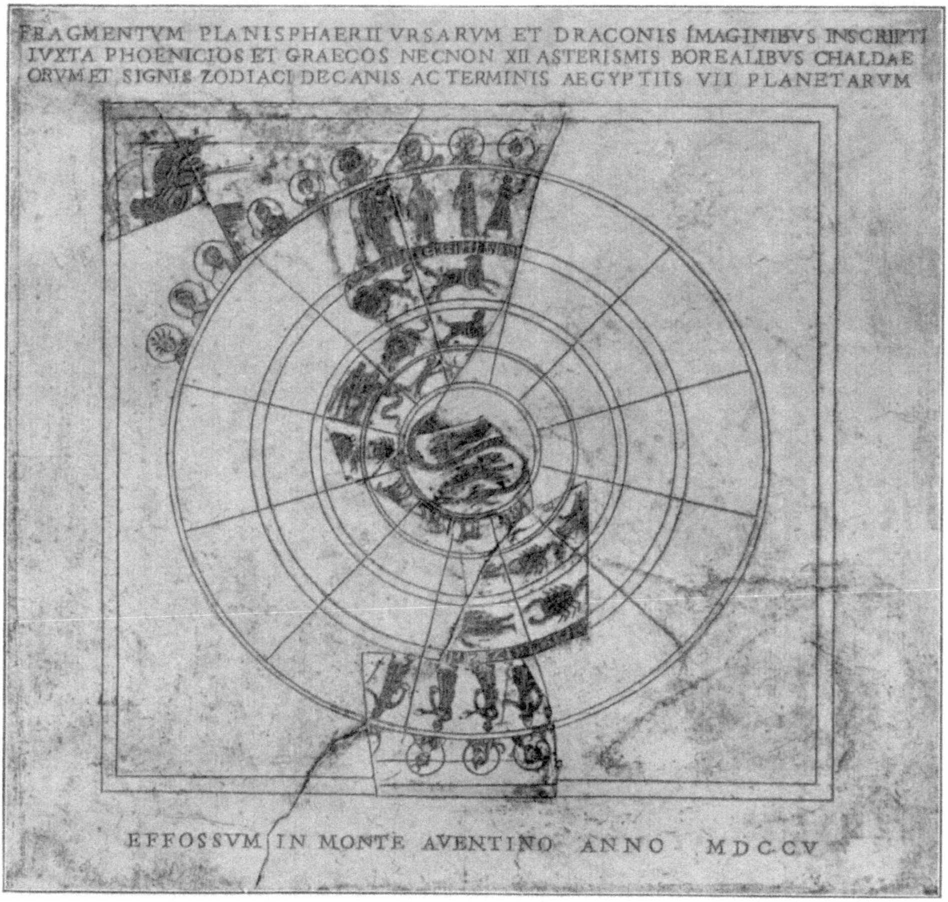


28. Marmortafel des Bianchini, vom Aventin (nach Boll, Sphaera, Taf. V)

29. Die planetarischen Dekanprosopa in arabischer dämonologischer Darstellung. Cod. Bodl. Or. 133

30. Die planetarischen Dekangötter des Krebses in der Wolfenbütteler Handschrift 29. 14. Aug. 4°

31. Dekane und Bezirke in geometrisch mathematischer Darstellung. Cod. Monac. lat. 826

Abb. 31 a

Durch ein bedauerliches Versehen ist die in der 2. Auflage (S. 78 Abb. 15) vorhandene Illustration des Taurus-Fresko aus dem Palazzo Schifanoja in Wegfall geraten, so daß die Erklärung Bolls beziehungslos erscheint, da die auf der ganzen Tafel 17 neugegebene Abbildung das Widder-Fresko zeigt. Auf diesem ist oben der Triumph der Minerva, die (nach Manilius IV, 439) die Herrschaft über den Widder führt, dargestellt. In der Mitte erscheinen die drei indischen Dekane des Abu Maʿschar, und zwar der erste als Mann in zerlumptem Gewand, der mit einem Strick gegürtet ist, genau wie ihn der Inder Varahamihirah beschreibt (vgl. Boll „Sphaera" S. 497). Daß hinter dieser Figur der Perseus steckt, ist in der genannten Abhandlung von Warburg nachgewiesen worden. Genau dieser Beschreibung entsprechend, nur in barbarischer Entartung, tritt in der Krakauer Handschrift (vgl. Tafel 10, Abb. 22) der erste Dekan auf, während in dem dritten Dekan ganz rechts in der Gestalt, die ein Krummschwert in der Rechten und einen Tierschenkel (?) in der Linken trägt, unschwer wieder der reduplizierte Perseus selbst zu erkennen ist.

GUNDEL.

32. Fresko aus Palazzo Schifanoia in Ferrara (nach Photographie)

33 u. 34. Erhöhung und Erniedrigung der Planeten in dämonischer Auffassung, Apomasar lat. Sloane Nr. 3983

35. Erhöhung und Erniedrigung der Planeten nach Cod. Bodl. Or. 133

DAs ist eine namhafftige Constellation fast wol zu mercken vnd zu betrachten / der schwerwichtigen grossen Planeten des Saturni vnd Jupiters/ wil-cher Coniunction vnd zusammen lauffung / er-schrecklich ding drewet/vnd verkündiget vns viel zukunfftigs vnglücke/ Vnd ist volkomen gewesen/nach Christ gepurt ym iare/ M. cccc. lxxxiiij. am funff vnd zwentzigsten tage No-uembris/ des Weinmondes/ vmb die sechste stunde/ vier Mi-nut nach mittage/wie wol der krebs eins grads hoch auffstey-ge vber den Horizontem.

Der selbigen zweyen planeten Coniunction vnd zusamme lauffung geschicht seer selten/ vnd nicht ehe/ denn nach ver-lauffung einer langen zeit/ vnd wenn viel gestirn hertimb ko-men sind/ vnd derhalben bringet sie auch einen sterckern ein-flus.

36. Planetenkonjunktion: Saturn und Jupiter (nach dem Werke: Die Weissagungen Joh. Lichtenbergers. Wittenberg 1527)

37. Weltuntergang in astrologischer Darstellung, Titel zu Leonhard Reymanns Praktika für 1524 aus Warburg, Heidnisch-antike Weissagung S. 30, Abb. 13)

38. Planetenkonjunktion vom Jahre 1521, Titel zu Johann Carion, Prognosticatio vnd erklerung der großen wesserung, 1521 (aus Warburg, Heidnisch antike Weissagung Taf. I)

Tafel XX

39. Sternopfer aus dem Codex Bodl. Or. 133

40. Opfer an Sirius, antikes Bronzemedaillon aus Smyrna (Museum für Völkerkunde, München. Nach Photogr.)

41. Sternopfer aus Codex Vat. Reg. 1283

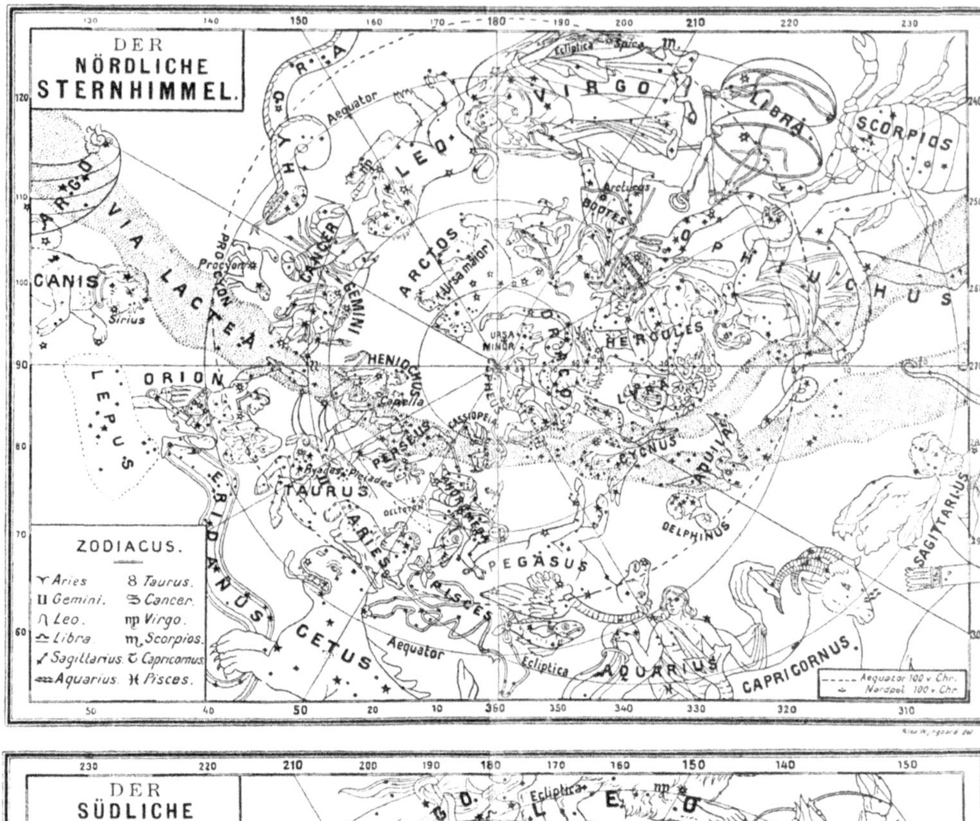


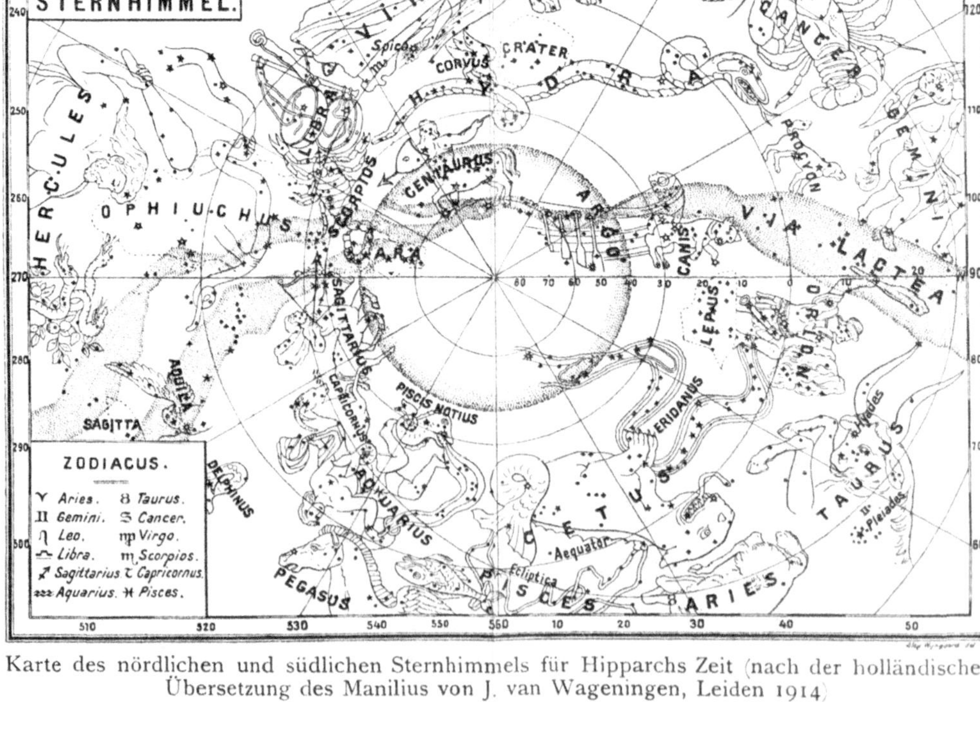


Karte des nördlichen und südlichen Sternhimmels für Hipparchs Zeit (nach der holländischen Übersetzung des Manilius von J. van Wageningen, Leiden 1914)

GPSR Compliance

*The European Union's (EU) General Product Safety Regulation (GPSR) is a set of rules that requires consumer products to be safe and our obligations to ensure this.*

*If you have any concerns about our products, you can contact us on ProductSafety@springernature.com*

In case Publisher is established outside the EU, the EU authorized representative is:

Springer Nature Customer Service Center GmbH
Europaplatz 3
69115 Heidelberg, Germany

**Batch number: 10577876**

Printed by Printforce, the Netherlands